"创新设计思维"

数字媒体与艺术设计类新形态丛书

AIGC＋多媒体技术应用

| 微课版 |

刘莹 李欣 主编

张志强 杨桃 副主编

人民邮电出版社

北 京

图书在版编目（CIP）数据

AIGC+多媒体技术应用：微课版 / 刘莹，李欣主编.
北京：人民邮电出版社，2025. --（"创新设计思维"
数字媒体与艺术设计类新形态丛书）. -- ISBN 978-7
-115-66336-8

Ⅰ. TP37

中国国家版本馆 CIP 数据核字第 20257FB219 号

内 容 提 要

本书详细讲解了多媒体技术的相关知识， 并以 Illustrator 2023、Photoshop 2023、Audition 2023、Premiere 2023、After Effects 2023、Animate 2023、Cinema 4D 2023 为蓝本，介绍了这些软件在多媒体技术领域中的各种应用。此外，本书还介绍了使用不同 AI 辅助工具进行图像绘制、图像编辑、音频编辑和视频编辑的操作。

本书将理论与实践紧密结合，通过课前预习帮助读者理解课堂内容并培养学习兴趣；通过课堂案例带动知识点的讲解。同时，本书还提供了"提示""行业知识""知识拓展""资源链接"等小栏目来辅助学习，帮助读者高效理解知识，快速解决学习中遇到的问题。

本书可作为高等院校和职业院校的多媒体技术与应用相关课程的教材，也可作为各类社会培训学校的参考用书，还可供多媒体行业从业者学习和参考。

◆ 主　　编　刘　莹　李　欣
　　副主编　张志强　杨　桃
　　责任编辑　张　蒙
　　责任印制　胡　南

◆ 人民邮电出版社出版发行　　北京市丰台区成寿寺路 11 号
　　邮编　100164　电子邮件　315@ptpress.com.cn
　　网址　https://www.ptpress.com.cn
　　涿州市京南印刷厂印刷

◆ 开本：787×1092　1/16
　　印张：16　　　　　　　　　2025 年 4 月第 1 版
　　字数：428 千字　　　　　　2025 年 8 月河北第 2 次印刷

定价：69.80 元

读者服务热线：**(010)81055256**　印装质量热线：**(010)81055316**
反盗版热线：**(010)81055315**

前言 PREFACE

随着信息技术的飞速发展，多媒体技术及其相关应用已成为现代社会中不可或缺的一部分。同时，AIGC技术的发展也为这一领域注入了新的活力。在此背景下，我们认真总结了以往的教材编写经验，深入调研各地各类院校的教材需求，编写了本书，旨在帮助高校培养符合市场需求的德才兼备的高技能人才。

教学方法

本书精心设计了"学习引导→扫码阅读→课堂案例→知识讲解→综合实训→课后练习"6段式教学方法，细致而巧妙地讲解理论知识，提供典型商业案例，激发读者的学习兴趣，锻炼读者的动手能力，提高读者的实际应用能力。

学习引导	扫码阅读	课堂案例	知识讲解	综合实训	课后练习
素养目标 学习要点	案例欣赏 课前预习	制作要求 操作要点 案例效果图 操作讲解 微课视频教学	融入 AIGC 应用 理论体系完善 知识讲解深入 强调实际应用	案例背景 制作要求 设计思路 关键步骤提示 微课视频教学	制作要求 操作提示 练习参考效果图 提供素材效果文件

本书特色

本书采用案例制作带动知识点讲解的方式，结合人工智能生成内容（AIGC）的知识，全面介绍多媒体技术应用的相关知识。其特色可以总结为以下4点。

- **紧跟时代，拥抱AI**：本书聚焦于AIGC，深入探讨文案创作、图像处理、音频剪辑、数字人视频等领域的AI应用。通过精选的课堂案例，本书不仅介绍了AIGC的重要工具，还展示了如何在实际项目中运用这些工具，以提升多媒体创作的效率。在综合案例中，本书也融入了前沿的AIGC工具，旨在帮助读者掌握AI技能，为未来的职业发展奠定坚实基础。

- **理实结合，技能提升**：本书围绕多媒体技术知识展开，通过课堂案例引导知识点的讲解。在案例制作与学习过程中，融入各种软件操作，并结合AI工具进行多媒体作品的编辑与制作，理实一体，提高读者的实际操作能力与独立完成任务的能力。

- **结构明晰，模块丰富**：本书从多媒体技术的基础知识入手，涵盖图形图像、音频、视频、动画等主要多媒体创作类型，设计了课堂案例、综合实训、课后练习和行业知识等模块，帮助读者构建立体全面的知识体系。

- **商业案例，配套微课**：本书精选商业设计案例，由常年深耕教学一线、富有教学经验的教师，以及设计经验丰富的设计师共同开发。同时，本书配备教学微课视频等丰富资源，读者可以利用计算机和移动终端进行学习。

教学资源

本书提供立体化教学资源，以丰富教师教学的手段。本书教学资源主要包括以下6个方面，其下载地址为：www.ryjiaoyu.com。

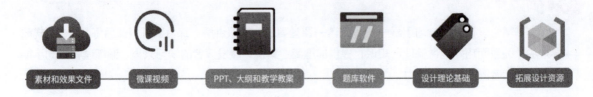

素材和效果文件　微课视频　PPT、大纲和教学教案　题库软件　设计理论基础　拓展设计资源

编者

2025年2月

目录 CONTENTS

第 1 章　多媒体技术基础

1.1　多媒体与多媒体技术 2
　1.1.1　什么是多媒体 2
　1.1.2　多媒体技术的基本概念和特点 2
　1.1.3　多媒体技术的应用领域 3
　1.1.4　多媒体关键技术 5
1.2　多媒体系统 8
　1.2.1　多媒体硬件系统 9
　1.2.2　多媒体软件系统 10
1.3　多媒体技术的发展趋势 11
　1.3.1　基于5G/6G网络的多媒体技术
　　　　 应用 11
　1.3.2　多媒体内容的智能推荐与个性化
　　　　 服务 12
　1.3.3　多媒体技术的连贯性趋势 13
　1.3.4　人工智能技术与多媒体技术的
　　　　 融合 13
　1.3.5　多媒体技术对数据安全的
　　　　 新挑战 14
1.4　综合实训 15
　1.4.1　使用手机拍摄视频并传输到
　　　　 计算机中 15
　1.4.2　使用AI工具生成音频文件 16

1.5　课后练习 17
　练习1　使用AI工具搜集元宵节素材 17
　练习2　使用手机录制音频并传输到
　　　　 计算机中 18

第 2 章　图形图像编辑

2.1　图形图像编辑基础 20
　2.1.1　色彩和颜色模式 20
　2.1.2　图形图像的分类 22
　2.1.3　图形图像的常见格式 23
　2.1.4　常用图形图像编辑应用软件 24
2.2　图形绘制软件Illustrator 27
　2.2.1　课堂案例——绘制矢量奶茶图标 28
　2.2.2　绘制基本图形 31
　2.2.3　设置图形填充与描边 32
　2.2.4　使用形状生成器工具 32
　2.2.5　对象的基本编辑与管理 33
　2.2.6　课堂案例——绘制"昆虫日记"
　　　　 宣传海报 35
　2.2.7　使用钢笔工具绘制图形 39
　2.2.8　使用曲率工具绘制图形 40
　2.2.9　使用多种工具手绘图形 40
　2.2.10　使用路径查找器 41

2.2.11　创建和编辑文字 41

2.2.12　课堂案例——制作三八妇女节微信
公众号推文首图 43

2.2.13　建立渐变填充 45

2.2.14　建立混合对象 45

2.2.15　应用图形样式 46

2.2.16　运用常见效果 46

2.3　图像处理软件Photoshop **46**

2.3.1　课堂案例——制作小风扇主图 47

2.3.2　裁剪图像 49

2.3.3　修改图像尺寸和大小 50

2.3.4　添加文字和图形 50

2.3.5　应用图层样式 51

2.3.6　课堂案例——制作清明节活动
广告 51

2.3.7　抠取图像 55

2.3.8　修复和修饰图像 56

2.3.9　课堂案例——设计《手机短视频拍摄
与剪辑》书籍封面 57

2.3.10　调整图像明暗 60

2.3.11　调整图像色彩 60

2.3.12　添加滤镜 61

2.4　综合实训 **63**

2.4.1　制作招聘会宣传海报 63

2.4.2　制作大闸蟹主图 64

2.5　课后练习 **66**

练习1　制作开学通知公众号推文首图 66

练习2　制作陶瓷展宣传海报 66

第3章　音频编辑

3.1　音频编辑基础 **68**

3.1.1　音频专业术语 68

3.1.2　音频的压缩编码 71

3.1.3　常用的音频文件格式 71

3.1.4　常用的音频编辑工具软件 73

3.2　专业音频编辑软件Audition **77**

3.2.1　课堂案例——录制交通安全提示语 ...78

3.2.2　音频录制硬件设置 80

3.2.3　使用Audition录制音频 81

3.2.4　课堂案例——剪辑音乐课件音频 82

3.2.5　编辑音频数据 86

3.2.6　标记音频 87

3.2.7　零交叉音频 88

3.2.8　调整音量 88

3.2.9　淡化处理音频 89

3.2.10　课堂案例——合成电台节目开场
音频 90

3.2.11　编辑多轨轨道 93

3.2.12　为多轨道插入内容 93

3.2.13　编辑多轨音频文件 93

3.2.14　课堂案例——处理街头采访音频 ...95

3.2.15　修复和降噪音频 97

3.2.16　变调音频 98

3.2.17　生成语音 100

3.3　综合实训 **100**

3.3.1　录制软件安装教程音频 100

3.3.2　制作活动开场音频 101

3.4　课后练习 **103**

练习1　录制企业广告语 103

练习2　制作起床闹铃声 103

第4章　视频编辑

4.1　视频编辑基础 **105**

4.1.1　视频编辑的常用术语 105

4.1.2　视频扫描方式 106

4.1.3　常用的视频文件格式 106

4.1.4　常用的视频编辑软件 107

4.2　视频剪辑软件Premiere **110**

4.2.1　课堂案例——剪辑水果展示视频 ...111

4.2.2　标记视频 115

4.2.3　添加与编辑入点和出点 116

4.2.4　调整视频的播放速度和持续时间 ...117

4.2.5　分割素材..................118

4.2.6　应用和编辑视频过渡效果...........118

4.2.7　课堂案例——制作"月饼制作教程"
短视频.................119

4.2.8　添加文字、字幕和图形..........122

4.2.9　调整音频音量...............124

4.2.10　运用视频效果..............125

4.2.11　课堂案例——制作旅行Vlog
片头.................126

4.2.12　了解视频运动属性...........129

4.2.13　利用关键帧编辑视频运动
属性.................130

4.2.14　应用蒙版................131

4.2.15　调色视频................132

4.3　视频后期处理软件After Effects.............133

4.3.1　课堂案例——制作年会开场特效
视频.................133

4.3.2　文字类特效...............138

4.3.3　抠像类特效...............139

4.3.4　调色类特效...............140

4.3.5　粒子类特效...............141

4.3.6　变换类特效...............141

4.3.7　过渡类特效...............142

4.3.8　场景类特效...............142

4.3.9　特殊类特效...............143

4.3.10　课堂案例——制作"世界环境日"
三维合成视频.............144

4.3.11　应用三维图层.............148

4.3.12　添加与编辑灯光...........148

4.3.13　运用与调整摄像机.........149

4.3.14　跟踪摄像机..............149

4.4　综合实训..................150

4.4.1　制作"毕业旅行"旅拍Vlog....150

4.4.2　制作传统文化栏目宣传片.......152

4.5　课后练习..................154

练习1　制作"保护野生动物"公益
短视频.................154

练习2　制作城市形象宣传片.........155

第5章　动画制作

5.1　动画制作基础...................157

5.1.1　动画的概念和原理.............157

5.1.2　动画的分类................158

5.1.3　常用的动画制作软件...........158

5.2　二维动画制作软件Animate.................162

5.2.1　课堂案例——制作度假村外景展示
动画.................163

5.2.2　认识帧与图层..............167

5.2.3　认识元件与实例............168

5.2.4　创建逐帧动画..............169

5.2.5　创建补间动画..............169

5.2.6　创建遮罩动画..............170

5.2.7　创建引导动画..............170

5.2.8　创建摄像头动画............171

5.2.9　创建骨骼动画..............172

5.2.10　课堂案例——制作电子菜单交互
动画.................172

5.2.11　认识脚本语言.............177

5.2.12　认识"动作"面板..........177

5.2.13　认识"代码片断"面板.......178

5.3　三维动画制作软件Cinema 4D.............178

5.3.1　课堂案例——制作活动场景三维
动画.................179

5.3.2　创建和编辑三维模型..........188

5.3.3　使用材质、灯光和摄像机........192

5.3.4　创建基础动画..............195

5.3.5　运用动力学标签............196

5.3.6　运用粒子和力场............199

5.3.7　动画渲染和输出............201

5.4　综合实训..................203

5.4.1　制作"智慧城市"宣传动画..........203

5.4.2　制作电商场景宣传动画.........205

5.5　课后练习..................207

练习1　制作篮球比赛宣传动画.........207

练习2　制作卡通便利店动画.........208

第6章 AI 辅助工具

6.1 AI图像绘制工具——文心一格 210
   6.1.1 课堂案例——绘制中国风古诗
       插画 210
   6.1.2 AI创作 212
   6.1.3 AI编辑 214

6.2 AI图像编辑工具——图可丽 215
   6.2.1 课堂案例——制作行李箱商品图 215
   6.2.2 图像抠图 217
   6.2.3 智能图像修复 218
   6.2.4 图像一键美化 219
   6.2.5 图像自动设计和艺术化处理 219

6.3 AI音频编辑工具——讯飞智作 220
   6.3.1 课堂案例——生成卡通人物对话
       音频 221
   6.3.2 选择配音风格 223
   6.3.3 调整音频效果 223

6.4 AI视频编辑工具——腾讯智影 224
   6.4.1 课堂案例——制作AI虚拟主播科普
       视频 224
   6.4.2 数字人播报 226
   6.4.3 视频剪辑 227

6.5 综合实训 228
   6.5.1 制作"保护原始森林"公益
       海报 228
   6.5.2 制作图书推荐视频 230

6.6 课后练习 231
   练习1 制作榨汁机商品图 231
   练习2 制作AI虚拟主播栏目播报视频 231

第7章 综合案例

7.1 制作甜品宣传海报 233
   7.1.1 构思海报制作思路 233
   7.1.2 制作海报背景 234
   7.1.3 利用图可丽抠取甜品图像 234
   7.1.4 制作装饰元素 235
   7.1.5 合成最终海报效果 235

7.2 制作甜品品牌介绍音频 235
   7.2.1 构思音频制作思路 236
   7.2.2 使用讯飞智作配音 236
   7.2.3 添加音频素材 237
   7.2.4 编辑音频并导出 237

7.3 制作甜品制作视频教程 237
   7.3.1 构思视频制作思路 238
   7.3.2 使用文心一言写作视频文案 239
   7.3.3 使用腾讯智影制作视频旁白 239
   7.3.4 将视频旁白转为字幕 240
   7.3.5 编辑视频素材 240
   7.3.6 制作视频动效 241

7.4 制作甜品宣传三维动画 241
   7.4.1 构思动画制作思路 242
   7.4.2 搭建三维模型 243
   7.4.3 添加材质、灯光和摄像机 244
   7.4.4 渲染、导出文件 245

7.5 课后练习 245
   练习1 制作商场活动宣传海报 245
   练习2 制作黄山宣传片旁白 246
   练习3 制作"森林防火"公益短视频 247
   练习4 制作"乡间生活"二维动画
       片头 247

附录A 248

第  章 多媒体技术基础

在现代信息社会中，多媒体技术以其独特的魅力融入人们的生活、学习和工作中，成为不可或缺的一部分。从生动的图像到悦耳的声音，从丰富的文字到精彩的视频，多媒体技术以其多样化的表现形式，使人们能够更加直观地获取和理解信息。然而，要真正掌握多媒体技术并熟练运用它，就需要深入了解多媒体技术的相关知识。

📖 学习要点

◎ 了解多媒体及多媒体技术的基础知识。
◎ 熟悉多媒体硬件系统和软件系统。
◎ 熟悉多媒体技术的发展趋势。

◆ 素养目标

◎ 运用多媒体技术传递积极向上的价值观，积极承担社会责任。
◎ 在工作和学习中善于归纳总结，树立求真务实、开拓进取的态度。

📑 扫码阅读

课前预习

1.1 多媒体与多媒体技术

近年来，多媒体与多媒体技术迅速发展，从最初的单一文字或图像，发展到如今文字、图像、音频、视频等多种形式的结合，极大地提高了信息的传递效率。深入理解多媒体与多媒体技术的基本概念、应用领域和关键技术，可以为后续的学习和实践奠定基础。

1.1.1 什么是多媒体

媒体通常指的是信息传播的载体，是人们用来传递和交流信息的工具、渠道或技术手段。印刷媒体（如报纸和杂志）、视频媒体（如电视和电影）以及音频媒体（如广播、无线电和音响）都是常见的媒体类型，如图1-1所示。

印刷媒体　　　　　　　　　　视频媒体　　　　　　　　　　音频媒体

图1-1

多媒体是指融合两种或两种以上媒体的人机交互式信息交流和传播的媒体。一般来说，多媒体的"多"指的是多种媒体表现、多种感官作用、多种设备组合、多学科交汇、多领域应用；"媒"是指人与客观事物之间的中介；"体"指其综合和集成一体化。随着科技的进步，多媒体逐渐成为信息传播和交流领域的重要形式之一。

1.1.2 多媒体技术的基本概念和特点

多媒体技术是指通过计算机数字化处理文字、图像、动画、音频、视频等多种媒体信息，使其建立逻辑连接、达成实时信息交互的系统技术，具有多样性、集成性、交互性和实时性的特点。

- 多样性：多样性是指能够处理多种媒体信息，包括文字、图像、动画、音频、视频等。
- 集成性：集成性是指能够综合处理多种媒体信息，使其有机地结合在一起，形成一个与这些媒体相关的设备集成。
- 交互性：交互性是指可以组织多种媒体信息，实现人机交互，使人们可以参与各种媒体的加工和处理过程，从而更有效地控制和应用各种媒体信息。

- 实时性：实时性是指能够实时处理多种媒体信息，使人们能够及时了解各种相关信息。

1.1.3　多媒体技术的应用领域

多媒体技术具备实时、交互式地处理文字、图像、动画、音频和视频等多种媒体信息的功能，其强大的表现力和互动性不断拓展其应用领域，并融入生活的方方面面。无论是电商购物还是文化交流，娱乐休闲还是教育学习，多媒体技术的应用都无所不在。

1. 电子商务领域

当前，电子商务发展迅猛，网上购物、在线交易、电子支付及各种商务活动几乎时时刻刻都在进行，而这一切都离不开多媒体技术的支持。例如，运用多媒体技术可以制作出更加精美、优质的商品图片和视频，以展示商品的各项信息，从而更容易吸引消费者。在设计商品图片和视频时，可以将多种媒体信息融入其中，使这些内容与消费者产生互动，从而提升消费者的购物体验。图1-2所示为某电饭锅的商品图片和视频设计，采用了文字、图像和视频相结合的方式，为消费者讲解该商品的卖点和使用方法。

图1-2

2. 商业广告领域

多媒体技术在商业广告领域的应用广泛而深入，为广告设计师提供了更多的创意空间和表现手段。首先，传统广告形式主要依靠文字和图片来传达信息，而多媒体技术则能使广告呈现得更加生动且具有吸引力，同时还能提升广告的互动性和参与度，从而丰富广告的呈现形式。例如，利用多媒体技术在广告中融入互动元素（如在线投票、游戏挑战）等，可以让观众积极参与其中，与广告商形成更紧密的联系。其次，多媒体技术还优化了广告的传播效果。通过互联网和社交媒体平台的广泛应用，多媒体广告能够迅速传播至全球，覆盖更广泛的受众群体。同时，多媒体广告的创意性和吸引力使其更容易被观众分享和转发，进一步扩大广告的影响力和传播范围。

3. 教育领域

多媒体技术在教育领域的应用是通过多媒体计算机综合处理和控制多媒体信息，根据教学要求将其有机组合，形成合理的教学结构并呈现在屏幕上，然后通过一系列人机交互操作，使学生在更优的环境中学习。例如，利用多媒体技术模拟物理、化学实验，天文或自然现象，以及模拟社会环境及生物繁殖和进化等真实场景。

如今，多媒体技术已经将教学模拟推向了一个新的阶段。各种形式的虚拟课堂、虚拟实验室以及虚拟图书馆等与教育密切相关的新生事物不断涌现，使得该技术成为教育领域中前所未有的强大工具和有力的教学手段。此外，随着网络技术的发展，多媒体远程教学培训也在逐步完善，其中包括以下两种模式。

（1）非实时交互式远程教学模式

非实时交互式远程教学模式是指学生利用多媒体网络随时调用存放在服务器上的文字、图像和音频等多媒体课件进行学习，如图1-3所示。这种模式适合具备自主学习能力的学生，是一种以学生为中心的教学模式。

（2）实时交互式远程教学模式

实时交互式远程教学模式是在较高的网络传输速率下，借助摄像头、视频卡和话筒等设备，实现远程音、视频信息的实时交流。这种教学模式将双向交流扩展到任何有网络覆盖的地方，不受地域、时间和各种突发社会事件的影响，能够实现音、视频实时交互，保证教学过程的高质量和高效率。如图1-4所示，学生可以使用笔记本电脑进行实时上课。

图1-3   图1-4

4. 数字出版领域

数字出版是通过数字技术编辑和加工出版内容，利用数字编码方式将图像、文字、声音、视频等多种媒体信息存储在磁、光及电介质上，并通过网络传播等方式进行发布的一种新兴出版形式。人们可以通过手机下载数字图书就可以阅读全书的内容，如图1-5所示。数字出版具有出版内容数字化、管理过程数字化、产品形态数字化和传播渠道网络化的特点。数字出版产物具有容量大、文件小、成本低、检索快、易于保存和复制，以及能够存储图、文、声、像等多种媒体信息等特点。

数字出版的产物不仅丰富了出版物的内容和形式，同时也改变了用户的生活方式和消费理念。数字出版产物的类型主要包括数字图书、数字期刊、数字报纸、数字手册与说明书、网络原创文学、网络教育出版物、网络地图、数字音乐、网络动漫等。

图1-5

5. 医疗会诊领域

多媒体通信和分布式系统的结合推动了分布式多媒体系统的产生，使远程多媒体信息的编辑、获取和同步传输成为可能，远程医疗会诊应运而生。远程医疗诊断是一种以多媒体为核心的综合医疗信息系统，使医生能够在千里之外为患者看病、开处方。对于疑难病例，各方专家还可以联合会诊，为抢救危重病人赢得宝贵的时间，如图1-6所示。

远程会诊　　　　　　　　　　远程看病　　　　　　　　　　远程查房

图1-6

6. 通信领域

随着网络和现代通信技术的发展，人们对通信的可视化需求逐渐增加，进而转变为对视频和音频的通信需求。集传送语音和视频于一体的视频通信业务因此成为通信领域发展的热点，如视频会议、视频电话、网络直播等。

以视频电话为例，该技术运用图像和语音压缩等多媒体技术，通过电话线路实时传送图像和语音的通信方式，使人们在使用视频电话时能够听到对方的声音，看到对方的动态影像。

随着多媒体技术的进步，现代视频电话终端已具备共享电子文档、浏览网页等功能，并应用了增强现实技术和人脸识别技术。在通话的同时，可在用户面部实时叠加如帽子、眼镜等虚拟物体，极大地提高了视频电话的趣味性。

1.1.4　多媒体关键技术

多媒体技术是一种综合技术，它融合了许多学科和研究领域的理论、知识、技术与成果。因此，多媒体技术的实现需要许多关键技术的支持。

1. 压缩技术

数字化处理多媒体信息后，通常会存在冗余内容，因此可以对其进行压缩处理，以减小文件大小。一般来说，压缩可分为有损压缩和无损压缩两类。其中，有损压缩会造成一些信息损失，但能够实现更高的压缩率；无损压缩则没有任何偏差和失真，且压缩编码后的多媒体信息能够完全恢复到压缩前的状态，但压缩率较低。

常用的压缩技术主要有统计编码、预测编码、变换编码3种类型。

- 统计编码：通过分析信息的出现概率，对概率大的信息用短码编码，对概率小的信息用长码编码，以实现无损压缩。
- 预测编码：通过减少数据在时间和空间上的相关性来实现有损压缩。
- 变换编码：通过函数变换将信号的一种空间表示转换为另一种空间表示，然后对变换后的信号进行编码，以实现有损压缩。

2. 存储技术

存储技术是指用于保存大量信息的技术，常见的包括磁存储技术、缩微存储技术、光盘存储技术和云存储技术。

- 磁存储技术：通过磁介质存储信息的技术，通常应用于硬盘驱动器（计算机存储设备，也称硬盘）和磁带存储设备中，如图1-7所示。

- 缩微存储技术：一种用于存储大量信息的高密度存储技术，能够使用极小的物理空间来存储信息，从而实现更高的存储密度和容量。例如，通过摄影机的感光摄影原理将文件缩摄到微缩胶片上。

- 光盘存储技术：使用激光技术读取和写入信息的存储技术，利用光学介质记录和存储信息。这种技术可以存储所有类型的媒体信息。常见的光盘有CD（Compact Disc，激光唱片）、DVD（Digital Versatile Disc，数字通用光盘）和BD（Blu-ray Disc，蓝光光盘）等。

- 云存储技术：一种新兴的网络存储技术，通过将信息上传到云服务提供商的服务器上，实现安全存储和随时访问信息，具有灵活的存储设备配置要求和快速备份等功能，提高了数据的可靠性和安全性。同时，人们可以在任何地方，通过联网的方式连接到云上存取信息。例如，将资料存储在百度网盘中即采用了云存储技术，如图1-8所示。

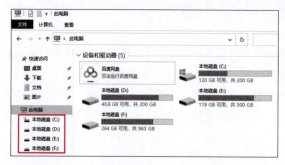

图1-7

图1-8

3. 流媒体技术

流媒体是指通过网络传输多媒体内容的方式，主要通过下载和流式传输两种方式来实现。在下载方式中，用户必须等待媒体文件从互联网上完成下载后，才能通过播放器播放；而在流式传输方式中，计算机会在播放媒体文件前预先下载一段内容作为缓冲。当网络实际速度小于播放所耗用文件的速度时，播放程序会取用一小段缓冲区内的信息进行播放，并继续下载新内容到缓冲区，以避免播放中断。

流媒体技术分为顺序流式传输和实时流式传输两种类型。

- 顺序流式传输：顺序流式传输可以按顺序下载，用户在观看在线媒体的同时下载文件，但只能观看已下载的部分，不能跳到未下载的部分进行观看。因此，顺序流式传输较适合传输高质量且内容较短的多媒体内容。

- 实时流式传输：实时流式传输通过专用的流媒体服务器和特殊的网络协议实现实时传输，适合用于现场直播、线上会议等实时多媒体内容。需要注意的是，为了获得高质量的实时流式传输体验，需要良好的网络环境，否则流媒体可能会为了保持流畅度而降低多媒体的质量，影响观看体验。

4. 数字媒体信息检索技术

数字媒体信息检索（Content-Based Retrieval，CBR）技术是一种基于内容特征的检索方法。所谓基于内容特征的检索，是指对媒体对象的内容及其上下文语义环境进行检索，如图像中的颜色、纹理、形状，声音中的音调、响度、音色，视频中的镜头、场景、镜头的运动等。

数字媒体信息检索技术突破了传统基于文本检索的局限，直接对图像、音频或视频内容进行分析，提取特征和语义，利用这些内容特征建立索引并实现检索。该技术采用一种近似匹配（或局部匹配）的方法，通过逐步寻找准确信息来获取查询和检索结果，摒弃传统的精确匹配技术，从而减少不确定性。

数字媒体信息检索技术通常由媒体库、特征库和知识库组成。媒体库包含图像、音频、视频等媒体数据；特征库包含用户输入的特征和预处理自动提取的内容特征；知识库包含领域知识和通用知识，能够满足用户多层次的检索要求，实现对数字媒体信息的快速检索。

5. 虚拟现实技术

虚拟现实（Virtual Reality，VR）技术是一种在仿真技术、计算机图形学、多媒体技术等多种相关技术的基础上发展而来的综合技术，是多媒体技术发展的更高境界。虚拟现实技术通过模拟的方式构建接近现实的虚拟世界，提供一种完全沉浸式的人机交互界面。用户置身于计算机生成的虚拟世界中，无论是看到的、听到的，还是感受到的，都如同在真实世界中体验一般。通过输入和输出设备，用户还可以与虚拟现实环境进行交互。图1-9所示为虚拟现实技术在房地产领域的应用。通过该技术，用户无须亲自前往即可全景观看房屋环境。

图1-9

6. 增强现实技术

增强现实（Augmented Reality，AR）技术是一种将真实世界信息与虚拟世界信息相结合的新技术。增强现实技术利用多媒体、三维建模、实时跟踪与注册、智能交互、传感等多种技术手段，将虚拟信息投射到现实世界，并可以与用户进行交互操作。增强现实技术的常见应用是利用手机摄像头扫描现实世界的物体，然后通过图像识别技术在手机上显示相应的图像、音频、视频、3D模型等。例如，2022年北京冬奥会开幕式上，飘落着带有参赛各国（地区）名字的AR雪花、冬奥会演播室中的AR虚拟冰山、张家口冬奥村的智慧AR导航、AR冬奥会吉祥物；冬奥会闭幕式上，利用AR技术合成的万千红丝带在空中翻飞腾舞、最终编织成象征吉祥团结的中国结图案，并缠绕在巨型雪花火炬周围，以超高的精细度形成仿真的视觉效果，如图1-10所示。这些都体现了我国在AR领域的积极探索和突破，展现出强大的创新能力。

图1-10

7. 混合现实技术

混合现实（Mixed Reality，MR）技术是一种介于虚拟现实技术和增强现实技术之间的综合形态，也是这两种技术的进一步发展。它可以将虚拟世界与现实世界更紧密地结合，创造一个新的环境。在这个新环境中，虚拟世界的物品能够与现实世界中的物品共同存在，并即时与用户进行真实的互动。当用户改变现实空间时，也会间接影响到虚拟空间。混合现实技术增强了虚拟的部分，使得现实世界可以延伸到虚拟世界中。图1-11所示为用户在下单购买家具前，通过混合现实技术可以更直观地判断为家具预留的空间是否充裕，以及与房间整体装潢是否协调，以提升家具选购体验和效率。

图1-11

1.2 多媒体系统

多媒体系统是一种将硬件和软件有机结合的综合系统，能够将多媒体信息与计算机系统融合，并由计算机系统对多媒体信息进行数字化处理。多媒体系统可以根据其物理结构分为多媒体硬件系统和多媒体软件系统两大部分。

1.2.1　多媒体硬件系统

多媒体硬件系统由计算机主机、多媒体板卡以及各种可以接收和播放多媒体信息的设备组成，为多媒体信息的使用提供了坚实的硬件平台。

1. 计算机主机

在多媒体系统中，计算机主机是基础性部件。没有计算机主机，多媒体系统的功能就无法实现。计算机主机的基本部件由中央处理器（Central Processing Unit，CPU）、内存储器和外存储器3部分组成。

- 中央处理器：计算机主机的核心部件，负责执行和控制计算机的指令和数据处理操作。
- 内存储器：用于存储当前正在执行的程序和数据的设备，常见的内存储器包括随机存取存储器和高速缓存。
- 外存储器：是用于长期存储数据和程序的设备，常见的外存储器有软盘存储器、硬盘存储器、固态硬盘、光盘和USB闪存驱动器（USB flash disk，简称U盘）。

2. 多媒体板卡

多媒体板卡是一种为满足多媒体系统获取或处理各类多媒体信息需求而设计的设备，插接于计算机插槽式中。它主要用于解决输入输出问题，在多媒体处理中过程发挥着重要作用，提供更为丰富的多媒体体验。常用的多媒体板卡包括显示卡、音频卡、视频卡和网卡等，如图1-12所示。

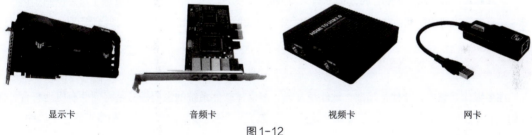

| 显示卡 | 音频卡 | 视频卡 | 网卡 |

图1-12

- 显示卡：显示卡又称显卡、显示适配器，是连接计算机主机与显示器的接口卡。显示卡用于将主机中的数字信号转换为图像信号，并在显示器上显示，决定了屏幕的分辨率和可显示的颜色。
- 音频卡：音频卡又称声卡，是计算机处理声音信息的专用功能卡。声卡上预留了话筒、激光唱机、乐器数字接口（Musical Instrument Digital Interface，MIDI）等外接设备的插孔，可以录制、编辑和回放数字音频文件，控制各声源的音量并进行混合，在记录和回放数字音频文件时进行压缩和解压缩，并具有初步的语音识别功能。
- 视频卡：视频卡又称视频采集卡，是一种基于计算机的多媒体视频信号处理平台。视频卡用于汇集视频源和音频源的信号，经过捕获、压缩、存储、编辑等处理后，可以产生高质量的视频画面。
- 网卡：网卡又称网络接口控制器（Network Interface Controller，NIC），是计算机与传输介质的接口。如果需要在互联网上传播多媒体信息，计算机系统就需要配备网卡。

3. 多媒体设备

多媒体设备种类繁多，主要用于输入和输出多媒体信息。常见的多媒体设备包括显示器、摄像头、扫描仪、数码相机等，如图1-13所示。

| 显示器 | 摄像头 | 扫描仪 | 数码相机 |

图1-13

- 显示器：一种计算机输出显示设备，由显示器件、扫描电路、视放电路和接口转换电路组成。为了清晰地显示文字、图像等内容，显示器的分辨率和视频带宽（指每秒钟电子枪扫描过的总像素数）比电视机要高出许多。

- 摄像头：一种用于在计算机上捕捉图像和视频的设备，通常是一个小型摄像头模块，可以连接到计算机的USB接口或其他适配器上，广泛应用于视频通话、视频会议、远程教育、人脸识别等领域。

- 扫描仪：一种静态图像采集设备，其内部有一套光电转换系统，可以将各种图像信息转换成数字图像数据并传送给计算机，然后借助计算机进行图像加工处理。

- 数码相机：一种能够进行拍摄，并把拍摄到的景物转换成数字图像的照相机。数码相机一般是利用成像元件进行图像传感，将光信号转变为电信号，并将其记录在存储器或存储卡上。数码相机可以直接连接到计算机、电视机或打印机上，并可对图像进行简单的加工处理、浏览和打印。

1.2.2 多媒体软件系统

在多媒体系统中，硬件是基础，软件是灵魂。多媒体软件系统的主要任务是将硬件有机地整合，使人们能够更便捷地使用多媒体信息。多媒体软件系统按功能可分为多媒体系统软件和多媒体应用软件。

1. 多媒体系统软件

多媒体系统软件主要包括多媒体操作系统、多媒体驱动程序和多媒体开发工具3种类型。其中，多媒体操作系统是多媒体系统软件的核心，负责在多媒体环境下调度各种任务，提供多媒体信息的各种操作和管理，并确保能够同步控制音频和视频，以及及时处理信息，具备综合处理和运用各种媒体的能力。多媒体驱动程序是直接控制和管理多媒体硬件设备的软件程序，通常随硬件设备附带，可完成设备的初始化和各种操作，例如打开或关闭设备、基于硬件的压缩和解压缩、快速变换图像等。多媒体开发工具是开发人员用于获取、编辑、处理多媒体信息，编制多媒体应用程序的一系列工具软件的统称。这些工具能够控制和管理多媒体信息，并将它们按要求连接成完整的多媒体应用软件。

2. 多媒体应用软件

多媒体应用软件，又称多媒体商品，是由各应用领域的专家或开发人员利用多媒体编程语言，或多媒体创作工具编制的最终多媒体商品，如各类多媒体教学软件、培训软件、声像俱全的电子图书，是直接面向用户。

知识拓展

多媒体开发工具一般可分为多媒体素材制作工具、多媒体制作工具和多媒体编程语言3类。其中，多媒体素材制作工具是为多媒体应用软件准备数据的软件，包括图形绘制软件Illustrator、图像处理软件Photoshop、音频编辑软件Audition、视频编辑软件Premiere、视频后期处理软件After Effects、二维动画制作软件Animate、三维动画制作软件Cinema 4D等。多媒体制作工具是通过编程语言调用多媒体硬件开发工具或函数库来实现的，使用户能够方便地编制程序，组合各种媒体，最终生成多媒体应用程序，如PowerPoint、Authorware、Director等软件。多媒体编程语言用于开发多媒体应用软件，如Java、Visual C++、Python等，对开发人员的编程能力要求较高，并具有较大的灵活性。

多媒体技术的发展趋势

随着多媒体技术在各个领域的深入应用，其发展日益迅速。从当前的环境来看，多媒体技术的发展主要呈现以下5种趋势。

1.3.1 基于5G/6G网络的多媒体技术应用

5G（Generation，代）网络是指第五代无线通信技术，是当前主流的新一代宽带移动通信技术。其特性在于拥有卓越的数据速率、低延迟和高可靠性。6G网络则是正在研发的第六代无线通信技术。相较于5G网络，6G网络预计能够实现更高的数据传输速度和更低的网络延迟，为用户提供更流畅、更快速的网络体验。这将为实时高清视频传输、大规模数据传输等应用提供有力支持。此外，6G网络还有望实现更大的带宽和更高的数据传输速率，从而满足未来日益增长的数据传输需求。

目前，5G网络已经进入高速发展期，基于5G网络的多媒体技术应用层出不穷。例如，低延迟的5G网络使得在线游戏玩家可以享受到几乎无延迟的游戏体验；医生可以实时获得高清的手术画面和数据，以进行远程指导。此外，5G网络的高速传输也使得多媒体内容的创作和分发更加高效。内容创作者可以实时上传和分享高清视频、音频和图像，用户也可以快速下载和享受这些内容。例如，商家可借助5G高速网络通过电商平台开展线上直播，通过实时互动的方式与消费者建立联系，让消费者更加了解商品和服务，如图1-14所示，同时也进一步促进电子商务领域的发展。

6G网络虽然处于起步阶段，但其发展前景不可估量。例如，

图1-14

6G网络将为AR和VR技术提供强大的支持，使用户无论是在观看体育赛事、参观博物馆，还是进行虚拟旅行时，都能获得更加逼真、流畅的沉浸式虚拟体验。此外，6G网络的发展还将催生更多新兴技术，使一些目前只能是想象的多媒体应用场景成为可能，例如利用通感互联网（通感互联网是一种联动多维感官实现感觉互通的体验传输网络）传递触觉、嗅觉、味觉乃至情感，实现多感官体验的互联互通。

1.3.2 多媒体内容的智能推荐与个性化服务

随着大数据、云计算和人工智能等技术的不断发展，多媒体内容的智能推荐与个性化服务已成为当前多媒体技术领域的热门话题。这种服务方式不仅提升了用户体验，还使内容提供者能够更精准地满足用户需求，从而最大化内容价值。

智能推荐的核心在于利用机器学习和数据分析技术，深入挖掘用户的行为、兴趣和偏好。通过分析用户的历史数据，系统可以构建个性化模型，进而预测用户可能感兴趣的内容。这种预测不仅基于用户过去的行为，还会考虑时间、地点、情境等多种因素，以实现更加精准的推荐。个性化服务则更侧重于根据用户的个性化需求，提供定制的内容和服务。例如，根据用户的兴趣偏好，为其推荐相关的多媒体内容；根据用户的使用习惯，调整界面的布局和交互方式；甚至可以根据用户的反馈，不断优化推荐算法和服务策略。

在多媒体技术领域，智能推荐与个性化服务的应用场景十分广泛。例如，音乐软件可以根据用户平时听歌的习惯和偏好，推荐类似风格或相似艺人的音乐作品；新闻软件可以根据用户的阅读兴趣和时事热点，为其推送个性化的新闻资讯；购物软件可以根据用户的浏览历史，推荐用户感兴趣的商品，如图1-15所示。

图1-15

这种智能推荐与个性化服务的优势在于，它能够为用户提供更符合个人需求的内容，从而提升用户的满意度和忠诚度。同时，对于内容提供者来说，通过精准推荐可以更好地实现内容的分发和变现，提高内容的商业价值。

然而，智能推荐与个性化服务也面临一些挑战。例如，如何保护用户的隐私和数据安全，如何避免过度依赖算法导致的"信息茧房"现象，如何确保推荐内容的多样性和新颖性，以及如何应对用户兴趣的变化等。

总的来说，多媒体内容的智能推荐与个性化服务是一个非常有前景的发展趋势。随着技术的不断进步和应用场景的不断拓展，它将带来更智能化、个性化和多样化的用户体验，推动整个行业的持续发展和创新。

1.3.3 多媒体技术的连贯性趋势

随着物联网（通过连接物体并交换信息实现智能化管理和控制的一种新型技术）和智能家居的普及，用户可能拥有多个设备，如手机、平板电脑、电视、智能手表等。这些设备之间的数据共享和交互需求日益强烈。多媒体技术通过云存储和同步技术等手段，可以实现多媒体内容在不同设备间的无缝传输和同步，提供连贯性且流畅的用户体验，使用户能够实现跨平台和跨设备的无缝切换。图1-16所示为在不同设备（手机、平板电脑和台式计算机）中同步和共享内容，这不仅提高了用户的满意度，也体现出多媒体技术的连贯性和易用性。可以预见，多媒体技术的连贯性趋势将进一步提升用户体验，并推动多媒体技术的不断创新和完善。

图1-16

1.3.4 人工智能技术与多媒体技术的融合

人工智能（Artificial Intelligence，AI）是一门研究使用计算机模拟人类智能活动的科学技术，致力于开发和构建能够自主学习、推理、理解、决策和执行任务的智能系统。人工智能技术包括机器学习、自然语言处理、计算机视觉、专家系统、语音识别、自主导航与机器人等多种技术。

- 机器学习技术：通过算法和模型使计算机从大量数据中识别模式和规律，能够自动学习并改进性能的技术，以实现图像识别、推荐系统和欺诈检测等任务的技术。
- 自然语言处理技术：使计算机能够理解和处理人类语言，以实现信息提取、机器翻译和文本分析等任务的技术。
- 计算机视觉技术：使计算机能够理解和解释图像和视频，以实现图像分类、目标检测、人脸识别和视频监控等任务的技术。
- 专家系统技术：基于专家知识和规则，构建能够模拟专家决策和解决问题的系统的技术。
- 语音识别技术：使计算机能够理解并转换人类语音输入为文字或命令的技术。
- 自主导航与机器人技术：使机器能够感知环境，并自主进行导航和执行任务的技术。

随着科技的飞速进步，人工智能技术与多媒体技术的融合愈发深入。这不仅推动了多媒体技术的创新发展，也极大地丰富了人们的生活体验。例如，利用AI辅助工具实现智能语音交互、噪声消除、音量调节，以及音频的自动剪辑和混音，提高了音频的质量和听感；通过AI辅助工具对图像进行智能识别、分析和处理，并生成各种风格的虚拟图像，使图像生成变得更加高效、便捷和多样化。AI辅助工具还可以实现视频的自动剪辑、特效添加和场景识别，为视频制作和编辑带来了极大的便利。图1-17所示为使用AI图像工具生成的不同风格的图像。

图1-17

由此可见，人工智能技术与多媒体技术的融合，不仅提升了多媒体内容的处理效率和质量，还带来了更加便捷、智能和个性化的体验。

> **知识拓展**
>
> AI辅助工具可按照其功能进行简单分类，以下是常用的AI辅助工具。
> - AI对话工具：文心一言、讯飞星火、百度Chat、清华智谱清言。
> - AI图像工具：无限画、美图设计室、文心一格、图可丽、无界AI、PicUp。
> - AI视频剪辑：腾讯智影、一帧秒创、绘影字幕、来画、万彩微影。
> - AI设计工具：稿定AI、MasterGo AI、即时AI、Pixso AI。
> - AI写作工具：秘塔写作猫、易撰、度加创作工具、笔灵AI写作、深言达意。
> - AI配音工具：魔音工坊、讯飞智作、TTSMAKER。

1.3.5　多媒体技术对数据安全的新挑战

多媒体技术的发展不仅提升了多媒体内容的处理效率和质量，还带来了更加便捷、智能和个性化的用户体验，但同时也面临着保护隐私与数据安全的挑战。

无论是图像、音频还是视频，这些多媒体内容往往包含大量的个人信息，如面部特征、声音特征和行为习惯等。如果这些信息缺乏有效的隐私保护和数据加密措施，一旦被不法分子获取和利用，个人信息就面临泄露的风险。例如，通过分析个人在社交媒体上发布的照片和视频，黑客或不良商家可能获取个人的生活习惯、兴趣爱好、社交关系等敏感信息，进而有针对性地开展诈骗或推销活动。

此外，在实时通信、在线会议等场景中，多媒体数据需要在网络中进行传输和共享。然而，网络的开放性和不稳定性使得这些数据面临被截获、篡改或伪造的风险，进而可能对个人的名誉、财产甚至生命安全造成威胁。

因此，推动多媒体技术的创新，研发更加安全、高效的多媒体数据处理和传输技术，如加密技术、匿名化技术等，以保护信息的安全性和隐私至关重要。这也是目前多媒体技术的发展趋势。同时，用户也需要提高对隐私保护和数据安全的重视程度和防范意识，以保护个人隐私和数据安全。

总的来说，多媒体技术的未来发展趋势将是一个不断创新和探索的过程。在这个过程中，多媒体技术将不断突破传统框架和限制，探索出更加新颖、独特的应用方式和表现形式，为人们带来更加便捷、高效、智能的多媒体应用体验。

1.4 综合实训

1.4.1 使用手机拍摄视频并传输到计算机中

在多媒体技术迅速发展的今天，视频已成为人们获取信息和分享生活的重要载体。某花艺工作室需要制作一部关于花卉介绍的宣传视频，以便让更多人欣赏到花卉的绚丽多姿，展现其独特的视觉美感和艺术魅力，为人们带来美的享受和心灵的愉悦。表1-1所示为使用手机拍摄视频并传输到计算机中的任务单，任务单明确列出了实训背景、制作要求和制作思路等内容。

表1-1 使用手机拍摄视频并传输到计算机中的任务单

实训背景	使用手机拍摄一段花卉视频并上传到计算机中，以便制作花卉介绍的宣传视频
尺寸要求	1280 像素 ×720 像素
时长要求	30 秒以内
制作要求	拍摄的视频效果自然美观，格式为 MP4，并将视频存储到计算机中的指定位置，视频名称为"花卉视频"
制作思路	先使用手机拍摄视频素材，然后登录微信，通过文件传输助手将其传输到计算机。在计算机中保存该视频素材，并修改其文件名称
参考效果	
素材位置	配套资源:\ 素材文件 \ 第1章 \ 综合实训 \ 花卉视频 .mp4
效果位置	配套资源:\ 效果文件 \ 第1章 \ 综合实训 \ 花卉视频 .mp4

本实训的操作提示如下。

STEP 01 打开手机的"相机"App，切换至录像模式，双手横屏持机。将手机镜头对准花卉，并点击手机屏幕中的花丛进行对焦。点击"快门"按钮开始录像，然后慢慢推动手机镜头以录制更多画面。注意移动手机时尽量保持手机稳定，避免因为晃动导致画面模糊（如有需要，可使用手机稳定器辅助录制）。当录像时长达到30秒左右时，再次点击"快门"按钮结束录制。

视频教学：
使用手机拍摄视频并传输到计算机中

STEP 02 在计算机中登录电脑端微信，再打开手机端微信。在"通讯录"选项卡中搜索并选择"文件传输助手"选项，进入"发消息"界面，点击⊕图标，选择"照片"图标▣，选择拍摄的花卉视频，点击选中"原图"单选项，再单击 发送(1) 按钮。

STEP 03 在计算机中打开电脑端微信，选择"文件传输助手"选项。单击上传的花卉视频将自动下载，下载完成后将自动打开进行预览。确认无误后，单击视频左上角的"另存为"按钮⎘。在打开的"另存为"对话框中选择文件保存位置，并设置文件名为"花卉视频"，单击 保存(S) 按钮。

1.4.2 使用 AI 工具生成音频文件

随着AI技术的不断发展，其在音频制作领域中发挥着越来越重要的作用，为用户提供各类音频素材。某学校为了扩大生源和提升知名度，准备制作宣传片并投放到当地媒体。需要使用AI工具，根据提供的宣传文字资料制作MP3格式的音频，完成宣传片的配音工作。表1-2所示为使用AI工具生成音频文件的任务单，其明确了实训背景、制作要求和制作思路等内容。

表1-2 使用 AI 工具生成音频文件的任务单

实训背景	使用 AI 工具为某学校宣传片生成配音，以协助完成宣传片的制作
格式要求	MP3
数量要求	共1个，单声道
制作要求	生成的音频效果逼真，节奏流畅，语速适中，发音准确，吐字清晰，能将内容准确传达给受众
制作思路	直接进入操作界面，在文本框内输入文字，然后选择文本语言和AI配音角色，并设置输出格式、语速、音量等，试听无误后，将文字转换为语音
素材位置	配套资源:\素材文件\第1章\综合实训\校园宣传片字幕.txt
效果位置	配套资源:\效果文件\第1章\综合实训\校园宣传片音频.mp3
效果试听	[二维码] 音频效果： 校园宣传片音频

操作提示如下。

STEP 01 打开"校园宣传片字幕.txt"素材，将其中的文字全部选中并复制。进入TTSMAKER操作界面后，将文字粘贴到文本框中。在文本框右侧的"选择您喜欢的声音"下拉列表中，选择AI配音角色（如果不确定选择哪个角色，可单击角色头像下方的⊙试听音色按钮进行试听），如图1-18所示。

视频教学：
使用AI工具生
成音频文件

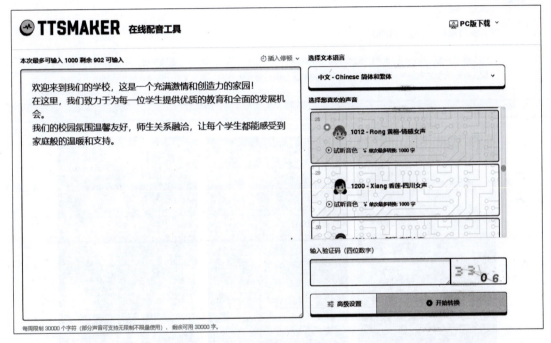

图1-18

STEP 02 在AI配音角色下方单击⚙高级设置按钮，在打开的列表中选择"MP3音频质量"为"高音质"，选择"音高调节"为"轻微降低（-10%）"。

STEP 03 在⚙高级设置按钮上方的文本框中输入验证码，单击⊙开始转换按钮。等待转换成功后，在TTSMAKER操作界面左侧试听音频，确认无误后单击⬇下载文件到本地按钮，然后将下载完成的音频文件命名为"校园宣传片音频"。

1.5 课后练习

练习 1　使用AI工具搜集元宵节素材

【制作要求】某公众号计划在元宵节到来之际撰写一篇与元宵节相关的推文。需要收集推文的标题和图像素材，要求标题和图像素材能够充分展现元宵节的主要习俗，传达节日氛围。

【操作提示】首先，使用AI对话工具或写作工具生成有关元宵节的推文标题。然后，根据生成的标题确定关键词，并利用AI图像工具生成图像。参考效果如图1-19所示。

【效果位置】配套资源:\效果文件\第1章\课后练习\灯会.png、灯会2.png、灯会3.png

写一个元宵节推文名称，能够充分展现元宵节的主要习俗

推文名称建议:

月圆人团圆，元宵佳节闹花灯

这个推文名称不仅体现了元宵节的传统习俗"闹花灯"，还通过"月圆人团圆"这一温馨表达，传达了元宵节家人团聚、共享天伦之乐的美好愿景。整个名称简洁明了，既符合元宵节的氛围，又易于读者理解和记忆。

由文心大模型 3.5 生成

重新生成

图1-19

练习 2　使用手机录制音频并传输到计算机中

【制作要求】根据提供的文本素材录制一段音频。要求音频内容与文字读音精准、音量适中、节奏流畅，能够清晰传达文本内容。

【操作提示】可以使用手机自带的录音软件录制音频。然后登录微信，使用文件传输助手将其传输到计算机中。在计算机中保存该音频，并修改文件名。

【素材位置】配套资源:\素材文件\第1章\课后练习\文本内容.txt

【效果位置】配套资源:\效果文件\第1章\课后练习\语音音频.mp3

音频效果:
语音音频

第 **2** 章 图形图像编辑

多媒体艺术作品的效果呈现离不开图形和图像的运用。例如，在数字插画领域，通过绘制精美的图形，将抽象的概念具体化，以增强理解与共鸣；在平面设计领域，通过精细处理图像，不仅为人们带来视觉上的享受，还提升了作品的商业价值。无论是绘制图形，还是处理图像，都可以利用多媒体制作工具——Illustrator和Photoshop轻松实现。

📖 学习要点

◎ 熟悉图形图像编辑的基础知识。
◎ 熟悉Illustrator和Photoshop的工作界面。
◎ 掌握使用Illustrator绘制图形的方法。
◎ 掌握使用Photoshop处理图像的方法。

✧ 素养目标

◎ 培养良好的图形绘制和图像处理习惯。
◎ 提高对色彩、构图、造型等视觉元素的感知能力和理解能力。

◈ 扫码阅读

案例欣赏

课前预习

2.1
图形图像编辑基础

图形图像是多媒体技术的重要组成部分，以其直观、生动的表现形式，成为人们容易接受的信息媒体类型。一幅图像可以形象地表现大量的信息，因此在多媒体应用系统中，灵活使用图形图像可以显著提高信息传达的吸引力，并美化视觉呈现效果。在编辑图形图像之前，有必要先了解色彩、颜色模式、图形图像的分类、文件格式以及常用软件等基础知识。

2.1.1　色彩和颜色模式

色彩是图形图像最直观的组成元素之一，它不仅可以丰富人们的视觉体验，还会影响人们的生理和心理感受。颜色模式是数字世界中用于表示色彩的一种算法。

1. 色彩

色彩是视觉系统对可见光的感知结果。从物理学的角度来看，可见光是指电磁波谱中能够被人眼感知的部分，其范围并不精确。在这段可见光谱内，不同波长的光会引起人们不同的色彩感觉。在光谱中不能再被分解的色光（由不同波长的可见光组成，具有特定颜色的光线）称为单色光（如红光、绿光、蓝光，也称为色光三原色）。将红、绿、蓝3束单色光投射到白色的屏幕上相互叠加，可以看到：红+绿=黄，红+蓝=紫，绿+蓝=青，红+绿+蓝=白，如图2-1所示。

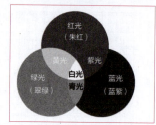

图2-1

这种通过色彩的混合相加产生新色彩的方法称为加色法。从生理学角度讲，人眼的视网膜上存在3种不同类型的锥体细胞，它们分别对红光、绿光和蓝光具有很高的灵敏度。当物体的反射光进入人眼后，在3种锥体细胞的作用下，人眼会产生不同颜色的光感。这就是三色学说理论，它是国际上公认的色度学理论基础。彩色印刷、彩色摄影、彩色电视均建立在三色学说的基础上。任何一种新颜色与红、绿、蓝这3种基本颜色的关系都可以用下列公式描述。

C（Color 色彩）=R（红色的百分比）+G（绿色的百分比）+B（蓝色的百分比）

人们对色彩的感知通常用3个量来度量，即色相、饱和度和明度，这为人们提供了丰富多样的视觉体验。

（1）色相

色相是色彩的第一要素，也是能够准确表述色彩倾向（即色彩基调，给人总体的色彩印象）的色别称谓。当我们称呼某一色的名称时，就会有一个特定的色彩倾向。

（2）饱和度

饱和度也称为纯度，主要用于反映色彩的鲜艳程度。色彩中含有的本色（构成自身色彩的色光）越多，纯度就越高，反之纯度越低。例如，大红和深红都是红色，但深红中所含的本色要比大红中所含的本色少，因此，深红的纯度低于大红的纯度。

（3）明度

明度是指彩色光（包含多种色光的光束，其颜色取决于组成色光的种类和比例）对人眼的光刺激程度，也称为"亮度"。物体表面反射的光因波长不同，呈现出各种色相，因反射同一波长的振幅不同，各种色相的深浅明暗有所不同。任意一种色彩与白色混合，其明度将会提高，但若混入黑色，则色彩会变暗，明度会降低。

2. 颜色模式

图像的颜色模式决定了图像文件在显示和输出时的视觉效果，不同的颜色模式会影响色彩细节的层次和图像文件的大小。在Photoshop中，常用的颜色模式包括位图模式、灰度模式、双色调模式、索引模式、RGB模式、CMYK模式、Lab模式和多通道模式等。

（1）位图模式

位图模式是只有黑白两色显示图像的颜色模式。由于位图包含的颜色信息量较少，因此图像大小也较小。在转换时，需要先将彩色图像转换为灰度模式才可以将其转换为位图模式。

（2）灰度模式

灰度模式是一种在图像中使用不同灰度级（在图像处理和显示中，用于表示图像亮度从最暗到最亮之间不同级别的明暗程度）的颜色模式，在灰度图像中，每个像素都有一个 0（黑色）~ 255（白色）的亮度值。彩色图像转换为灰度模式时，图像中的色彩信息将被去除，因此灰度模式下的灰度图像相对于彩色图像要小很多。

（3）双色调模式

双色调模式是由1~4种自定油墨来渲染单色调、双色调（两种颜色）、三色调（3种颜色）和四色调（4种颜色）灰度图像的颜色模式。该模式可通过向灰度图像添加 1~4 种颜色来表现颜色层次，使打印出的图像比灰度图像更加丰富生动，同时减少印刷成本。将图像转换为双色调模式时，需要先将图像转换为灰度图像，然后再转换为双色调模式。

（4）索引模式

索引模式使用一个8位（位表示位深度，即图像每个像素包含的色彩信息数量）的图像文件，最多可以生成256种颜色。在将图像转换为索引颜色模式时，Photoshop 会构建一个颜色查找表（Color Lookup Talk，CLUT）来存放或索引图像中的颜色。如果颜色查找表中没有原图像中的颜色，系统将选择现有颜色中相近的一种。在索引颜色模式下，Photoshop的滤镜功能和部分图形调整功能无法使用，因此，在模式转换之前，需要对与这些功能有关的内容进行设置。

（5）RGB模式

RGB模式又称真彩模式，由红（Red）、蓝（Blue）、绿（Green）三原色按照不同的比例混合而成。RGB模式具有数百万种颜色，是较为常用的颜色模式，几乎涵盖了人类视力所能感知的所有颜色。

（6）CMYK模式

CMYK模式是印刷图像时使用的颜色模式，由青（Cyan）、洋红（Magenta）、黄（Yellow）和黑（Black）4种色彩按不同的比例混合而成。

（7）Lab模式

Lab模式是基于人眼视觉原理创建的颜色模式，理论上包含了正常视力的人能够看到的所有颜色，在Photoshop中常用来从一种颜色模式向另一种颜色模式转换时使用。Lab模式中的L表示图像的明度，a表示由绿色到红色的光谱变化，b表示由蓝色到黄色的光谱变化。

（8）多通道模式

多通道模式是一种包含多种灰阶通道（用于存储图像整体明暗度的通道）的颜色模式。每个通道均由256级灰阶组成，多用于特殊印刷。

2.1.2 图形图像的分类

图形图像分为两大类，一类为矢量图——图形，另一类为点阵图——图像。它们是反映客观事物的两种不同形式。

1. 图形

图形的内容由基本图元（图元是指图形数据）组成，这些图元包括点、直线、圆、椭圆、矩形、弧等。图形主要通过绘图软件（如CorelDRAW、Adobe Illustrator等）绘制。在编辑图形时，可以对每个图元分别进行操作。图形使用矢量格式，图形文件中记录的是绘制对象的几何形状、线条粗细、色彩等信息，因此，其文件存储容量较小。

2. 图像

图像通常通过扫描仪、手机、数码相机、摄像机等输入设备导入计算机，可以逼真地表现自然界的景物。图像由许多点组成，这些点称为像素（pixel）。每个像素用若干个二进制位记录色彩和亮度等反映该像素属性的信息，并将每个像素的内容按一定的规则排列，组成文件的内容。在编辑处理图像时，可以以像素为单位调整亮度和对比度，并进行特殊效果的处理。图像通常按像素点从上到下、从左到右的顺序显示。图像文件在保存时需要记录每个像素的信息，因此占用的存储空间非常大。

3. 图形与图像的区别

在计算机中，图形和图像是两个不同的概念，人们常常混淆这两个概念，对图形与图像不加区分。但严格来说，它们在计算机中创建、加工处理、存储、表现的方式完全不同。图形反映物体的局部特性，是对真实物体的模型表现；图像则反映物体的整体特性，是物体的真实再现。例如，一扇门如果是绘制出来的，那就是图形；如果是拍摄出来的照片，那就是图像。图形与图像的主要区别如下。

- 图形文件的数据量比图像文件小很多，但图形不如图像表现得自然、逼真。
- 图形将颜色作为绘制图元的参数在命令中给出，所以图形的颜色数目与文件的大小无关；而图像中每个像素所占据的二进制位数与图像的颜色数目有关，颜色数目越多，占据的二进制位数就越多，文件的数据量就越大，因此图像的颜色数目与文件大小紧密相关。
- 图形在进行放大、缩小、旋转等操作后不会失真，如图2-2所示；而图像则会出现失真现象，特别是在放大若干倍后，图像可能会出现网格，如图2-3所示，缩小后则会丢失部分像素点内容。

图形原图及放大后的效果　　　　　　　　　　图像原图及放大后的效果

图2-2　　　　　　　　　　　　　　　　　图2-3

总之，图形和图像是表现客观事物的两种不同形式。在制作标志性内容或对真实感要求不高的内容时，可以选择图形。而当需要反映真实场景或特定内容时，则应该选用图像。

> **知识
> 拓展**
> 随着计算机技术的发展以及图形图像处理技术的成熟，在某些情况下，图形和图像已融合在一起，难以区分。此外，利用真实感图形绘制技术可以将图形数据转换为图像，而利用模式识别技术可以从图像数据中提取几何数据，将图像转换成图形。

2.1.3　图形图像的常见格式

图形图像的文件格式是指用于计算机表示和存储图形或图像信息的格式。由于历史原因，不同厂家表示图形图像文件的方法不一，目前已有上百种图形图像格式，其中常用的也有几十种。同一幅图形图像可以采用不同的格式存储，但不同格式的图形图像所包含的信息并不完全相同，因此，其文件大小也存在很大的差别。例如，用BMP格式存储的文件较大，用TIFF格式存储的文件较小，而用GIF格式存储的文件则更小。在使用时，应根据需要选择适当的格式，下面简要介绍几种常用的图形图像格式。

1. 常用的图形格式

常用的图形格式有 CDR、AI、SWF 和 SVG。

- CDR：CDR是CorelDraw矢量制图软件特有的一种图形文件格式，用于存储软件中的编辑信息和元数据。

- AI：AI是Illustrator的一种图形文件格式，这种格式的图形文件可以用 Illustrator、Photoshop 和 CorelDraw 都能打开并进行编辑。

- SWF：SWF（Shock Wave Flash）格式是 Animate 动画制作软件中基于矢量的Flash 动画文件格式，被广泛应用于动画制作和网页设计中。

- SVG：SVG（Scalable Vector Graphics）格式的优势在于可以任意放大图形而不会损失质量，而且 SVG 文件较小，下载速度较快。

2. 常用的图像格式

常用的图像格式有TIFF、BMP、TGA、EPS、GIF、JPEG、PNG、RAW、PSD、FLM和PDF。

- TIFF：TIFF（Tagged Image File Format）格式是一种通用的图像格式，几乎所有的扫描仪和图像软件都支持这一格式。该格式支持RGB、CMYK、Lab、位图和灰度模式，有非压缩方式和LZW压缩方式（这是一种基于查找算法将文件压缩成小文件的无损压缩方法）。与EPS和 BMP等格式相比，其图像信息更紧凑。

- BMP：BMP（Bitmap）格式是标准的Windows图像文件格式，该格式支持1~24位颜色深度，可以使用RGB、索引颜色、灰度、位图等颜色模式。这种格式的特点是存储图像信息较为丰富，几乎不进行压缩，可以保留图像的每一个细节，使得图像质量非常高，因此这种格式的图像文件通常比较大。

- TGA：TGA（Tagged Graphics）格式是由Truevision公司为其显示卡开发的一种图像文件格式，该格式支持压缩，并使用不失真的压缩算法。这使得文件虽然较大，但保持了图像的高质量，适合用于需要高质量图像和复杂图形设计的场合。

- EPS：EPS（Encapsulated PostScript）格式以其高质量和广泛兼容性著称，适用于几乎所有图形图像软件。EPS格式可以是矢量格式，也可包含位图图像，其主要优点是能够在排版软件中以低分辨率预览，而在打印时以高分辨率输出，满足不同的印刷和出版需求。EPS格式支持 Photoshop 的所有颜色模式，但不支持 Alpha 通道。用户在以EPS格式存储图像时，可以选择图像预览的数据格式及图像编码格式等。

- GIF：GIF（Graphics Interchange Format）格式的特点是一种支持256种颜色，常用于显示色彩较为简单的图像和动画。此外，该格式支持透明背景，且因其压缩效率高，文件通常较小，因此广泛应用于通信领域和Internet的网页文档中。

- JPEG：JPEG（Joint Photographic Experts Group）格式是一种带压缩的文件格式，其压缩率是目前各种图像格式中较高的。JPEG格式具备调节图像质量的功能，允许以不同的压缩比例对文件进行压缩，并支持多种压缩级别，主要应用于图像预览。

- PNG：PNG（Portable Network Graphics）格式是一种采用无损压缩的位图格式，提供8位、24位、32位3种形式。该格式支持 Alpha 通道的半透明特性，能够存储通道的透明信息，在网页图标设计中运用较多。

- RAW：RAW（RAW Image Format）是用于数码相机和某些图像捕捉设备的文件格式。该格式的文件中记录了从图像传感器捕捉到的原始数字信号数据，这些数据没有经过任何后期处理或压缩，保留了更多的原始信息，因此通常比常见的JPEG格式文件大，并在后期处理时提供更大的灵活性。

- PSD：PSD格式是Photoshop专用的图像格式，支持Photoshop的所有功能，如蒙版、通道、路径和图层样式等，还支持Photoshop使用的任何颜色深度和图像模式。PSD格式是目前唯一能够支持所有图像颜色模式的格式。

- FLM：FLM（Filmstrip）格式是Premiere中一种将视频分帧输出的图像文件格式。这种格式的图像文件可以在Photoshop中打开、修改和保存，但无法将其他格式的图像以 FLM格式保存。若在Photoshop中更改了图像的尺寸和分辨率，该图像将无法继续在Premiere中使用。

- PDF：PDF（Portable Document Format）是由Adobe公司开发的电子文件格式，支持保存多页信息，包含图像和文字。PDF格式支持 RGB、索引、CMYK、灰度、位图、Lab 颜色模式，但不支持 Alpha 通道。

2.1.4 常用图形图像编辑应用软件

编辑图形图像通常需要借助相关软件来完成。目前市面上比较常用的图形图像编辑应用软件分为两类，一类是图形绘制类软件，如CorelDRAW、Illustrator等，另一类是图像处理类软件，如美图秀秀、Photoshop等。本章所用软件为Illustrator 2023和Photoshop 2023，下面对这两个软件进行简单介绍。

1. Illustrator

Illustrator是Adobe Systems公司开发和发行的一款矢量绘图软件，常被称为"AI"。Illustrator具有图形绘制、图形优化以及艺术处理等多方面的强大功能，能够充分满足用户的实际需求，被广泛应用于海报、VI、UI、网页、插画、包装、画册、商标等多媒体作品中。用户在Illustrator中打开一个图形文件后，可直接进入该软件的操作界面，如图2-4所示。

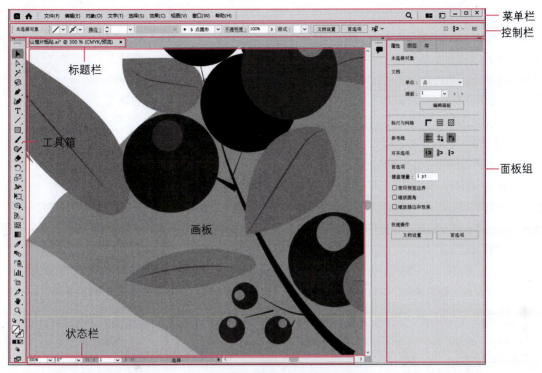

图2-4

（1）菜单栏

Illustrator的菜单栏包含文件、编辑、对象、文字、选择、效果、视图、窗口和帮助9个菜单。选择任意一个菜单，在弹出的子菜单中选择命令即可执行该命令。在子菜单中，某些命令右侧显示有字母，表示该命令有对应快捷键。例如，按【Ctrl+W】组合键将执行【文件】/【关闭】命令。

（2）控制栏

控制栏显示常用的参数选项，使用不同工具或选择不同的对象时，控制栏的参数也会随之发生变化，例如，选择绘制的图形时，控制栏会显示图形的填充、描边、不透明度、位置、宽度和高度等参数。默认情况下，控制栏不显示参数，可以选择【窗口】/【控制】命令将控制栏显示出来。

（3）标题栏

打开文件后，标题栏会自动显示一个由该文件的名称、格式、窗口缩放比例及颜色模式等信息组成的名称标签。同时打开多个文件时，在名称标签处单击鼠标左键会切换到对应文件，单击标签右侧的按钮则可以关闭该文件。

（4）画板

画板是操作界面的中心矩形区域，也是在Illustrator中进行操作和预览文件效果的主要区域。

（5）状态栏

状态栏位于画板底部，显示了当前画板的缩放比例、画板数量、切换画板按钮及工具信息等内容。

（6）工具箱

工具箱集成了Illustrator的常用工具，默认位置位于操作界面的左侧。通过拖动工具箱顶部，可以将其移动到操作界面的任意位置。如果工具图标右下角有一个黑色小三角标记，则表示该工具属于一个工具组，工具组中还有一些隐藏的工具。在该工具图标上按住鼠标左键或单击鼠标右键，即可显示该工具组中的所有工具。工具箱默认显示的工具较少，选择【窗口】/【工具栏】/【高级】命令，可在工具箱中看到所有工具。除此之外，单击"编辑工具栏"按钮 ，将打开"所有工具"面板，在其中可以查看隐藏的工具及工具分组信息。将鼠标指针移动到隐藏的工具上，按住鼠标左键并拖动到工具箱中，即可在工具箱中显示该工具。

资源链接：
Illustrator 中各
工具详解

（7）面板

Illustrator提供了多种面板，主要用于编辑图稿、设置工具参数和选项等。用户通过"窗口"菜单可以打开这些面板。系统默认已打开的面板是在操作过程中经常使用的，位于操作界面的右侧。单击面板右上角的 按钮即可关闭该面板。面板可以单独显示，也可以通过将面板拖动到已有面板的顶部来形成面板组。单击 按钮可以将展开的面板折叠成图标显示，单击 按钮可再次展开面板。

2．Photoshop

Photoshop是Adobe Systems公司开发和发行的一款图像处理软件，常被称为"PS"，它具有图像编辑、图像合成、校色调色、特效制作等多种功能，广泛应用于各个行业和领域。用户在Photoshop中打开一个图像文件后，将直接进入该软件的操作界面，如图2-5所示。

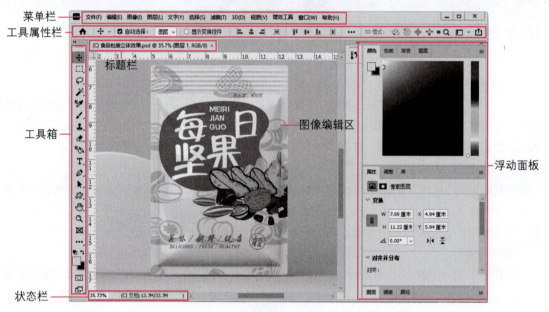

图2-5

（1）菜单栏

菜单栏由文件、编辑、图像、图层、文字、选择、滤镜、3D、视图、增效工具、窗口和帮助12个菜单组成，每个菜单下包含多个命令。若命令右侧标有 ▶ 符号，则表示该命令还有子菜单；若某些命令呈灰色显示，则表示未激活或当前不可用。

（2）标题栏

标题栏通常显示已打开或已创建图像文件的名称、格式、显示比例、当前所选图层、颜色模式、通道位数及该图像文件的"关闭"按钮✕。如果新创建的图像文件未命名且未保存过，标题栏中的文件名称将以"未命名＋连续数字"的形式显示。

（3）图像编辑区

图像编辑区（也可称为画布），是在Photoshop中用于查看和编辑图像的区域，所有图像处理结果都在该区域中显示。

（4）工具箱

工具箱集合了Photoshop的常用工具，默认位于操作界面左侧。将鼠标指针移动到工具箱顶部，按住鼠标左键不放并拖动鼠标，可将工具箱移动到操作界面的其他位置。

资源链接：
Photoshop 中
的工具

单击工具箱顶部的展开按钮▦，可以将工具箱中的工具将以双列方式显示。单击工具箱中的工具图标即可选择该工具。若工具图标右下角有黑色小三角形◣，表示该工具位于一个工具组中，工具栏中还包含隐藏的工具，可使用与在Illustrator中相同的方法显示该工具组中的所有工具。

（5）工具属性栏

在工具属性栏中可设置所选工具的参数。工具属性栏默认位于菜单栏下方，选择工具箱中的某个工具后，工具属性栏将显示该工具对应的参数选项。

（6）浮动面板

在浮动面板中可进行颜色选择、图层编辑、新建通道、编辑路径和撤销等操作。在"窗口"菜单中选择某个面板的命令后，该面板将被添加到浮动面板中，以缩略图标的形式显示。此时，可通过拖动面板缩略图标的方法来调整该面板的位置。另外，单击面板组左上角的"展开面板"按钮◀◀，可展开该面板组中以缩略图标显示的面板；再次单击"折叠为图标"按钮▶▶，可还原为缩略图标模式。

（7）状态栏

在状态栏中可查看当前图像在图像编辑区中的显示比例及文件的其他信息。状态栏默认位于图像编辑区的左下方，左端显示当前图像编辑区的显示比例，在其中输入数值并按【Enter】键可改变图像的显示比例；中间区域默认显示当前文件的大小；单击右侧的▶按钮，可在弹出的下拉菜单中设置中间区域的显示内容。

2.2
图形绘制软件Illustrator

在制作多媒体作品的过程中，常常需要绘制一些矢量图形，这可以通过Illustrator软件来实现，在绘制时可通过设置图形的填充与描边、图形生成、图形对象编辑等操作，来丰富图形的视觉效果。

2.2.1 课堂案例——绘制矢量奶茶图标

【制作要求】某奶茶店铺需重新设计一款店铺图标，新图标需准确传达奶茶的特色，并能有效吸引消费者的注意。

【操作要点】使用Illustrator绘图工具绘制基本图形（如矩形、圆角矩形、圆形等），并对这些图形进行编辑，使其组合成奶茶的外观；运用美工刀工具和形状生成器工具分割和调整图形细节，最后为奶茶的不同部分填充不同的颜色。参考效果如图2-6所示。

【效果位置】配套资源:\效果文件\第2章\课堂案例\矢量奶茶图标.ai

图2-6

具体操作如下。

STEP 01 启动Illustrator，选择【文件】/【新建】命令，打开"新建文档"对话框，在右侧的"预设详细信息"栏中设置名称为"矢量奶茶图标"，宽度为"500px"，高度为"500px"，光栅效果为"高（300ppi）"，单击 创建 按钮。

STEP 02 进入操作界面，选择"矩形工具" ▣，在画板中单击并按住鼠标左键不放，并拖动鼠标绘制出一个矩形。

视频教学：
绘制矢量奶茶
图标

STEP 03 选择矩形，在工具箱底部双击"填充色"按钮▢，在打开的"拾色器"对话框中设置填充色为"#F5ABBB"，单击 确定 按钮，更改矩形颜色，如图2-7所示。

STEP 04 选择矩形，按【Shift+F8】组合键打开"变换"面板，在"矩形属性"栏中单击"链接圆角半径值"按钮 🔗 取消链接，使其变为 🔗 形状，再分别设置左下角和右下角的圆角半径为"25px"，然后按【Enter】键，调整矩形底部的圆角，作为绘制奶茶杯杯底，如图2-8所示。

STEP 05 为了让奶茶杯的形状更符合实际，使用"直接选择工具" ▷ 选择矩形，单击选择矩形左上角的锚点，按住【Shift】键不放并向左拖动，如图2-9所示。

STEP 06 使用与步骤5相同的方法选择矩形右上角的锚点并向右拖动，变形矩形。选择矩形，再选择"美工刀工具" ✐，同时按住【Shift+Alt】组合键，在矩形上半部分单击并按住鼠标左键不放，拖曳鼠标水平切割矩形，如图2-10所示。

STEP 07 使用"选择工具" ▷ 选择切割后的上半部分矩形，按住【Shift】键将其向上移动，如图2-11所示。

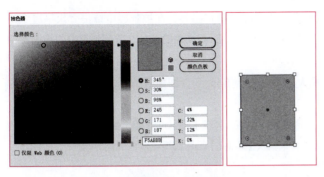
图2-7

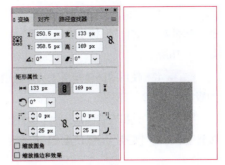
图2-8

图2-9   图2-10   图2-11

STEP 08 选择"美工刀工具" ✎ ，在奶茶杯杯底单击并按住鼠标左键不放，拖曳鼠标，随意绘制波浪图形以切割矩形，制作出水波纹效果。由于水波纹图形的颜色与杯底颜色一致，为便于辨认，将水波纹图形的颜色修改为"#F3D0BD"，如图2-12所示。

STEP 09 选择"圆角矩形工具" ▢ ，在奶茶杯上方绘制颜色为"#86BED7"的圆角矩形，在控制栏中设置圆角矩形的大小为"208px×18px"，圆角半径为"9px"，如图2-13所示。

STEP 10 选择"椭圆工具" ⬭ ，在画板空白处绘制大小为"154px×125px"的椭圆，在椭圆上方绘制一个比椭圆稍大的矩形，将两个图形重叠。选择"形状生成器工具" ⬚ ，单击上半部分的椭圆将其分离，删除其余图形，得到半圆形的杯盖图形，如图2-14所示。

图2-12   图2-13   图2-14

STEP 11 在杯盖图形上方绘制一个小圆形，然后选择所有图形，在控制栏中单击"水平居中对齐"按钮 ⬚ 。选择"形状生成器工具" ⬚ ，单击杯盖图形与小圆形重叠的部分，并删除重叠的小圆形，如图2-15所示。

STEP 12 使用"圆角矩形工具" ⬚ 绘制大小为"6px×63px"、圆角半径为"3px"的圆角矩形作为吸管，如图2-16所示。

STEP 13 选择吸管图形，按【Ctrl+C】组合键进行复制，再按【Ctrl+V】组合键粘贴。选择复制后的吸管图形，在"变换"面板设置旋转角度为"300°"，按【Enter】键后调整至合适位置，如图2-17所示。

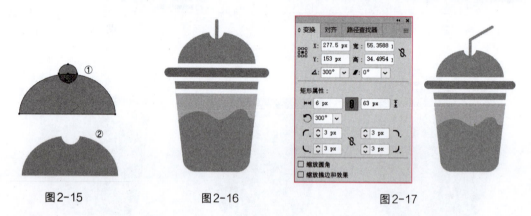

图2-15　　　　　　图2-16　　　　　　　　　　　　　　图2-17

STEP 14 修改杯盖图形的颜色为"#EFCB7F"。此时发现吸管图形堆叠在杯盖图形上方，不符合实际。选择杯盖图形，单击鼠标右键，在弹出的快捷菜单中选择【排列】/【置于顶层】命令。调整前后的对比效果如图2-18所示。

STEP 15 选择"椭圆工具" ⬚ ，按住【Shift】键不放，在奶茶杯底部拖动鼠标绘制正圆形作为装饰。按住【Alt】键，选择正圆形并多次拖曳鼠标，以快速复制多个正圆形，再调整这些正圆形为不同大小和位置。效果如图2-19所示。

STEP 16 选择所有图形，按【Ctrl+G】组合键进行编组，以便后续对齐操作。使用"椭圆工具" ⬚ 绘制一个填充色为"#F9F1EF"的正圆覆盖整个奶茶图形。选择正圆图形，单击鼠标右键，在弹出的快捷菜单中选择【排列】/【置于底层】命令，将该图形置于底层。选择所有图形，在控制栏中单击"水平居中对齐"按钮 ⬚ ，效果如图2-20所示。

STEP 17 按【Ctrl+S】组合键打开"存储为"对话框，选择存储位置后，单击 保存(S) 按钮。

图2-18　　　　　　　　　图2-19　　　　　　　　　图2-20

　　图标（也称为 icon 或 picto）是指具有明确含义的图形化视觉语言。其形式多样，应用场景广泛，表现方式丰富。设计矢量图标时，需考虑主题、配色、外观特征等多个因素，确保信息表达清晰，从而使受众能够快速、准确地理解所传达的内容。

2.2.2　绘制基本图形

　　在Illustrator中，常见的线性图形，如直线、弧线、螺旋线、网格、圆、正方形、三角形、五角形等归纳为基本图形。绘制这些基本图形的工具分布在直线段工具组和形状工具组中。使用这些工具绘制基本图形有以下两种方法。

　　1. 拖动鼠标绘制

　　选择直线段工具组或形状工具组中的任意工具，在画板中图形起始位置单击并按住鼠标左键不放，拖动鼠标到结束位置，释放鼠标左键后可绘制出对应的图形，如图2-21所示。绘制图形时，按住【Shift】键不放，可绘制长度和高度相等的图形（除直线、螺旋线外）；按住【Alt】键不放，可绘制出以鼠标单击点为中心的图形；按住【~】键不放，会自动绘制出多个图形，如图2-22所示。

　　2. 通过参数对话框绘制

　　选择直线段工具组或形状工具组中的任意工具，单击画板，在打开的对话框中设置图形的详细参数。不同工具的具体参数设置有所不同，图2-23所示为矩形工具对应的"矩形"对话框，设置矩形的宽度、高度参数后，单击 确定 按钮，即可精确绘制矩形。

图2-21　　　　　　　　　　　图2-22　　　　　　　　　　　图2-23

　　在绘制图形前后，均可在控制栏中设置图形属性，包括图形填充和描边等。绘图工具的控制栏设置是相似的，此处以"直线段工具" ╱ 为例，如图2-24所示。

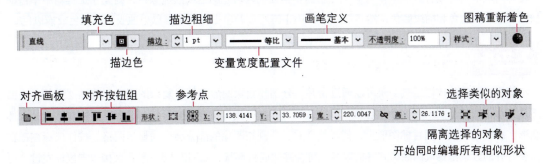

图2-24

知识
拓展

除了在绘图工具的控制栏中设置图形属性外，还可以在"属性"面板中设置图形或对象属性。具体操作方法如下：使用"选择工具" ▶ 选择图形，当"属性"面板中显示出当前选定对象或图形的各种属性后，如宽度、高度、填充、描边、不透明度等，可根据实际需要修改相应属性即可。

2.2.3 设置图形填充与描边

通常情况下，绘制的图形需要赋予填充色或描边色才能被肉眼识别。除可在控制栏中设置图形的填充和描边外，还可通过"填充"按钮□和"描边"按钮▣，以及"吸管工具" ✐快速设定图形的填充色和描边色。

1. 通过按钮设置

在工具箱底部的"填充"按钮□或"描边"按钮▣上双击鼠标左键，均可打开"拾色器"对话框。设置颜色后，单击 ⬭确定 按钮便可设置图形的填充色或描边色，如图2-25所示。此外，单击"描边"按钮▣或"填充"按钮□可以更改按钮叠放顺序，单击"默认填色和描边"按钮 可恢复默认黑色描边、白色填充，单击"互换填色和描边"按钮 ↰可互换填充和描边色，单击"颜色"按钮▢可设置纯色填充或描边，单击"渐变"按钮 可设置渐变填充或描边，单击"无"按钮 可取消填充或描边。

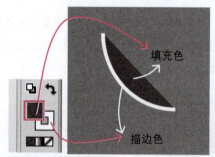
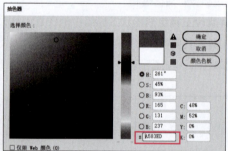

图2-25

2. 通过工具设置

在Illustrator中，利用"吸管工具" ✐可以吸取描边色、填充色、文字属性、位图的颜色。具体操作方法为：选择需要吸取属性的对象，选择"吸管工具" ✐，将鼠标指针移动到目标对象上，单击鼠标左键即可吸取目标属性到所选择对象上。若需要单独吸取填充颜色或描边颜色，则先在工具箱中单击 按钮切换填充颜色和描边颜色，然后按住【Shift】键不放并单击鼠标左键以单独吸取填充色或描边色。

2.2.4 使用形状生成器工具

使用"形状生成器工具" 可以通过合并、分割和删除图形来创建复杂的图形。选择"形状生成器工具" ，或按【Shift+M】组合键切换到该工具，鼠标指针将变为 ▶ 形状，选择需要生成形状的全部图形，移动鼠标指针到目标图形上，能够被合并、分割和删除的部分会自动显示网格。按住鼠标左键在需要合并的区域拖曳鼠标涂抹并释放鼠标，可合并生成新形状，如图2-26所示；直接单击鼠标左键，可将所选区域从形状中提取出来，如图2-27所示；按住【Alt】键不放，此时鼠标指针变为 ▶ 形状，单击需要删除的选区，即可将所选区域从形状中删除，如图2-28所示。

图2-26	图2-27	图2-28

2.2.5　对象的基本编辑与管理

在Illustrator中，置入的文件或绘制的图形统称为对象。对这些对象进行基本编辑与管理是绘图过程中常用且基础的操作。

1. 对象的变换

在绘制图形时，常需要对某些对象进行移动、旋转、镜像等变换操作。Illustrator提供了多种变换对象的方法，最常用的是通过"变换"面板或"变换"命令来进行操作。

（1）使用"变换"面板

选择对象后，选择【窗口】/【变换】命令或按【Shift+F8】组合键打开"变换"面板。需注意的是，所选对象不同，"变换"面板中的参数也会有所变化。图2-29所示是选择任何对象时都会出现的常规参数，若所选对象为绘制的圆形、矩形、多边形，"变换"面板中会多出一栏该图形的属性栏。在属性栏中可以精确设置图形参数，例如设置矩形的边角类型、圆角半径等，或设置多边形的边数、角度、半径等。图2-30所示为所选对象为"矩形"时的"变换"面板。

在"变换"面板中，设置X轴和Y轴的数值可以移动对象；设置宽度和高度值可以精确调整对象的缩放大小；在旋转图标 ◢ 和倾斜图标 ◢ 后的数值框中输入数值，可旋转和倾斜对象。缩放对象时单击选中"缩放圆角"复选框，可以在缩放时等比例缩放圆角半径值；单击选中"缩放描边和效果"复选框，可在缩放时等比例调整添加的描边和效果。

> **知识拓展**
>
> 使用"选择工具" ▶ 选择对象后，对象四周将出现 8 个空心正方形控制点 ▯。将鼠标指针移动到控制点上时，鼠标指针呈 ⬌ 形状，此时拖动控制点即可自由缩放对象。在拖动对角线上的控制点时，按住【Shift】键不放，对象会等比例缩放；按住【Shift+Alt】组合键不放，对象将从中心等比例缩放。将鼠标指针移到对象四周空心正方形控制点 ▯ 外侧，鼠标指针呈 ↻ 形状，此时拖动鼠标即可自由旋转对象。

（2）使用"变换"命令

选择对象后，选择【对象】/【变换】命令（或直接在对象上单击鼠标右键，在弹出的快捷菜单中选择"变换"命令），如图2-31所示。在打开的子菜单中选择任意一种变换命令，即可打开相应的对话框，在对话框中设置参数后单击 确定 按钮可变换对象，单击 复制(C) 按钮可以复制出一个变换后的对象。图2-32所示为选择【对象】/【变换】/【移动】命令后打开的"移动"对话框，在其中可设置"水平""垂直"等方向移动的参数，也可设置对象的移动"距离""角度"参数。若对象填充了图案，则将激活"选项"栏，可单击选中一个复选框，以指定是变换对象、图案，或者两者都进行变换。

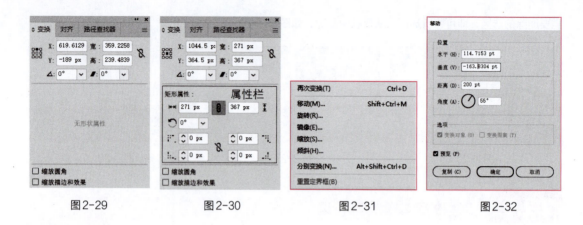

图2-29　　　　　　　　图2-30　　　　　　　　图2-31　　　　　　　　图2-32

> 变换对象时，可使用"比例缩放工具"📐、"镜像工具"🔀、"旋转工具"🔄或"倾斜工具"📑进行对象的缩放、镜像、旋转和倾斜操作。

2. 对象的扭曲变形

为了使图形对象更加有趣，通常会对其进行变形操作。Illustrator提供了一组用于变形对象的工具，包括"宽度工具"🖌（可用于扭曲变形线条，使其粗细不一）、"变形工具"◼（可任意扭曲变形对象）、"旋转扭曲工具"🌀（可使对象产生旋转扭曲的变形效果）、"缩拢工具"✳（可使对象产生向内缩拢的变形效果）、"膨胀工具"➕（可使对象产生向外膨胀的变形效果）、"扇贝工具"◼（可使对象产生锯齿状的变形效果）、"晶格化工具"✳（可使对象产生由内向外的推拉延伸变形效果）、"皱褶工具"👑（可使对象边缘处产生皱褶感的变形效果）。这些工具的使用方法也较为简单，除了使用"宽度工具"🖌时，需要将鼠标指针移至对象的描边上，再按住鼠标左键进行拖曳外，使用其他变形工具时，只需将鼠标指针放到对象的适当位置，单击鼠标左键即可产生变形效果。此外，除了"宽度工具"🖌外，双击其他变形工具，都会打开对应的对话框，在其中可设置画笔的"宽度""高度"等参数，单击　确定　按钮即可完成设置。

除了使用工具变形外，Illustrator还提供了一些变形类效果命令。选择对象后，再选择【效果】/【变形】命令或选择【效果】/【扭曲和变换】命令，在弹出的子菜单中将显示变形类效果组的全部命令，如图2-33所示。选择任意变形效果命令，即可打开相应的对话框，设置变形参数后，单击　确定　按钮，可将设置好的变形效果应用到选定对象上。

图2-33

3. 对象的管理

在制作复杂或多媒体作品时，通常需要使用大量对象。为便于管理这些对象，可以对这些对象进行分布与对齐、编组、锁定或隐藏等操作。

（1）对齐和分布对象

使用"对齐"面板可以快速、有效地对齐和分布多个图形。选择【窗口】/【对齐】命令，打开"对齐”面板，如图2-34所示。

“对齐”面板中的“对齐对象”按钮组包括6种对齐按钮。选择需要对齐的多个对象，单击相应按钮即可实现相应的对齐操作，图2-35所示为单击“垂直顶对齐”按钮，将选择的多个对象实现垂直顶对齐的效果。

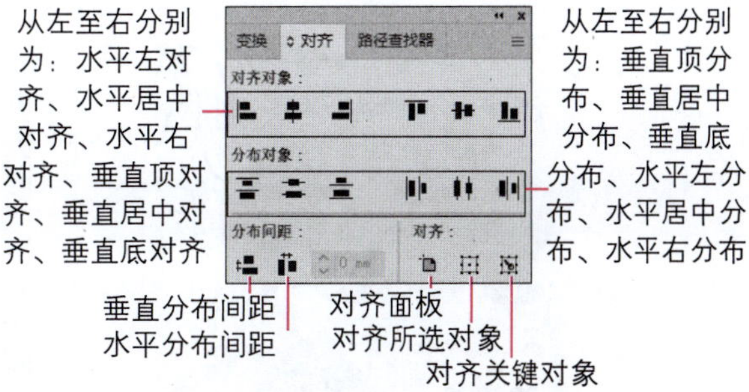
从左至右分别为：水平左对齐、水平居中对齐、水平右对齐、垂直顶对齐、垂直居中对齐、垂直底对齐
变换
对齐
路径查找器
对齐对象：
分布对象：
分布间距：
对齐：
从左至右分别为：垂直顶分布、垂直居中分布、垂直底分布、水平左分布、水平居中分布、水平右分布
垂直分布间距
水平分布间距
对齐面板
对齐所选对象
对齐关键对象

图2-34

“对齐”面板中的“分布对象”按钮组包括6种分布按钮。选择需要分布的多个对象，单击对应按钮即可完成分布操作，使所选对象按相等间距分布。图2-36所示为单击“垂直居中分布”按钮，将选择的多个对象进行垂直居中分布后的效果。

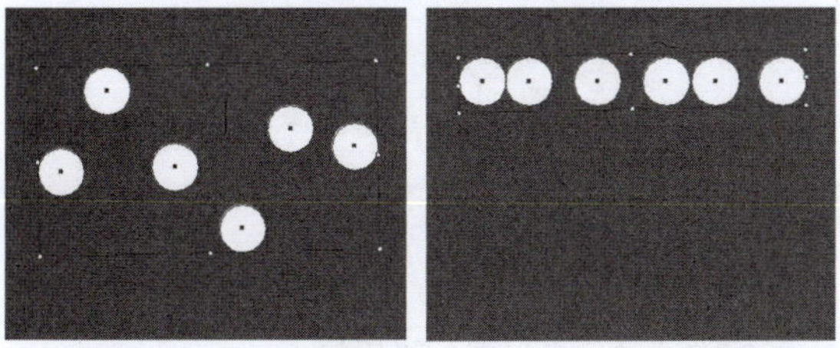

图2-35

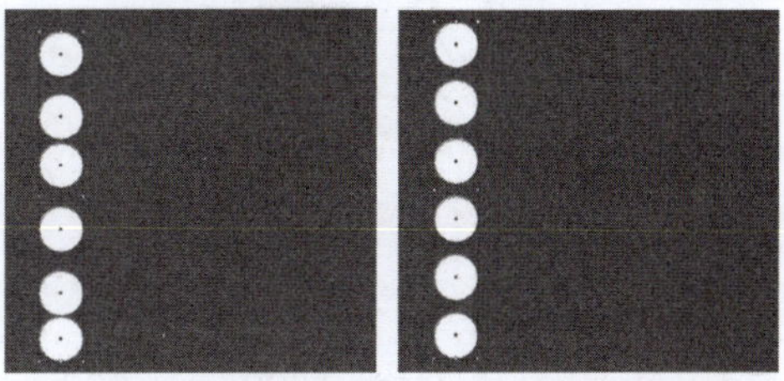

图2-36

需要注意的是，若要精确设置对象间的分布距离，需选取多个要分布的对象，然后在被选取的对象中任意一个对象上单击鼠标左键，将其作为其他所选对象进行分布的参照。接着，在“对齐”面板的“分布间距”按钮组的数值框中设置分布距离。

（2）编组对象

选择要编组的对象，选择【对象】/【编组】命令，或按【Ctrl+G】组合键，可组合选择的对象。组合对象后，使用“选择工具”只能选择该组，无法选择组内的个别对象。如需单独选择并编辑组合中的个别对象，则选择“编组选择工具”，单击鼠标左键选择该对象。当不需要编组时，选择【对象】/【取消编组】命令，或按【Shift+Ctrl+G】组合键，取消组合对象。

2.2.6 课堂案例——绘制“昆虫日记”宣传海报

【制作要求】为某昆虫馆展厅设计一张“昆虫日记”宣传海报，要求尺寸为600mm×900mm，通过直观、精美的装饰图形，以及有趣的昆虫形象等，突出“昆虫日记”这一主题，展现出海报的创意性，以吸引观众的眼球。海报中还应包含活动的基本信息，如活动时间和地点。

【操作要点】首先使用Illustrator中的多种绘图工具绘制出由植物构成的背景图，然后利用路径查找器制作云朵图形作为主题文字的背景，再输入主题文字和其他文字信息，并绘制线条修饰主题文字，最后打开符号库，应用昆虫、树叶符号装饰页面。参考效果如图2-37所示。

【效果位置】配套资源:\效果文件\第2章\课堂案例\“昆虫日记”宣传海报.ai

图2-37

具体操作如下。

STEP 01 新建尺寸为"600mm×900mm"、名称为"'昆虫日记'宣传海报.ai"的文件。选择"矩形工具" ■，绘制一个刚好覆盖画板的矩形作为海报背景，设置矩形的填充色为"#EFEAD6"，再取消描边。

STEP 02 为防止后续操作过程中将背景误选，可以选择矩形，按【Ctrl+2】组合键将其锁定。

STEP 03 选择"钢笔工具" ✐，设置填充色为"#B9B96D"，取消描边。在画板左下角单击并按住鼠标左键不放，拖动鼠标确定起点，移动鼠标指针到第2个锚点位置，再次单击并按住鼠标左键不放，拖动鼠标绘制曲线，如图2-38所示。

STEP 04 继续向下单击鼠标左键创建第3个锚点，并拖动鼠标形成曲线。将鼠标指针移动到第3个锚点上，当鼠标指针呈▶形状时，转换锚点属性，继续创建第4个锚点，如图2-39所示。

STEP 05 使用与步骤3和步骤4相同的方法继续创建锚点，以绘制出叶子图形。绘制完成后，单击起点处的锚点以形成封闭路径，如图2-40所示。

视频教学：
绘制"昆虫日记"
宣传海报

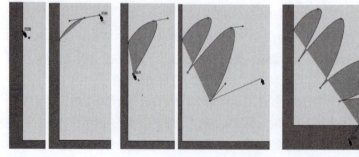
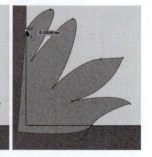

图2-38   图2-39   图2-40

STEP 06 此时发现图形中部分路径不够圆滑，可先选择图形，然后选择"曲率工具" ✐，选择需要调整路径上的锚点，按住鼠标左键进行拖曳，使叶子图形的效果更自然，如图2-41所示。

STEP 07 选择图形，按住【Ctrl】键，单击选择图形上需要调整位置的锚点，按住鼠标左键并拖动以调整位置，如图2-42所示。

STEP 08 使用与步骤3~步骤7相同的方法，继续在画面右上角绘制叶子图形，并调整图形路径，使其更加圆滑，如图2-43所示。

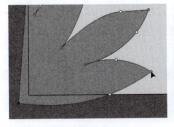  

图2-41　　　　　　　　　图2-42　　　　　　　　　图2-43

STEP 09 综合运用"钢笔工具" 和"曲率工具" 绘制其他叶子图形，效果如图2-44所示。

STEP 10 选择"画笔工具" ，在控制栏中展开"画笔定义"下拉列表，单击"画笔库菜单"按钮 ，在打开的下拉列表中选择图2-45所示的画笔。

STEP 11 按住鼠标左键不放并拖动鼠标，在背景中绘制黑色装饰线条，如图2-46所示。

 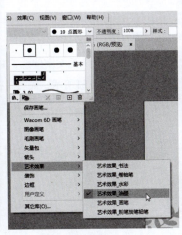 

图2-44　　　　　　　　　图2-45　　　　　　　　　图2-46

STEP 12 使用"矩形工具" 绘制一个刚好覆盖整个画板的矩形，然后全选所有图形，单击鼠标右键，在弹出的快捷菜单中选择"建立剪切蒙版"命令。

STEP 13 选择"椭圆工具" ，设置填充色为"#B1B32E"，取消描边，绘制多个不同大小的圆。框选所有绘制的圆，打开"路径查找器"面板，单击"联集"按钮 得到运算后的图形，如图2-47所示。

STEP 14 选择"文字工具" ，在控制栏中设置字体为"方正少儿简体"，字体颜色为"#000000"，依次输入主题文字，并适当调整文字的大小、位置和角度，效果如图2-48所示。

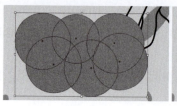 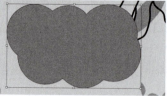

图2-47

图2-48

STEP 15 在"记"文字上方输入"趣味科学"文字，并重新设置字体为"方正兰亭粗黑简体"，字体大小为"64pt"。

STEP 16 选择"画笔工具" ✎，设置描边色为"#FFFFFF"，画笔定义为"5 点圆形"，描边粗细为"1pt"，在"昆虫日记"文字上绘制白色线条以装饰字体，增强字体质感。如图2-49所示。使用"选择工具"框选所有装饰线条和文字，按【Ctrl+G】组合键进行编组。

STEP 17 打开"符号"面板，单击"符号库菜单"按钮 ▨，在弹出的下拉菜单中选择"自然"命令，打开"自然"符号库，将"叶子3"符号拖动到画面中，然后复制两个"叶子3"符号，并拖动四角调整其大小。继续将"自然"符号库中的"蚂蚁""瓢虫"符号拖动到叶子图形上，复制"瓢虫"符号并调整其大小和位置。如图2-50所示。

🔔 **提示**

　　"符号"面板专门用于创建、存储和编辑常用图形元素。单击面板下方的"符号库菜单"按钮 ▨，在弹出的下拉菜单中可选择所需的符号库命令，即可打开对应符号库，在其中直接将符号拖拽到画板中即可应用。选择符号后，在控制栏中单击 断开链接 按钮，可修改符号的填充、描边等。

STEP 18 选择"文字工具" T.，在画面中输入相关文字信息，并调整至合适的大小和位置。然后使用"矩形工具" ▢绘制黑色矩形作为装饰，如图2-51所示，最后保存文件。

图2-49

图2-50

图2-51

2.2.7 使用钢笔工具绘制图形

"钢笔工具" ✎ 是绘制图形时不可或缺的核心工具之一，也是Illustrator中最关键的工具之一。使用它可以随心所欲地绘制各种复杂的图形，并通过编辑锚点和路径来精确控制图形的精细程度。

路径是指使用绘图工具绘制的直线、弧线、几何形状或用线条组成的轮廓。路径本身没有宽度和颜色，在未被选中的状态下不可见。路径只有填加了描边和颜色才能看见。为了控制路径的走向，一段路径包含若干控制点，这些控制点被称为锚点。在曲线上，锚点表现为平滑锚点（见图2-52），选择锚点后，锚点上可能会出现一条或两条控制线，控制线的角度和长度决定了曲线的形状。控制线的端点称为控制点，可以通过调整控制点来改变曲线形状。在直线上，锚点表现为尖角锚点（见图2-53），没有控制线。

使用"钢笔工具" ✎ 绘制图形时，主要通过单击来绘制直线或折线。在绘制曲线时，需要单击并按住鼠标左键，拖动鼠标以控制弧度，如图2-54所示。在绘图过程中，若按【Enter】键结束绘制，可绘制出没有闭合的开放路径。此时在路径断开处单击鼠标左键，可在之前绘制的路径上继续绘制，按【Delete】键可删除路径。绘制完成后，将鼠标指针定位在路径的起始锚点上，鼠标指针会变为 ✎ 状态，此时单击锚点即可闭合路径，完成绘制封闭图形的绘制，如图2-55所示。

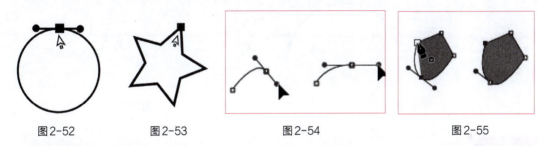

图2-52　　　　　　图2-53　　　　　　图2-54　　　　　　　　图2-55

通过编辑锚点修改路径的方法如下。

- 添加锚点：将鼠标指针移动到路径上，当鼠标指针呈 ✎ 形状时，单击鼠标左键即可添加锚点，如图2-56所示。

- 删除锚点：将鼠标指针移动到路径的锚点上，当鼠标指针呈 ✎ 形状时，单击鼠标左键即可删除锚点，如图2-57所示。

- 转换锚点：将鼠标指针移动到路径的平滑锚点上，按住【Alt】键不放，当鼠标指针呈 ⋀ 形状时，单击鼠标左键，可将其转换为尖角锚点。在平滑锚点上按住鼠标左键不放并拖动，可将其转换回平滑锚点，如图2-58所示。

- 移动或调整锚点：按【Ctrl】键，鼠标指针呈 ▷ 形状，选择锚点并拖动锚点即可移动锚点。若选择锚点时出现控制线，则可通过调整控制点来调整曲线，如图2-59所示。

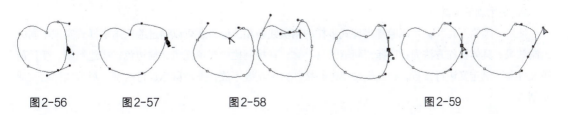

图2-56　　　　　图2-57　　　　　图2-58　　　　　　　图2-59

> 🔔 **提示**
>
> "钢笔工具" ✒所在的钢笔工具组还包括"添加锚点工具" ✒、"删除锚点工具" ✒、"锚点工具" ⌐等工具,使用这些工具可以实现锚点的添加、删除和转换操作。

2.2.8 使用曲率工具绘制图形

"曲率工具" ✒可以快速计算出曲线的曲率（用于描述形状在某一点上的弯曲程度），从而更精确地绘制带有曲线的图形。选择"曲率工具" ✒，在画板上单击以确定一个锚点，确定曲线的起始位置，继续单击确定下一个锚点，确定曲线转折点，此时移动鼠标指针，软件将根据鼠标指针悬停的位置预览生成路径的形状。在合适位置继续单击鼠标左键以创建第3个锚点，这3个锚点将自动连接，形成平滑的曲线，如图2-60所示。绘制结束时，将鼠标指针移至第1个锚点处，当鼠标指针变为 ✒形状时，单击鼠标左键闭合路径，创建出封闭图形，如图2-61所示。

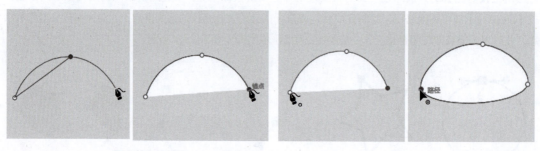

图2-60　　　　　　　　　　　　　　　　图2-61

2.2.9 使用多种工具手绘图形

在Illustrator中，"铅笔工具" ✒和"画笔工具" ✒是常用的手绘图形工具，这两种工具的使用方法大致相同。

1. 使用铅笔工具

若需绘制较为随意的线条，可使用"铅笔工具" ✒，该工具的使用方法与现实生活中铅笔绘图的方法相似。具体操作方法为：选择"铅笔工具" ✒，在画板上单击并按住鼠标左键不放，拖动鼠标到需要的位置，释放鼠标后，沿轨迹绘制出一条线条。

双击"铅笔工具" ✒，打开"铅笔工具选项"对话框，如图2-62所示，可设置铅笔工具的绘图属性，如保真度、填充新铅笔描边、保持选定、编辑所选路径、范围等。单击 重置(R) 按钮可清除当前设置，恢复默认设置，单击 确定 按钮完成设置。

2. 使用画笔工具

使用"画笔工具" ✒可以绘制出样式多样的精美线条和图形，还可以通过编辑画笔样式实现不同的绘制效果。具体操作方法为：选择"画笔工具" ✒，在控制栏中对填充色、描边色、描边粗细、变量配置文件和画笔定义进行设置，在画板中单击并按住鼠标左键不放，拖动鼠标进行绘制，释放鼠标后完成绘制。

双击"画笔工具" ，打开"画笔工具选项"对话框，如图2-63所示，可以设置保真度、范围、填充新画笔描边、保持选定或编辑所选路径等，单击 确定 按钮以完成设置。

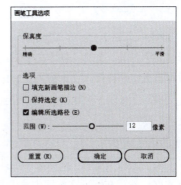

资源链接："铅笔工具选项"对话框详解

图2-62   图2-63

此外，Illustrator还提供了"Shaper工具" （可将手绘的几何形状自动转换为规则的矢量形状）、"平滑工具"（可将尖锐的曲线变得较为圆滑）、"路径橡皮擦工具"（可擦除已有的全部路径或者一部分）、"连接工具"（可以将交叉、重叠或两端开放的路径连接为闭合路径）、"剪刀工具"和"美工刀工具"（可以分割和断开路径）等调整手绘图形，提高手绘图形的效率和准确率。

资源链接：调整手绘图形

2.2.10 使用路径查找器

选择【窗口】/【路径查找器】命令，或按【Shift+Ctrl+F9】组合键，打开"路径查找器"面板，如图2-64所示。

1．"形状模式"按钮组

"形状模式"按钮组包括"联集"按钮、"减去顶层"按钮、"交集"按钮、"差集"按钮、 扩展 按钮5个按钮，其中 扩展 按钮默认呈现灰色不可用状态，只有在单击其他按钮，按【Alt】键建立复合形状后，并选择该复合形状时， 扩展 按钮才会被激活。

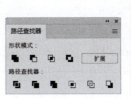

资源链接："路径查找器"面板详解

2．"路径查找器"按钮组

"路径查找器"按钮组包括"分割"按钮、"修边"按钮、"合并"按钮、"裁剪"按钮、"轮廓"按钮、"减去后方对象"按钮6个按钮。

图2-64

2.2.11 创建和编辑文字

Illustrator提供了多种文字创建工具，如"文字工具" T 、"区域文字工具"、"路径文字工具" 、"直排文字工具" 、"直排区域文字工具" 、"直排路径文字工具" ，用以输入各种类型的文字。同时，还可以通过"字符"面板、"段落"面板和"修饰文字工具"便捷地编辑所创建的文字。

1. 创建文字

Illustrator中的文字有点文字、区域文字和路径文字3种类型，每种类型有不同的创建方法。

（1）创建点文字

选择"文字工具" 或"直排文字工具" ，在控制栏设置字体、字体大小、文字颜色等参数。在输入位置单击鼠标左键插入文本插入点，即可直接输入沿水平方向或直排方向排列的点文字。输入完成后，选择文字，还可以在控制栏中更改文字参数。在使用"文字工具" 过程中按【Shift】键可切换到"直排文字工具" 。

（2）创建区域文字

选择"文字工具" 或"直排文字工具" ，在画板中单击并按住鼠标左键拖动鼠标，绘制一个蓝色矩形文本框，然后在矩形文本框中输入文字，形成区域文字，如图2-65所示。若使用"区域文字工具" 或"直排区域文字工具" ，当鼠标指针移动到图形内边框上时，鼠标指针将变成 或 形状，此时单击鼠标左键，图形的填充和描边属性将被取消，可以在其中输入文字，形成区域文字，如图2-66所示。

（3）创建路径文字

选择"路径文字工具" ，将鼠标指针移动到路径上，当鼠标指针呈 形状时单击鼠标左键，然后输入文字，文字将沿着路径排列，如图2-67所示，并且路径不再具有填充或描边属性。选择路径文字，双击"路径文字工具" ，打开"路径文字选项"对话框，在其中可设置路径文字样式。

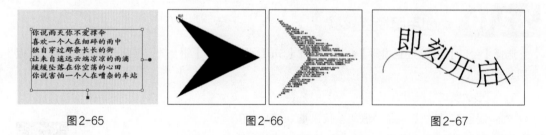

图2-65　　　　　　　　　　图2-66　　　　　　　　　　图2-67

2. 编辑文字

若需设置更多文字属性，可打开"字符"面板和"段落"面板进行操作。具体操作方法如下：选择文字，按【Ctrl+T】组合键，打开"字符"面板，如图2-68所示。在该面板中可为选择的文字设置相应的文字属性。此外，单击"字符"面板右上角的 按钮，在弹出的下拉菜单中选择"显示选项"命令，可显示更多的设置选项。

"段落"面板主要用于设置区域文字，可以使区域文字更加整齐、美观。选择文字，按【Alt+Ctrl+T】组合键，打开"段落"面板，如图2-69所示。

此外，还可使用"修饰文字工具" 选取需要编辑的文字，并在控制栏中对文字进行单独的属性设置和编辑操作，例如更改字体、字体大小和文字颜色。

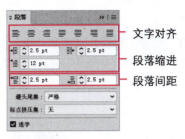

文字对齐
段落缩进
段落间距

资源链接:
"字符"面板
详解

资源链接:
"段落"面板
详解

图2-68　　　　　　　　　　　　　　图2-69

2.2.12　课堂案例——制作三八妇女节微信公众号推文首图

【制作要求】某微信公众号准备在3月8日发布一篇关于庆祝三八妇女节的推文,需制作推文首图,要求尺寸为900像素×383像素,以"不惧时光 活出漂亮"为主题,突出"38"字样,主色调为红色。

【操作要点】在Illustrator中,首先置入提供的素材以制作背景,然后输入"38"文字并添加3D效果。复制该文字后为其填充渐变色,再利用混合工具将文字变为立体效果。接着绘制渐变矩形和装饰图形,最后输入其他文字信息并为部分文字添加投影效果。参考效果如图2-70所示。

【素材位置】配套资源:\素材文件\第2章\课堂案例\推文首图背景.tif

【效果位置】配套资源:\效果文件\第2章\课堂案例\三八妇女节微信公众号推文首图.ai

图2-70

具体操作如下。

STEP 01 新建大小为"900像素×383像素"、名称为"三八妇女节微信公众号推文首图"、颜色模式为"RGB颜色"的文件。选择【文件】/【置入】命令,打开"置入"对话框,选择"推文首图背景.tif"素材,单击 置入 按钮,沿画板拖动鼠标,直至素材完全覆盖画板。

STEP 02 绘制一个与画板大小相同的矩形以覆盖画板。选择素材和矩形,单击鼠标右键,在弹出的快捷菜单中选择"建立剪切蒙版"命令,效果如图2-71所示。

STEP 03 使用"文字工具" **T** 输入"38"文字,设置字体为"方正汉真广标简体",取消文字填充,设置文字的描边粗细为"1 pt",描边色为"#C01643"。

视频教学:
制作三八妇女节
微信公众号推文
首图

STEP 04 选择文字，选择【效果】/【3D和材质】/【3D（经典）】/【凸出和斜角（经典）】命令，打开"3D凸出和斜角选项（经典）"对话框，选择位置为"等角-上方"，设置其他参数如图2-72所示，单击 确定 按钮。

STEP 05 选择文字，选择【对象】/【扩展外观】菜单命令，将3D效果转化为图形。选择文字图形，按住【Alt】键不放，将文字向下拖动进行复制，如图2-73所示。

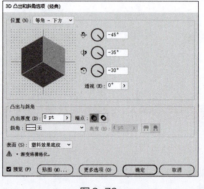

图2-71　　　　　　　　　　　　　　图2-72　　　　　　　　　　　　　图2-73

STEP 06 选择上方文字图形，按【Shift+Ctrl+]】组合键使其位于顶层。使用"矩形工具"绘制一个矩形，打开"渐变"面板，设置渐变颜色为"#FFFFFF""#D75F7C"，角度为"37.5°"，如图2-74所示。

STEP 07 选择上方文字图形，使用"吸管工具"吸取矩形中的渐变颜色，为上方文字图形添加渐变效果，如图2-75所示，然后设置下方文字图形的填充色为"#C01643"。

STEP 08 同时选中两个文字图形，双击"混合工具"，打开"混合选项"对话框，设置相关参数，如图2-76所示，单击 确定 按钮。

STEP 09 按【Shift+Alt+B】组合键为文字建立混合效果，将文字变为立体效果，然后调整立体文字的大小和位置。使用"矩形工具"绘制与一个画板大小相同的矩形，并将文字置于矩形中，效果如图2-77所示。

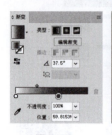

图2-74　　　　　　　图2-75　　　　　　　　图2-76　　　　　　　　图2-77

STEP 10 使用"圆角矩形工具"绘制一个圆角矩形，在控制栏中调整圆角半径为"20 px"。使用"渐变工具"在圆角矩形上单击以创建渐变条，再双击渐变条右侧的渐变滑块，在打开的面板中设置颜色为"#FFFFFF"，不透明度为"20%"，如图2-78所示。

STEP 11 将圆角矩形移动到"38"文字左侧，在其中输入主题文字，设置字体为"方正兰亭黑简体"，字体颜色为"#CA345F"。再在圆角矩形上方输入其他文字，设置字体颜色为"#FFFFFF"，其中"妇女节"文字字体为"方正粗倩简体"，其他文字字体为"方正博雅刊宋简体"。使用"钢笔工具"✏️绘制两个白色爱心作为装饰,如图2-79所示。

STEP 12 在画板右上角再次输入日期文字,并设置字体颜色为"#FFFFFF"。选择"妇女节"文字,打开"图形样式"面板,在其中单击"投影"按钮📄,为该文字添加投影效果,如图2-80所示,最后保存文件。

图2-78　　　　　　　　图2-79　　　　　　　　　　　　图2-80

2.2.13 建立渐变填充

渐变填充是指应用两种或两种以上不同颜色在同一条直线上逐渐过渡的填充方式。在Illustrator中创建渐变填充有多种方法,其中较常用的有以下两种。

1. 使用"渐变"面板

选择【窗口】/【渐变】命令,打开"渐变"面板,如图2-81所示。在该面板中,可以选择渐变类型、设置渐变角度、实现不同的描边渐变效果、调整渐变位置等。此外,双击渐变滑块,可在弹出的面板中为该滑块选取所需的颜色。

2. 使用渐变工具

使用"渐变工具"■可以任意设置渐变的起点、终点和角度。具体操作方法为:选择"渐变工具"■,在控制栏中单击相应按钮以设置渐变类型,在图形上单击鼠标左键并拖动鼠标,图形上将出现渐变条,如图2-82所示。双击渐变条上的渐变滑块,可在打开的面板中设置颜色、位置、不透明度等参数。

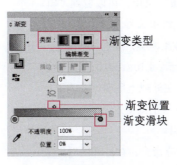
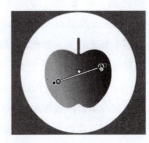

图2-81　　　　　　　　　　　　图2-82

2.2.14 建立混合对象

Illustrator提供的混合对象功能可以实现图形、色彩、线条之间的混合,在两个或多个对象之间生成一系列色彩与形状连续变化的物体。创建混合对象主要有两种方式,一是选择"混合工具"🔲,分别单击两个需要混合的对象;二是选中需要混合的两个对象后,选择【对象】/【混合】/【建立】命令(或按【Alt+Ctrl+B】组合键)。若自动创建的混合效果不符合需要,则可以选择创建的混合对象,然后双击"混合工具"🔲,打开"混合选项"对话框,在其中重新设置混合参数。

2.2.15　应用图形样式

图形样式是指可反复使用的一组外观属性。通过图形样式，可以快速更改对象的外观，从而提高工作效率。选择目标对象，执行【窗口】/【图形样式】命令，打开"图形样式"面板，单击其中的图形样式按钮便可为对象应用对应的图形样式，如图2-83所示。若现有图形样式无法满足需求，可单击"图形样式"面板下方的"图形样式库菜单"按钮 🖿，在弹出的快捷菜单中选择预设的图形样式集合命令，任意选择其中一个命令，可以打开对应的图形样式库面板。

应用图形样式后，选择对象，执行【窗口】/【外观】命令，打开"外观"面板，可在"外观"面板中查看或修改该对象应用的所有外观效果，如描边、填充等，如图2-84所示。

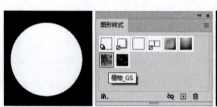  

资源链接："外观"面板详解

图2-83　　　　　　　　图2-84

2.2.16　运用常见效果

选择Illustrator的"效果"菜单，可以看到"3D和材质""变形"等效果子菜单命令组，大致分为Illustrator效果和Photoshop效果两类，这些效果组又包含多个具体效果，如图2-85所示。Illustrator效果能够使对象产生形态上的变换，或在外观上呈现特殊效果；Photoshop效果则与Photoshop中的滤镜效果类似，可以用来制作丰富的纹理和质感效果。

应用效果时，直接选择相应命令，在打开的对话框或窗口中设置效果参数，然后按【Enter】键。

图2-85

2.3

图像处理软件Photoshop

在制作多媒体作品时，常会遇到一些不符合需求的图像，例如图像尺寸过大、比例不符合需求，图像有瑕疵、色彩不理想等问题，此时需要使用Photoshop来进行图像处理。

2.3.1 课堂案例——制作小风扇主图

【制作要求】为某官方旗舰店中的热销商品——小风扇制作主图，要求尺寸为800像素×800像素。以小风扇的实际使用场景作为主图背景，增强商品的代入感和实用性，并且通过文字展示小风扇的卖点，如静音、便携、多档调速等。

【操作要点】通过Photoshop中的裁剪和调整图像大小功能，使背景图像符合主图尺寸要求，且突出商品。然后添加文字和装饰图形，并为部分装饰图形添加投影效果。制作小风扇主图的前后效果对比如图2-86所示。

【素材位置】配套资源:\素材文件\第2章\课堂案例\小风扇.jpg

【效果位置】配套资源:\效果文件\第2章\课堂案例\小风扇.psd

图2-86

具体操作如下。

STEP 01 打开Photoshop，按【Ctrl+O】组合键打开"打开"对话框，双击"小风扇.jpg"素材，将其在软件中打开。

STEP 02 在工具箱中选择"裁剪工具" 🔲，在工具属性栏的"比例"下拉列表中选择"1:1（方形）"选项，此时可发现图像编辑区已出现方形裁剪框。将鼠标指针移至裁剪框中的图像上，按住鼠标左键并向右拖动鼠标，以移动裁剪框中的图像，使商品位于裁剪框中央。如图2-87所示，按【Enter】键裁剪图像。

STEP 03 选择【图像】/【图像大小】命令，打开"图像大小"对话框，设置分辨率为"72"，宽度和高度均为"800像素"。如图2-88所示，单击 [确定] 按钮，得到调整大小后的文件。

STEP 04 在工具箱中单击"设置前景色"按钮■，打开"拾色器（前景色）"对话框，设置颜色为"#2d472e"，单击 [确定] 按钮，如图2-89所示。

STEP 05 在"图层"面板中选择背景图层，按【Ctrl+J】组合键复制图层。如图2-90所示。选择背景图层，按【Alt+Delete】组合键填充前景色。

STEP 06 选择"矩形工具" 🔲，在工具属性栏中单击"描边"色块，在打开的下拉列表中单击"无"按钮 🔲 取消描边。然后在图像编辑区左上角单击并按住鼠标左键不放，拖动鼠标绘制一个略小于图像编辑区的矩形。如图2-91所示。

视频教学:
制作小风扇主图

图2-87

图2-88

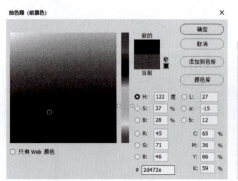

图2-89

图2-90

图2-91

STEP 07 选择"背景 拷贝"图层，单击鼠标右键，在弹出的快捷菜单中选择"创建剪贴蒙版"命令（或按【Ctrl+Alt+G】组合键），将该图层中的图像置于绘制的矩形中，如图2-92所示。

STEP 08 选择"矩形工具"，在工具属性栏中设定工具模式为"形状"，单击"填充"色块，在打开的下拉列表中单击右上角的"拾色器"按钮，在弹出的对话框中设置颜色为"#52955f"，然后在图像编辑区的左下角绘制矩形。将鼠标指针移至矩形内部的上，当鼠标指针变为状态时，按住鼠标左键并向矩形内部拖动鼠标，以调整角的弧度，使其变为圆角矩形，如图2-93所示。

STEP 09 在"图层"面板中选择圆角矩形所在图层，在面板底部单击"添加图层样式"按钮，在弹出的菜单中选择"投影"命令，打开"图层样式"对话框，如图2-94所示，保持默认参数，单击 确定 按钮。

图2-92

图2-93

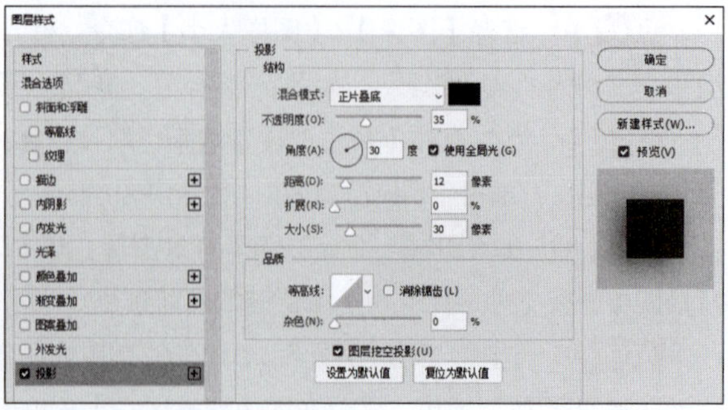

图2-94

STEP 10 选择圆角矩形，按住【Alt】键不放并向上拖动鼠标，将复制圆角矩形复制到图像编辑区左上角，如图2-95所示。

STEP 11 选择"横排文字工具" **T**，在工具属性栏中单击"切换字符和段落面板"按钮 ，打开"字符"面板，设置字体为"方正大黑简体"，字体大小为"66.67点"，行距为"87.5点"，字符间距为"-60"，颜色为"#2d472e"，如图2-96所示。在图像编辑区中单击鼠标左键定位文本输入点，然后输入文字"风大音轻 三挡可调"。

STEP 12 使用与步骤11相同的方法依次输入其他文字，完成主图制作，效果如图2-97所示。

图2-95

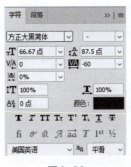
图2-96

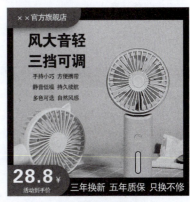
图2-97

STEP 13 按【Ctrl+S】组合键，打开"存储为"对话框，设置文件名为"小风扇主图"，选择文件的保存位置，单击 保存(S) 按钮保存文件。

2.3.2 裁剪图像

当仅需要图像的一部分时，可以使用"裁剪工具" 快速裁掉不需要的部分。选择"裁剪工具" ，将鼠标指针移到裁剪框内，按住鼠标左键不放并拖动鼠标，使裁剪框中的图像为需要保留的部分，然后按【Enter】键完成裁剪操作。此外，拖动裁剪框上的控制点可调整裁剪区域的大小。

如果需要按照固定比例或特定大小裁剪图像，可在工具属性栏的"比例"下拉列表中选择相应的裁剪比例选项。其中，选择"原始比例"选项可以自由调整裁剪框的大小，在"比例"下拉列表右侧的数值框中，可以输入裁剪框的宽度和高度数值，如图2-98所示。

图2-98

🔔 **提示**

Photoshop提供的"透视裁剪工具" 可用于解决由于拍摄不当导致的图像透视畸形问题，该工具的使用方法与"裁剪工具" 大致相同。

2.3.3 修改图像尺寸和大小

在图像编辑过程中，常常会出现图像大小不符合作品要求的情况，此时可以通过调整图像或画布大小来进行修改。

1. 调整图像大小

图像大小由宽度、长度和分辨率决定。具体调整方法为：选择【图像】/【图像大小】命令，打开"图像大小"对话框进行设置，如图2-99所示。

2. 调整画布大小

画布可以看成是Photoshop的画板，设置的画布越大，可编辑的区域也就越广。默认情况下，画布尺寸与打开的图像尺寸一致，但实际上，画布的大小可以大于图像，以便于添加和编辑其他内容。具体调整方法为：选择【图像】/【画布大小】命令，打开"画布大小"对话框进行相应设置，如图2-100所示。

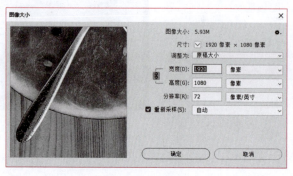

图2-99

图2-100

2.3.4 添加文字和图形

在Photoshop中添加文字内容离不开文字工具组。该工具组包括"横排文字工具" T 、"直排文字工具" ↓T 、"横排文字蒙版工具" ⬚ 和"直排文字蒙版工具" ⬚ ，分别用于输入不同显示形态的文字，其使用方法与Illustrator中的文字工具基本一致。

输入文字后，可以使用"字符"面板（见图2-101）和"段落"面板（见图2-102）更加细致地设置文字的字符属性，以及文字的对齐方式、缩进方式、避头尾法则和间距组合等属性。

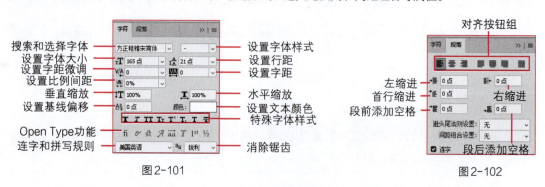

图2-101

图2-102

在Photoshop中，使用形状工具组可以绘制各种基本图形，包括圆形、矩形、圆角矩形等。通过编辑这些图形，可以制作出丰富的图像效果。

绘制矩形或圆角矩形，可使用"矩形工具" ▢；绘制正圆或椭圆，可使用"椭圆工具" ◯；绘制三角形，可以使用"三角形工具" △；绘制不同边数的正多边形和星形，可使用"多边形工具" ◯；绘制具有不同粗细、颜色和箭头的直线，可使用"直线工具" ╱；绘制Photoshop预设的图形，则可使用"自定形状工具" ⬡。这些工具的使用方法与Illustrator中的对应工具基本相同，并且在绘制图形前后，均可在"属性"面板或工具属性栏中设置图形的大小、位置、描边、角半径等。

此外，绘制不规则图形，还可以使用"钢笔工具" ⬥和"弯度钢笔工具" ⬥，只是绘制时需要在工具属性栏中选择工具模式为"形状"。

2.3.5 应用图层样式

为图层应用图层样式，可使图层中的图像具有真实的质感、纹理等特殊效果。具体操作方法如下：选择目标图层后，选择【图层】/【图层样式】命令，在弹出的子菜单中选择所需样式；或者在"图层"面板底部单击"添加图层样式"按钮 fx，从下拉菜单中选择需要创建样式的命令；或双击需要添加图层样式的图层右侧的空白区域，都将打开"图层样式"对话框，如图2-103所示，设置相关参数后，单击 确定 按钮。

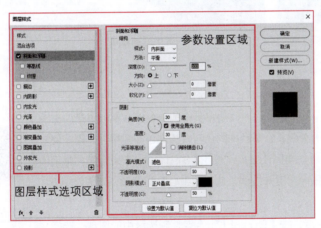

资源链接：
"图层样式"对
话框详解

图2-103

2.3.6 课堂案例——制作清明节活动广告

【制作要求】某食品品牌准备在清明节到来之际推出新品——青团，需制作一款与青团、清明节相关的活动广告，要求尺寸为1080像素×1920像素，广告能清晰地传达活动主题及基本信息，画面应富有创意和吸引力，还要考虑手机屏幕的显示效果和用户的浏览习惯，确保在海报在手机上得到良好的展示效果。

【操作要点】使用Photoshop中的抠图工具抠选广告中的主体物，包括青团、艾草、茶杯、茶壶，然后修饰和修复有瑕疵的主体物，提升美观度。参考效果如图2-104所示。

【素材位置】配套资源:\素材文件\第2章\课堂案例\"清明节广告素材"文件夹

【效果位置】配套资源:\效果文件\第2章\课堂案例\清明节活动广告.psd

完成后的效果　　　　　　　运用后的效果

图2-104

具体操作如下。

STEP 01 打开"青团1.jpg"素材文件，需要将其中的白色圆盘抠取出来。由于抠取的对象是一个比较规整的圆形，且圆盘的颜色与背景颜色非常相近，因此使用"椭圆选框工具"○较为合适。选择该工具，按住【Shift+Alt】组合键，将鼠标指针移动到圆盘中心，按住鼠标左键并拖动，从圆盘中心绘制圆形，如图2-105所示。

STEP 02 当圆盘完全选中后，按【Ctrl+J】组合键复制选区中的圆盘。选择背景图层，选择使用相同的方法抠取其中的茶杯图像，如图2-106所示。

视频教学：
制作清明节活动
广告

STEP 03 打开"青团2.jpg"素材文件，选择"快速选择工具"☑，单击白色长盘中最上方的青团将其选中，如图2-107所示。按住【Alt】键不放，滑动鼠标滚轮放大图像，仔细查看抠取效果。若有部分内容未被选中，按住鼠标左键并拖动涂抹未选中部分，如图2-108所示，按【Ctrl+J】组合键复制选区中的青团。

图2-105　　　　　　图2-106　　　　　　图2-107　　　　　　图2-108

STEP 04 选择背景图层，选择"对象选择工具" ，在工具属性栏中设置模式为"套索"选项，单击图像中的茶壶，稍等片刻，茶壶将自动部分茶壶图像。放大图像，然后按住鼠标左键并拖动鼠标，以选择未被选中的部分。释放鼠标左键，稍等片刻，即可完整的选中茶壶，如图2-109所示。

STEP 05 再次按【Ctrl+J】组合键复制选区，抠取完整的茶壶图像。

STEP 06 打开"青团3.jpg"素材文件，发现需要选择的主体图像背景较为复杂，可利用"钢笔工具" 进行精细抠图。选择"钢笔工具" ，在工具属性栏中选择工具模式为"路径"，大致沿着主体图像绘制路径（Photoshop中钢笔工具的使用方法与Illustrator中一致），如图2-110所示，然后单击工具属性栏中的 选区... 按钮，打开"建立选区"对话框，设置羽化半径为"0"，如图2-111所示。

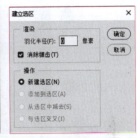

图2-109　　　　　　　　　　　　　图2-110　　　　　　　图2-111

STEP 07 单击 确定 按钮，将路径转换为选区，按【Ctrl+J】组合键复制选区。按【Ctrl+N】组合键打开"新建文档"对话框，设置文件名称为"清明节活动广告"，宽度为"1080像素"，高度为"1920像素"，分辨率为"72像素/英寸"，单击 创建 按钮新建文件。

STEP 08 设置背景色为"#ececee"，前景色保持默认的白色，选择"渐变工具" ，在工具属性栏中选择渐变样式为"前景色到背景色渐变"。

STEP 09 将鼠标指针移动至图像编辑区中间区域，然后按住鼠标左键不放并向下拖动，创建背景渐变效果。然后将前面步骤中抠取的图像拖动到新文件中，并根据图像内容为相应图层重命名。

STEP 10 选择"茶杯"图层，按【Ctrl+T】组合键，图像四周出现控制点。按住【Shift】键不放（若此时工具属性栏中的"保持长宽比"按钮 已选中，则不用按住【Shift】键）并拖动控制点以等比例缩小图像。使用相同的方法依次缩小其他图像，并调整其位置，效果如图2-112所示。

STEP 11 为了使画面效果更美观，可再复制一个"茶杯"图层。将"艾草.jpg"素材置入新文件中，选择"艾草"图层，按【Ctrl+T】组合键调整合适的大小，将鼠标指针移到图像四周的控制点外侧，当鼠标指针呈 形状时，拖动鼠标以旋转图像，然后移动图像位置，如图2-113所示。

STEP 12 在"图层"面板中选择"艾草"图层，单击鼠标右键，在弹出的快捷菜单中选择"栅格化图层"命令，便于后续对图像进行编辑。

> **知识拓展**　将图像置入Photoshop时，该图像所在图层将自动变为智能对象图层。智能对象图层是一种包含栅格或矢量图形中的图像数据的图层，使用智能对象图层可以保留图像的源内容及其所有原始数据，而不会对原始数据造成任何影响。例如，对智能对象图层进行放大、缩小、扭曲等变换操作时，不会降低图层品质或影响图层的清晰度。但部分操作（如修复和修饰图像）无法直接作用于智能对象图层，需要先进行栅格化操作将其转换为普通图层。此外，栅格化操作也可将文字、形状、矢量蒙版等矢量图层转化为普通图层，以便进行进一步编辑。

STEP 13 选择"魔术橡皮擦工具" ，在工具属性栏中设置容差为"32像素"，然后在艾草的背景处单击，大部分背景即被擦除。放大未擦除的背景区域，继续单击该区域，直至背景基本被清除，效果如图2-114所示。

STEP 14 此时发现艾草图像颜色较为暗淡，影响美观，需进行修饰。选择"海绵工具" ，在工具属性栏中选择模式为"加色"，按住鼠标左键不放并在艾草图像上拖动，调整其饱和度，效果如图2-115所示。

STEP 15 选择"加深工具" ，在工具属性栏中设置画笔大小为"174像素"，范围为"中间调"，曝光度为"50%"，然后在艾草图像上拖曳鼠标，增加亮度，效果如图2-116所示。

   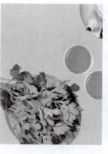 

图2-112　　　　　图2-113　　　　　图2-114　　　　　图2-115　　　　　图2-116

STEP 16 此时发现单个青团图像上有污渍，可对其进行修复。选择单个青团图像所在的图层，选择"修补工具" ，沿着污迹部分绘制选区，按住鼠标左键不放并向下拖动，看到污渍区域被移动后的区域覆盖，如图2-117所示，释放鼠标，按【Ctrl+D】组合键取消选区。

STEP 17 选择"污点修复画笔工具" ，在工具属性栏中设置画笔大小为"24"，在剩余的小块污渍区域依次单击鼠标左键修复细节，如图2-118所示。最后为除背景外的所有素材添加"投影"图层样式。

STEP 18 置入"二维码.png"素材，然后输入文字，字体分别为"思源黑体 CN""汉仪书魂体简"，并绘制矩形作为装饰。接着根据画面需求调整部分素材位置，效果如图2-119所示。最后保存文件。

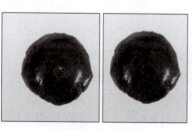 

图2-117　　　　　　　　　图2-118　　　　　　　　　图2-119

2.3.7 抠取图像

抠取图像是指将需要的图像从原始图像中分离出来。在Photoshop中抠取图像的方法较多，本节主要介绍使用工具进行抠图，用户可根据需要选择合适的工具。

- "对象选择工具" ▦：该工具可利用Photoshop自动判定所选区域内的主体图像，常用于快速抠取简单图像。使用时，直接在图像上按住鼠标左键不放并拖动，绘制一个框选区域（或者直接在需要抠取的对象上单击鼠标左键），Photoshop将自动为区域内明显的图像创建选区。
- "快速选择工具" ◪：该工具常用于抠取背景单一的图像。使用时，在图像上按住鼠标左键不放并拖动，Photoshop将自动为拖动轨迹内的图像创建选区，如图2-120所示。
- "魔棒工具" ◪：该工具可选择图像中颜色相同或相近的区域，常用于抠取背景简单且颜色较为单一的图像。使用时，在图像上单击鼠标左键，Photoshop将根据单击点下方的像素颜色信息自动创建选区，如图2-121所示。
- "橡皮擦工具" ◪：该工具可使像素变透明或与图像背景色相匹配。使用时，直接按住鼠标左键不放并拖动鼠标，Photoshop将沿着拖曳轨迹抹除图像，从而抠取出剩余图像，如图2-122所示。需注意的是，在背景图层或已锁定透明像素的图层中使用时，擦除区域将显示背景颜色。

图2-120

图2-121

图2-122

- "背景橡皮擦工具" ◪：该工具可通过分析图像的色彩差异，智能地擦除不需要的像素，使图像中的特定区域呈现透明状态，常用于抠图和更换背景颜色。使用时，按住【Alt】键不放，在需要擦除的位置单击鼠标左键进行取样，吸取要擦除的颜色，然后按住鼠标左键不放并拖动鼠标，Photoshop会自动将采样对应的像素变为透明色。
- "魔术橡皮擦工具" ◪：该工具会将所有相似的像素更改为透明或背景色，其使用方法与"魔棒工具" ◪类似，适用于抠取对象与背景颜色反差大、背景颜色比较相似且对象轮廓清晰的图像。
- "钢笔工具" ◪：该工具不仅用于绘制矢量图形，还可用于精确抠图。使用时，先在其工具属性栏中选择工具模式为"路径"，然后围绕抠取对象的轮廓绘制路径并闭合，再按【Ctrl+Enter】组合键创建选区，将选区内的对象与背景分离开，如图2-123所示。

图2-123

另外，"弯度钢笔工具" 可以轻松绘制弧线路径，并快速调整弧线的位置和弧度，便于创建线条较为圆滑的路径（创建路径的方法与Illustrator的"曲率工具" 基本相同）或形状，因此该工具 也可用于抠取背景较为复杂，且边缘为曲线的对象。

> **知识拓展**
>
> 此外，Photoshop 还提供了命令抠图和通道抠图两种方式。命令抠图主要是利用 Photoshop 的自动运算功能，在主体明确的图像中为主体建立选区；通道抠图则是分析图像中不同颜色通道的信息，并利用这些信息来创建选区，从而分离图像中的主体与背景。扫描右侧二维码可了解详细信息。

资源链接：
命令抠图和通道
抠图详解

2.3.8　修复和修饰图像

通过各种渠道采集的图像素材存在一些问题，例如图像有瑕疵、污点，主体物与背景无法区分，层次不明等。当无法找到更好的替代素材时，就需要对图像进行修复和修饰，以使其变得更加美观。

1. 修复图像

图像修复侧重于对图像中的缺陷、损坏或缺失部分进行恢复和重建。Photoshop作为一款功能强大的图像处理软件，提供了多种修复图像的工具。

- "污点修复画笔工具" ：该工具能够自动识别污点附近的像素，并快速去除污点。操作时，只需在需要修复的区域拖动鼠标进行涂抹或单击鼠标左键，即可去除该区域，并自动填充周围图像。

- "修复画笔工具" ：该工具可将样本的纹理、光照、透明度和阴影与修复区域进行智能匹配，并完美融合。其使用方法与"污点修复画笔工具" 基本相同，只是在修复前需要先按住【Alt】键，在图像中用于确定要复制的位置单击鼠标左键取样，然后进行修复操作。

- "修补工具" ：该工具可以从图像的其他区域或使用指定图案来修补当前选中的区域。操作时，先在工具属性栏中设置修补方式，然后在图像上拖动鼠标，为需要修复的区域建立选区。将鼠标指针移动到选区上，将选区按照修补的取样区域移动，修复区域将逐渐被取样区域的效果覆盖（若没有被完全覆盖，则可重复操作）。

- "内容感知移动工具" ：该工具可以在移动或扩展图像时，使新图像与原图像自然融合。操作时，先在工具属性栏中设置模式。若选择"移动"模式，沿着需要修复的图像绘制选区，并拖到目标位置，则原位置将自动填充。选择"扩展"模式，沿着需要移动的图像绘制选区，将其拖到目标位置，框选的图像将复制到指定位置，原位置的图像不变。

- "仿制图章工具" ：该工具可将图像的一部分复制到同一图像的另一位置以修复图像。操作时，需按住【Alt】键不放，在原图像中单击确定要复制的取样点，然后将鼠标指针移动到图像中需要修复的区域反复拖动鼠标，即可将取样点周围的图像复制到单击点周围。

- "图案图章工具" ：该工具可以使用指定的图案填充鼠标涂抹的区域，其操作与"仿制图章工具" 类似，只是该工具不需要建立取样点。操作时，只需在工具属性栏中设置画笔大小和画笔图案，然后在需要修复的区域拖动鼠标即可使用选择的图案填充，如图2-124所示。

图2-124

除了使用工具修复图像外，Photoshop还提供了"内容识别填充"命令来自动识别并修复，操作非常便捷。具体操作方法如下：先对需要修复的区域建立选区，然后选择【编辑】/【内容识别填充】命令，打开"内容识别填充"界面。根据预览效果在界面右侧设置参数调整效果，完成后单击 确定 按钮。如果还有多余的、重复的或不自然的细节，可以结合其他修复工具进一步调整。

资源链接：
"内容识别填充"命令详解

2. 修饰图像

图像修饰主要注重提升图像的美观度和视觉效果，可使用以下工具进行处理，这些工具的使用方法基本相同。选择相应工具后，先在工具属性栏中根据具体需求设置相关参数，然后在图像中单击鼠标左键或拖动鼠标。

- "加深工具" 和 "减淡工具"：这两个工具分别用于加深和减淡图像的色调，使图像变暗或变亮。
- "海绵工具"：该工具可为图像加色（增强饱和度）或减色（降低饱和度）。
- "模糊工具" 和 "锐化工具"：这两个工具用于调整图像中相邻像素之间的对比度，从而产生模糊效果，或者使模糊的图像变得更清晰、细节更鲜明。但需注意，使用"锐化工具" 时若反复锐化图像，则易造成图像失真。
- "涂抹工具"：该工具可将图像中不同颜色之间的边界柔和化，模拟手指涂抹图像产生的颜色流动效果。

2.3.9 课堂案例——设计《手机短视频拍摄与剪辑》书籍封面

【制作要求】为《手机短视频拍摄与剪辑》书籍制作封面，要求封面尺寸为185mm×260mm，在封面中能突显"手机"这一工具，并充分展示本书的内容主题，封面信息的排列条理清晰，视觉效果大气、稳重，具有创意。

【操作要点】使用Photoshop调整风景图像的明暗和颜色，增强图像美观性；然后利用滤镜和图层蒙版使部分风景图像变模糊，突出手机拍摄风景图像的清晰感。参考效果如图2-125所示。

【素材位置】配套资源：\素材文件\第2章\课堂案例\风景.jpg、手机框.eps

【效果位置】配套资源：\效果文件\第2章\课堂案例\《手机短视频拍摄与剪辑》封面.psd

图2-125

具体操作如下。

视频教学：
设计《手机短视频拍摄与剪辑》书籍封面

STEP 01 新建一个名称为"《手机短视频拍摄与剪辑》书籍封面"，宽度为"185mm"，高度为"260mm"，分辨率为"300像素/英寸"，颜色模式为"CMYK颜色"的文件。

STEP 02 设置前景色为"#e3e1df"，按【Alt+Delete】组合键填充前景色。使用"矩形工具" ，在画面中央绘制3个不等高却等宽的矩形，分别设置填充色分别为"#ffffff""#0092ca""#f9f6f5"，描边色为"无"，效果如图2-126所示。

STEP 03 置入"风景.jpg"素材，按【Ctrl+Alt+G】组合键，将其与中间的矩形创建剪贴蒙版，如图2-127所示。

STEP 04 打开"调整"面板，单击"亮度/对比度"按钮 ☀，在"图层"面板中新建一个"亮度/对比度1"调整图层，选择调整图层，在"属性"面板中设置亮度和对比度参数，如图2-128所示。继续在"调整"面板中单击"色彩平衡"按钮 ☀，并在"属性"面板中设置相关参数，如图2-129所示。

图2-126　　　　图2-127　　　　图2-128　　　　图2-129

STEP 05 为避免调整的颜色影响到"风景"图层及其剪贴蒙版以外的其他图层，可选择两个调整图层，按【Ctrl+Alt+G】组合键，使调色效果只影响到"风景"图层及其剪贴蒙版，如图2-130所示。

STEP 06 置入"手机框.eps"素材，调整至合适大小和位置。将该素材所在图层栅格化，使用"矩形选框工具" ⬚ 创建如图2-131所示的选区，然后按【Delete】键删除选区内的内容，再按【Ctrl+D】组合键取消选区。

STEP 07 选择风景图层，依次选择【滤镜】/【模糊】/【高斯模糊】命令，打开"高斯模糊"对话框，设置半径为"6"，单击 确定 按钮，如图2-132所示。

STEP 08 单击选择"风景"图层中"智能滤镜"文字左侧的"智能滤镜蒙版缩览图"，如图2-133所示。

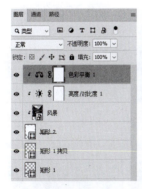

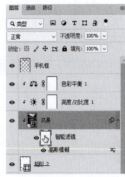

| 图2-130 | 图2-131 | 图2-132 | 图2-133 |

STEP 09 选择"钢笔工具" ⚲，在工具属性栏中选择工具模式为"路径"，大致沿着手机框内部绘制路径作为蒙版，如图2-134所示。然后将路径转换为选区，此时选区内的图像为手机框内部的风景素材。

STEP 10 按【D】键恢复默认的前景色和背景色，使用"画笔工具" ✎ 涂抹选区，此时仅手机框外的风景素材应用了"高斯模糊"滤镜，手机框内的风景素材仍保持原本的清晰效果，如图2-135所示。

STEP 11 选择"横排文字工具" **T**，在手机框内部的矩形中输入"手机短视频拍摄与剪辑"文字，设置字体为"思源宋体 CN"，字体大小为"68点"，字距为"50"，行距为"76点"。应用"斜面和浮雕"及"投影"图层样式来凸显书名文字效果。然后输入其他文字，并为中间矩形中的文字应用"内阴影"图层样式，为编者信息文字应用"投影"图层样式，效果如图2-136所示。

STEP 12 使用"椭圆工具" ◯ 在手机界面顶部左侧绘制颜色为"#ca2732"的圆形。使用"矩形工具" ▢ 在圆形右侧绘制电量图标；在手机界面中心绘制装饰线条，模拟用手机拍摄短视频并对焦时的场景。将绘制的所有形状编组，为图层组应用"投影"图层样式，效果如图2-137所示，最后保存文件。

| 图2-134 | 图2-135 | 图2-136 | 图2-137 |

2.3.10 调整图像明暗

图像的明暗关系能够反映图像中物体的层次感。因此，所以在为图像调色时，通常会先调整图像的明暗关系，以塑造层次。在Potoshop中，调整图像明暗主要有以下两种方式。

- 通过调整图层进行调整：打开"调整"面板，单击相应按钮（或在"图层"面板底部单击"创建新的填充或调整图层"按钮，在打开的下拉列表中选择一个调整图层命令），将会在"图层"面板中新建一个调整图层。选择调整图层后，可在"属性"面板中调整图像明暗。使用这种方式能够在不破坏图像原始数据的基础上，将调整效果应用于调整图层下面的所有图层，适用于对多个图层进行相同的调整。若对调整图层创建剪贴蒙版，则只会影响调整图层下方的一个图层。

- 通过调整命令进行调整：选择【图像】/【调整】命令，在打开的子菜单中选择与图像明暗相关的子命令，可打开相应的对话框，图2-138所示为选择"曲线"命令后打开的"曲线"对话框，在其中的"通道"下拉列表中选择需要调整的颜色通道（默认为"RGB"选项，表示调整图像的所有通道），然后拖动曲线（或在"预设"下拉列表中直接选择Photoshop提供的预设曲线）来调整图像的色彩、亮度和对比度。图2-139所示为调整图像明暗前后的对比效果。

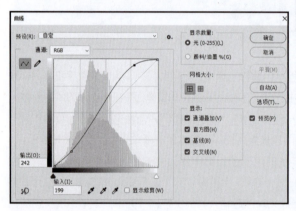

图2-138

图2-139

> **提示**
>
> 除了"曲线"命令外，还可以通过"亮度/对比度"命令调整图像的亮度和明暗对比；通过"曝光度"命令调整图像的明亮程度，使图像变亮或变暗；通过"阴影/高光"命令增加或降低图像中的暗部、高光，从而使图像尽可能显示更多细节；通过"色阶"命令修改图像的阴影、中间调和高光的强度级别，校正色调和色彩平衡。

2.3.11 调整图像色彩

要获得出色的视觉效果，合理使用和搭配色彩十分重要。掌握调整图像色彩的方法也可以提升视觉效果。在Photoshop中既可以调整图像的整体色彩，也可以调整图像局部的色彩，从而校正偏色图像的效果，使图像色彩更加生动、更丰富。调整图像色彩的方法与调整图像明暗的方法一样，都可以通过调整图层和调整命令来操作。Photoshop中常用的调整图像色彩的命令如下。

- 自然饱和度：选择【图像】/【调整】/【自然饱和度】命令，打开"自然饱和度"对话框。其中的"自然饱和度"参数用于调整颜色的自然饱和度，常用于在增加饱和度的同时，防止颜色过于饱和而出现溢色，尤其适用于处理人物图像。"饱和度"参数则用于调整所有颜色的饱和度。
- 色相/饱和度：选择【图像】/【调整】/【色相/饱和度】命令，打开"色相/饱和度"对话框，在其中调整图像的色相、饱和度及亮度参数，以改变图像色彩。图2-140所示为调整前后的对比效果。
- 色彩平衡：选择【图像】/【调整】/【色彩平衡】命令，打开"色彩平衡"对话框，可通过增加某种颜色的补色来减少该颜色的数量，从而改变图像的原有色彩。图2-141所示为调整前后的对比效果。

资源链接："色彩平衡"对话框详解

图2-140　　　　　　　　　　图2-141

- 替换颜色：选择【图像】/【调整】/【替换颜色】命令，打开"替换颜色"对话框，在其中更改图像中某些区域色彩的色相、饱和度和明暗度，以改变图像色彩。
- 可选颜色：选择【图像】/【调整】/【可选颜色】命令，打开"可选颜色"对话框，调整其中的参数可以在改变图像中某种颜色的同时，不影响其他颜色。图2-142所示为调整前后的对比效果。
- 照片滤镜：选择【图像】/【调整】/【照片滤镜】命令，打开"照片滤镜"对话框，在其中通过参数设置可以模拟传统光学滤镜特效，使图像呈现暖色调、冷色调或其他颜色色调。图2-143所示为调整前后的对比效果。

资源链接："特殊调色"命令详解

图2-142　　　　　　　　　　图2-143

　　除了上述提到的命令外，还可以使用"反相""色调分离""阈值""渐变映射""曝光度"等特殊调色命令对图像进行处理，以满足于某些特定图像的设计需求。

2.3.12　添加滤镜

　　Photoshop中的滤镜是一种插件模块，可以改变像素的位置和颜色，从而生成特殊效果。在

Photoshop中的滤镜效果主要通过滤镜库、滤镜组和特殊滤镜来添加，另外，还可以利用智能滤镜（应用于智能对象的任何滤镜）灵活实现更精细的编辑和调整。

1. 滤镜库

滤镜库可同时为图像应用多种滤镜，节省多次应用滤镜的操作时间。滤镜库中共有6组滤镜，各个滤镜组的使用方法基本相同，只需打开需要处理的图像，选择【滤镜】/【滤镜库】命令，打开"滤镜库"对话框，然后在"滤镜库"对话框中间选择合适的滤镜，在右侧设置参数，在左侧预览效果，确定合适后单击 按钮便可完成滤镜的添加。

资源链接：
滤镜库中各滤镜
详解效果

2. 滤镜组和特殊滤镜

Photoshop的"滤镜"菜单提供了多个滤镜组和特殊滤镜，如图2-144所示。滤镜组包含多种滤镜效果，可对图像进行模糊、锐化等效果的处理。特殊滤镜主要用于调整图像的透视、色调，修复图像的扭曲等。

3. 智能滤镜

选择某个图层后，选择【滤镜】/【转换为智能滤镜】命令，在打开的提示对话框中单击 确定 按钮，此时，"图层"面板中的图层缩览图右下角出现一个 图标，表示该图层已转换为智能图层，然后可为该智能图层添加滤镜，添加的滤镜会变为智能滤镜。

应用智能滤镜后，可以轻松还原应用滤镜前的画面效果，并且可以随时更改滤镜参数、影响范围等。在"图层"面板中双击"智能滤镜"子图层后的 图标，可打开相应滤镜的对话框，以便对滤镜重新编辑。单击"智能滤镜"子图层前的 按钮，可隐藏所有的智能滤镜效果，单击某单个智能滤镜前的 按钮，可只隐藏该滤镜的效果，如图2-145所示。

图2-144

添加智能滤镜后，智能图层中将出现一个图层蒙版。图层蒙版是一种灰度图像，其中用黑色绘制的区域将被隐藏，用白色绘制的区域将显示，而用灰色绘制的区域则以一定的透明度显示。通过编辑图层蒙版可以设置智能滤镜在图像中的影响范围，如图2-146所示。需要注意的是，该图层蒙版不能单独遮盖某个智能滤镜，而是会影响子图层中的所有智能滤镜。选择【图层】/【智能滤镜】命令，并选择所需的智能滤镜子命令，可以删除或停用图层蒙版，以及停用和删除智能滤镜。

图2-145

图2-146

除了智能滤镜自带的图层蒙版外，选择智能图层后，在"图层"面板中单击"添加图层蒙版"按钮 ，也可以为整个图层添加图层蒙版。或者使用矢量绘图工具（如"钢笔工具" 、"矩形工具" 、"椭圆工具" 等）在图像中绘制并闭合路径后，选择【图层】/【矢量蒙版】/【当前路径】命令，可以实现矢量蒙版效果，相比于图层蒙版，矢量蒙版不论怎么变形都不会影响其轮廓边缘的光滑度。

综合实训

2.4.1　制作招聘会宣传海报

　　某企业为弥补人力资源不足，需招聘设计总监和设计助理。现已确定了招聘人数、招聘要求等具体信息，要求运用Illustrator设计一张招聘海报，以便在招聘展位上使用。表2-1所示为招聘会宣传海报制作任务单，任务单明确给出了实训背景、制作要求、设计思路和参考效果。

表 2-1 招聘会宣传海报制作任务单

实训背景	为满足"远航科技"企业的招聘需求，要求运用 Illustrator 制作招聘会宣传海报
尺寸要求	60 厘米 ×90 厘米
数量要求	1 个
制作要求	1．风格 风格简洁、清新，能快速抓住求职者的眼球 2．色彩 采用企业提供的图标颜色——青色作为主色调，白色为辅助色，统一画面色调 3．文案 添加企业提供的招聘职位、招聘人数、招聘要求、公司地址、公司联系方式等具体信息，建议选择易于阅读的字体，提高文案的可读性
设计思路	结合钢笔工具、画笔工具、路径查找器，以及其他绘图工具绘制出符合需求的装饰图形，然后使用文字工具输入并编辑文字，最后添加企业提供的二维码和企业标志素材
参考效果	
素材位置	配套资源:\素材文件\第 2 章\综合实训\"招聘会素材"文件夹

效果位置	配套资源 :\ 效果文件 \ 第 2 章 \ 综合实训 \ 招聘会宣传海报 .ai

本实训的操作提示如下。

STEP 01 启动 Illustrator，新建"招聘会宣传海报"文件，使用"钢笔工具" ∅.在画板上绘制不同颜色的海浪，然后调整各图形的顺序和位置，并进行编组。

STEP 02 绘制一个与画板大小相同的矩形，并垂直水平居中对齐于画板。选择编组的图形和矩形，单击鼠标右键，选择"建立剪贴蒙版"命令。

STEP 03 使用"钢笔工具" ∅.和"椭圆工具" ∅.在海浪中间绘制一个正站在冲浪板上冲浪的卡通人物，并将绘制的图形编组。

STEP 04 使用"椭圆工具" ∅.绘制多个填充颜色为"#E3F2F1"的椭圆，然后在"路径查找器"面板中单击"联集"按钮 ▬，合并成云朵图形。使用相同的方法绘制另一个颜色为"#EBF2F2"的云朵图形。

STEP 05 在画板底部绘制颜色为"#53AFB1"，大小为"600mm×113mm"的矩形。打开"招聘文案.txt"素材，复制需要的文案，然后粘贴到"招聘会宣传海报"文件中，调整文字大小和字体，并移动文字位置。使用"画笔工具" ∕.在"招聘"文字上绘制装饰，使用"钢笔工具" ✐在"乘风破浪""'职'等你来！我们期待你的加入！"文字位置绘制底纹图形。

STEP 06 使用"直线段工具" ∕在画板上方绘制直线装饰，使用"钢笔工具" ✐绘制"》"符号装饰。使用"圆角矩形工具" ▭在招聘职位文字下方绘制圆角矩形，并添加渐变色为"#3AB3CB""#2D6268"的渐变效果。

STEP 07 在海报底部添加"符号"面板中的"电话"符号，并修改符号颜色为"#FFFFFF"。然后在海报中添加提供的二维码和标志素材，最后保存文件。

视频教学：
制作招聘会宣传
海报

2.4.2 制作大闸蟹主图

大闸蟹是中国传统的名贵水产品之一，以其肉质鲜美、营养丰富等特点深受消费者喜爱。随着电商和社交媒体的兴起，大闸蟹的销售和推广方式也发生了巨大变化。一张精美的主图不仅能够吸引消费者的眼球，还能传递产品的品质和特点，从而提升销量。某生鲜网店为了促进店铺中大闸蟹的销量，计划制作大闸蟹主图。表2-2所示为大闸蟹主图制作任务单，任务单明确给出了实训背景、制作要求、设计思路和参考效果。

表2-2 大闸蟹主图制作的任务单

实训背景	为实现某生鲜网店大闸蟹的推广和销售，要求运用 Photoshop 制作主图，以便于网店使用
尺寸要求	800 像素 ×800 像素
数量要求	1 个
制作要求	1. 色彩 ①大闸蟹的色彩不仅要美观，还要能够吸引人的食欲 ②主图色调要与大闸蟹的色调相协调，视觉效果要突出，能够迅速吸引消费者的注意力 2. 文案 适当添加文字说明，如产品名称、特点、价格、优惠活动等

续 表

设计思路	先调整大闸蟹图像的明暗和色彩，增强图像美观性；然后使用钢笔工具抠取大闸蟹，将其作为主图中的主体图像；在主图中输入产品名称和卖点文字，并绘制圆形和圆角矩形作为部分文字的底纹，以突出重点信息；为部分图形制作渐变效果，丰富画面内容
参考效果	  高清彩图： 大闸蟹主图
素材位置	配套资源:\素材文件\第2章\综合实训\大闸蟹.jpg
效果位置	配套资源:\效果文件\第2章\综合实训\"大闸蟹"主图.psd

本实训的操作提示如下。

视频教学：
制作"大闸蟹"
主图

STEP 01 启动Photoshop，打开"大闸蟹.jpg"素材文件，选择【图像】/【调整】/【亮度/对比度】命令，打开"亮度/对比度"对话框，设置亮度为"50"，对比度为"20"。选择【图像】/【调整】/【曝光度】命令，打开"曝光度"对话框，设置曝光度为"+0.68"。选择【图像】/【调整】/【自然饱和度】命令，打开"自然饱和度"对话框，设置自然饱和度为"20"。

STEP 02 使用"钢笔工具"∅沿着白色磁盘和大闸蟹绘制路径，然后将路径转换为选区，并复制选区内的图像。新建"大闸蟹主图"文件，并为背景图层填充"#013e50"颜色。新建图层，使用"矩形选框工具"□绘制矩形选区，并填充颜色"#faf2e7"，将"大闸蟹.jpg"文件中抠好的图像移动到新文件中，调整至合适的大小和位置。

STEP 03 选择大闸蟹图层，单击"图层面板"底部的"添加图层蒙版"按钮□，使用"画笔工具"∡涂抹需要隐藏的大闸蟹图像部分。

STEP 04 使用"椭圆工具"○在图像编辑区右下角绘制一个颜色为"#007fa5"的正圆。复制该圆形，然后按【Ctrl+Shift+V】组合键原位粘贴，缩小复制圆形，并为其添加渐变颜色为"#cfac7d~#f9edda~#dec39d"，角度为"-49"的渐变叠加图层样式。使用"弯度钢笔工具"∅.在主图顶部绘制图形，并设置渐变填充为"#59a1af~#013e50"。

STEP 05 在图像编辑区中输入文字，使用不同字体、字体大小和文字颜色。在右下角绘制圆角矩形作为文字底纹，并为其添加渐变颜色为"#054355~#5198a7~#054355"，角度为"16"的渐变叠加图层样式，然后将该图层样式复制到"258"文字图层。

STEP 06 在活动时间相关文字下方绘制颜色为"#047e8f"，圆角半径为"16像素"的圆角矩形作为底纹，最后保存文件。

2.5 课后练习

练习 1 制作开学通知公众号推文首图

【制作要求】某教育公众号需要发布一篇关于9月1日开学通知的推文，需要使用Illustrator设计推文首图，要求尺寸为900像素×383像素。

【操作提示】利用渐变工具制作渐变背景、圆形和圆角矩形；利用椭圆工具和"路径查找器"面板绘制云朵，并对中间云朵添加渐变效果；利用矩形工具绘制方形，并对其进行编辑，作为封面图的装饰；输入标题和副标题，放大标题字体并进行倾斜操作，参考效果如图2-147所示。

【效果位置】配套资源:\效果文件\第2章\课后练习\开学通知公众号推文首图.ai

练习 2 制作陶瓷展宣传海报

【制作要求】使用Photoshop为即将举办的"中国传统陶瓷工艺展"展会制作手机端的宣传海报，方便参展人员通过手机随时了解展览信息。要求尺寸为1080像素×1920像素，风格古朴典雅，充分体现中国陶瓷工艺的魅力。

【操作提示】利用"杂色"滤镜为背景制作纹理效果；使用钢笔工具绘制线条装饰，并用橡皮擦工具擦除部分线条，制作出渐隐效果；调整陶瓷图像色彩；修复和修饰陶瓷，增加其美观性；使用钢笔工具抠取陶瓷；使用文字工具输入文字信息；结合形状工具组美化画面。参考效果如图2-148所示。

【素材位置】配套资源:\素材文件\第2章\课后练习\陶瓷.jpg

【效果位置】配套资源:\效果文件\第2章\课后练习\陶瓷展宣传海报.psd

图2-147

图2-148

第3章 音频编辑

音频是携带信息的声音媒体，可以与图形、图像和视频结合在一起，共同承载制作者所要表达的思想和情感。例如，通过编辑音频，将其作为图形、图像或视频的背景音乐，可以直接表达或传递信息、制造某种效果和气氛。因此，掌握编辑音频的方法是应用多媒体技术的重要一环。音频编辑不仅需要使用专业的音频编辑软件Audition进行一系列的操作，还要有足够的理论基础作为支撑，例如音频专业术语、压缩编码、文件格式等。

学习要点

◎ 熟悉音频编辑的相关知识。
◎ 熟悉Audition操作界面
◎ 掌握使用Audition录制音频的方法。
◎ 掌握使用Audition编辑音频的方法。

素养目标

◎ 清楚音频编辑的思路，并将其应用到实际操作中。
◎ 提升音乐素养，使音频更具艺术感染力和审美价值。

扫码阅读

案例欣赏

课前预习

3.1
音频编辑基础

编辑音频可以使音频节奏更加流畅，从而提升用户的听觉体验。但在编辑音频之前，需要了解一些基础知识，包括音频专业术语、音频的压缩编码、常用的音频文件格式和常用的音频编辑工具软件。

3.1.1　音频专业术语

在编辑音频时，经常会涉及音频波形、频率、振幅等一些专业术语。这些专业术语不仅是音频编辑技术人员日常交流的语言，更是进行音频编辑的关键。深入了解这些术语，有助于更好地进行音频创作。

1. 音频波形

当发声物体振动时，会引发周围的弹性媒质（即传递波动或振动的物质介质）——空气的气压产生波动，从而形成疏密波，这就是声波，也是一种连续的模拟音频信号。在电子设备中，这些模拟音频信号通常被转换为数字信号进行存储和处理，从而得到音频。

声音由物体振动产生，主要以声波的形式向外传播。因此，科学家们采用从左到右呈现连续波动的波形图来可视化音频，以直观地展示音频的强度和变化。图3-1所示为通过波浪线形式模拟音频的波形，波形的零点线表示静止中的空气压力。当声音波动为停止状态到达最低点时，表示空气中的压力较低；当声音波动为振动状态到达最高点时，表示空气中的压力较高。

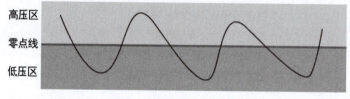

图3-1

- 零点线：在波形图中，零点线指在外界大气压力正常状态下，音频的基准线。当音频波形与零点线相交时，表示没有声音。
- 高压区：在波形图中，高压区中的音频波形代表空气中的压力比外界大气的气压高。
- 低压区：在波形图中，低压区中的音频波形代表空气中的压力比外界大气的气压低。

2. 周期、波长和振幅

周期、波长和振幅是区分每一个波形所代表音频内容的关键，如图3-2所示。其中，周期是指音频每振动一次所经历的时间长度，即从零点线位置到高压区再到低压区，最后以相同的方向返回原点所需的时间。波长以英寸或厘米为测量单位，是指声

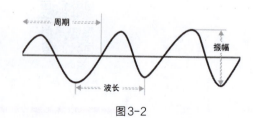

图3-2

波在一个振动周期内所传播的距离，可以用两个相邻波峰之间的距离来表示。振幅是指振动物体离开零点线位置的最大距离，用于描述音频波形的变化幅度和振动的强弱，可以反映音频的强度或音量，常使用声压级或分贝（dB）来表示。振幅越大，声音越响；振幅越小，声音越弱。

3．相位和频率

相位用于描述音频波形的变化，通常以°（角度）为单位，也称为相角。当音频波形以周期的方式变化时，波形循环一周即为360°。零点（即原点）为起始点，当相位为90°时处于波峰位置，当相位为180°时第一次回到零点，当相位为-270°时处于波谷位置，当相位为360°时再次回到零点，如图3-3所示。

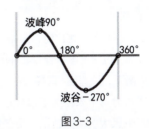

图3-3

频率是指振动物体每秒钟振动的次数，也是音频波形的振荡频率。它用于描述一段音频在单位时间内声源所完成的全振动周期数，单位是赫兹（Hertz，Hz）。人类的听觉范围为20Hz～20kHz（kilohertz，赫兹的千倍单位）。在这个范围内的声音被称为音频，频率范围小于20Hz的信号被称为亚音频；频率范围高于20kHz的信号被称为超音频或超声波。

4．采样率、取样大小和位深度

采样率、取样大小和位深度之间存在直接关系，三者共同决定数字音频的质量和文件大小。

（1）采样率

采样率是指一段时间内连续采集音频信号的频率，表示每秒钟采集的样本数，它决定了数字音频的频率范围。采样率越低，数字音频的频率范围越窄；采样率越高，数字音频的波形越接近于原始音频声音的波形，其频率范围越宽。

在录制和播放时要想高质量地还原声音的波形，需要使用超出人类听觉最高频率两倍的频率进行采样。现代高质量的数字音频的采样率高达192kHz，有时甚至更高。常用的数字音频采样率对应的品质和频率范围对比如表3-1所示。

表 3-1 常用的数字音频采样率对应的品质、频率范围对比

常用采样率	品质	频率范围
11 025Hz	AM 调幅广播	0～5 512Hz
22 050Hz	FM 调频广播	0～11 025Hz
32 000Hz	高于 FM 调频广播（标准广播级别）	0～16 000Hz
41 100Hz	CD 音频级别	0～22 050Hz
48 000Hz	标准 DVD	0～24 000Hz
96 000Hz	高端 DVD	0～48 000Hz

知识拓展

AM（调幅）和 FM（调频）是两种不同的广播信号调制方式，分别代表了不同类型的无线电波。AM（调幅）是一种通过调制音频信号的幅度来传输信息的广播方式，其优点是可以传播较远的距离，覆盖范围较大，但音质相对较差，容易出现噪音。FM（调频）是一种通过调制音频信号的频率来传输信息的广播方式，其优点是音质较好，不易受到其他电磁干扰，但传播距离相对较短，覆盖范围较小。

（2）取样大小

取样大小又称量化位数，是每个采样点能够表示的数据范围。例如，8位量化位数可以表示为2^8，

即 256 个不同的量化值；16 位量化位数则可表示为 216，即 65 536 个不同的量化值。取样大小决定了音频的动态范围（是指音频系统记录与重放时最大不失真输出功率与静态时系统噪声输出功率之比的对数值，单位为dB），即被记录和重放的最高音频与最低音频之间的差值。当然，取样大小越高，音频质量越好，数据量也越大。在实际使用中经常要在音频文件大小和音频质量之间权衡。

（3）位深度

位深度，也称为量化比特，是指用多少位来表示一个采样点的量化级别。它决定了音频信号的动态范围和分辨率。位深度影响音频文件的振幅范围。

一般情况下，位深度=取样大小×8，例如，采样大小为16位的音频，对应的位深度为128位。采样音频时，需要为每个采样指定最接近原始声波振幅的振幅值，较高的位深度可以提供更多可能的振幅值，从而产生更大的动态范围和更低的噪声基准（是指在不同场合和环境下，对噪声强度的规定或限制），提高声音保真度。当然，位深度越高，音频文件也越大，因此在实际使用中，经常要在音频文件大小和音频质量之间权衡位深度的数值。

一般来说，音频通常采用16位深度，但目前高质量的音频系统已经使用24～32位深度。在有些对音质要求较低的场合，例如网络电话，也可能使用8位深度。

5. 音调、响度和音色

从听觉角度来看，声音具有3个要素，即音调、响度和音色。

- 音调：人耳对声音高低的感觉称为音调，音调与音频的频率有关，频率越高，音调就越高。所谓声音的频率，是指每秒钟声音信号变化的次数，用 Hz（赫兹）来表示。

- 响度：人耳对声音强弱的主观感受称为响度，也称为音强。响度取决于音频的振幅，振幅越大，声音就越响亮。

- 音色：音色是由于波形和泛音的不同所带来的一种声音特性。如钢琴、提琴、笛子等各种乐器发出的声音不同，是由于它们的音色不同。

6. 声道

由于音频信号在传输、记录、编辑处理的过程中常常使用多个音轨，因此为了使其信号在用户终端能得到正确的重放，音频信号的最终形态分为单声道（单耳声）、双声道（立体声）、多声道（环绕立体声）3种标准制式。

（1）单声道

单声道也称为单耳声，即仅有一个音频波形，没有相位和方位感。在播放单声道音频时，左右两个音箱发出的声音完全相同，因此听众会感觉听觉效果比较单调，几乎没有空间感。

（2）双声道

双声道也称为立体声，双声道音频包含左声道（缩写L）、右声道（缩写R），有2个音频波形，并且这两个音频波形不能完全一致。在播放双声道音频时，左右两个音箱发出的声音不完全相同，双声道可以还原真实声源的空间方位，因此效果听起来要比单声道更丰富，但与单声道相比需要两倍的存储空间。

（3）多声道

多声道也称为5.1环绕声，是一种将声音包围听者的重放方式，包含"5+1"共6个声道，分别是中央声道（缩写为C）、左声道（缩写为L）、右声道（缩写为R）、左环绕声道（缩写为Ls）、右环绕声道（缩写为Rs），以及重低音声道这个所谓的"0.1声道"（缩写为LFE）。

多声道音频文件需要更大的存储空间，也需要特定的播放设备。在播放多声道音频时，听众能够区分出来自前左、前中、前右、后左、后右等不同方位的声音，逼真地再现声源的直达声和厅堂各方向的反射声，使其获得更真实的沉浸式体验。

3.1.2 音频的压缩编码

在多媒体技术的应用中，通过对音频进行有效的压缩，可以解决音频信号数据的大容量存储和实时传输较慢等问题，并提高音频质量，丰富听觉效果。常用的音频压缩编码方式有波形编码、音频参数编码和混合编码3种。

1．波形编码方式

波形编码方式是针对音频波形进行编码，使重建的音频波形能够保持原波形的形状。脉冲编码调制（Pulse Code Modulation，PCM）是一种简单且基本的波形编码方法。波形编码方式没有进行压缩，因此所需的存储空间较大。为了减少存储空间，人们利用音频样本值的幅度分布规律和相邻样本值具有相关性的特点，提出了差分脉冲编码调制（Differential Pulse Code Modulation，DPCM）、自适应差分脉冲编码调制（Adaptive Differential Pulse Code Modulation，ADPCM）、自适应预测编码（Adaptive Predicyive Coding，APC）、自适应变换编码（Adaptive Transfonm Coding，ATC）等算法，实现了数据的压缩。波形编码方式适应性强，音频质量好，但压缩比相对较低，需要较高的编码速率，因此对传输带宽的要求也较高。

2．音频参数编码方式

音频参数编码方式通过对音频数字信号进行分析，提取其特征参数，然后进行编码，使重建的音频能保持原音频的特性，因此也称为参数编码。其编码率为0.8kbit/s～4.8kbit/s，属于窄带编码。典型的采用音频参数编码方式的声码器（即一种语音分析合成系统）有通道声码器、同态声码器、共振峰声码器、线性预测声码器等。这种编码方式的优点是数据码率低，但重建音频信号的质量较差，自然度低。

3．混合编码方式

混合编码方式是将上述两种编码方式结合起来，以在较低的编码率（4.8kbit/s～9.6kbit/s）的基础上得到较高的音质。典型的混合编码方式有码本激励线性预测编码（Codebook Excited Linear Predictive，CELP）、多脉冲激励线性预测编码（Multi-pulse Excition Linear Predictive Coding，MPLPC）等。

3.1.3 常用的音频文件格式

由于音频是由模拟声音经过抽样、量化和编码后得到的，因此音频的编码方式和采集数字音频的设备都决定了数字音频格式。

1．WAV（*.wav）格式

WAV格式是广泛使用的音频文件格式。通过不同的采样频率对声音的模拟波形进行采样，可以得到一系列离散的采样点，以不同的量化位数（8位或16位）把这些采样点的值转换成二进制数，然后存入磁盘，即可生成WAV格式的音频文件。

2．APE（*.ape）格式

APE格式是一种无损压缩音频格式。将音频文件压缩为APE格式后，其文件大小要比压缩为WAV格式减小一半以上，在网络上传输时可以节约很多时间。更重要的是，APE格式的文件在还原为未压缩状态后，能够毫无损失地保留原有的音质。

3. MP3（*.mp3）格式

MP3是指MPEG标准中的音频部分，也就是MPEG音频层。根据压缩质量和编码处理的不同分为3层，分别对应"*.mp1""*.mp2""*.mp3"。需要注意的是，MP3格式采用有损压缩，其音频编码具有10：1~12：1的高压缩比，基本保持低音频部分不失真，但牺牲了音频文件中12kHz~16kHz的高音频部分的质量。相同长度的音频文件用MP3格式来存储，一般所需的存储空间只有WAV文件的1/10，但音质却要次于CD格式或WAV格式的音频文件。

4. AAC（*.aac）格式

AAC又称为高级音频编码，采用MPEG-2 AAC编码标准，是一种专为声音数据设计的文件压缩格式。与MP3格式相比，AAC格式采用了全新的算法进行编码，支持多个主声道，压缩率更高，在音质相同的情况下，数据率（是指数据的传递速率或处理速度）只有MP3的70%。

5. FLAC（*.flac）格式

FLAC是一种无损音频编码格式，旨在提供高质量的音频压缩，同时保持音频内容的完整性，而没有任何信息损失。FLAC音频文件通常比原始未压缩的音频文件（如WAV格式）小得多，通常可以达到原始文件大小的50%~70%。

6. OGG（*.ogg）格式

OGG格式是一种较为先进的音频格式，可以不断改进所需的存储空间和音质，而不影响原有的编码器或播放器。OGG格式采用有损压缩，但使用了更加先进的声学模型，从而减少了音质损失。因此，以同样位速率（是指音频或视频文件中每秒钟传输的比特数量）编码的OGG格式文件与MP3格式文件相比，听起来效果会更好一些，即可以用更小的文件获得更好的音频质量。

7. MIDI（*.mid）格式

MIDI又称为乐器数字接口，这是编曲界应用较为广泛的音乐标准格式，可称为"计算机能理解的乐谱"。它使用音符的数字控制信号来记录音乐。一首完整的MIDI音乐只有几十千字节大小，但能包含数十条音乐轨道。几乎所有的现代音乐都是用MIDI加上音色库来制作合成的。MIDI格式的音频使用数字编码来记录音符、音量、乐器选择和其他控制参数等属性，它指示MIDI设备要做什么、怎么做，如演奏哪个音符、多大音量等。

8. QuickTime（*.mov）格式

QuickTime是一种常用的多媒体容器格式，通常用于存储视频、音频和其他媒体数据。它可以处理视频、静止图像、动画图像、矢量图、多音轨以及MIDI音乐等对象。

9. CDA（*.cda）格式

大多数播放软件支持CDA音频，即CD音轨（是指在音频CD上的音轨）。标准CD格式为44.1kHz的采样频率，速率为88K/s，16位量化位数，因为CD音轨可以说是近似无损的，它的声音基本上是忠于原声的，因此在音乐行业常使用CD来记录作品。需注意，CD音频文件只是一个索引信息，并不是真正包含声音信息，所以无论CD音乐的长短是多少，在计算机上看到的CD音频文件大小都是44KB。

知识拓展　　无损音频格式的压缩比大约是 2:1，解压时不会产生数据或质量上的损失，解压后产生的数据与未压缩的数据完全相同。无损压缩格式主要有 WAV 格式、AIFF 格式等。有损压缩音频格式允许在压缩过程中损失一定的信息数据，虽然牺牲了一部分音质，但仍然能够保持良好的听感，并且减小了文件大小。常见的有损压缩格式包括 MP3 格式、OGG 格式等。

3.1.4 常用的音频编辑工具软件

音频的编辑与制作通常需要借助专业的音频编辑工具软件来完成。目前市面上比较常用的音频编辑工具软件分为两类，一类是支持在线操作的便捷工具，比如XAudioPro、喜马拉雅云剪辑、Vocal Remover。这些工具无须下载和安装，同时还提供丰富的音频编辑功能，操作简单快捷，比较适合音频编辑的初学者，或者需要快速简单编辑音频的情景，可以满足日常工作学习中基本的音频编辑需求。另一类就是需要下载安装的专业音频编辑软件，如GoldWave、AudioDirector、Audition。这些软件涵盖了从录制音频到编辑音频的完整流程，包括音频剪辑、音频恢复、混音、消除和提取人声等专业操作。本章所用软件为Audition，因此这里以Audition 2023为例进行介绍。

Audition是一款专业的音频处理软件，提供丰富的音频编辑和制作功能，是编辑音频的首选软件之一。用户在Audition中打开一个音频文件后，可以看到如图3-4所示的操作界面。

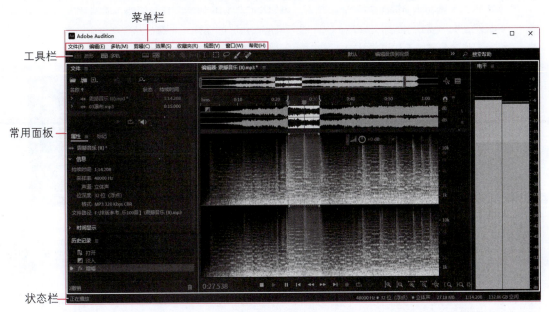

图3-4

1. 菜单栏

Audition菜单栏中共有9个菜单项，每个菜单项下包含一系列对应的命令，这些命令可用于编辑音频。命令显示为黑色，表示可以执行该命令；若显示为灰色，表示无法执行该命令。若命令右侧显示 ❯ 图标，选择该命令将在左侧展开子菜单，并在其中显示该命令的子命令，同时子命令的右侧可能显示了该命令的组合键，按相应的组合键，也可以执行对应的操作。此外，若命令或子命令后边显示省略号 ⋯ ，则表示选择该命令后，将打开一个对话框，在其中可具体设置该命令的参数。

2. 工具栏

Audition的工具栏主要用于对音频波形进行简单的编辑操作，工具图标默认为白色，选择工具后，图标将变为蓝色，表示可以执行对应操作。在工具栏中单击波形编辑器工具 ⊞ 波形 和多轨编辑器工具 ▦ 多轨 将会切换至不同的编辑器，同时工具栏中激活的工具也会发生改变，方便用户在不同需求下编辑音频文件。

（1）波形编辑器工具栏

导入音频文件后，"编辑器"面板将自动切换到波形模式（波形模式又称单轨模式，使用该模式只能处理一个音频素材），将在该模式下编辑音频波形。在波形模式下，常用的工具主要有以下7种（见图3-5）。下面对这些工具进行介绍。

图3-5

- 显示频谱频率显示器▦：选择该工具，"编辑器"面板将切换到频谱模式（需注意，该工具只能在波形模式下激活并使用）。此时，将激活框选工具▦、套索选择工具◯、画笔选择工具✐和污点修复画笔工具✐。从外观上看，频谱模式是在波形模式的基础上新增了频谱显示区，以便查看音频的频谱频率，如图3-6所示。
- 显示频谱音调显示器▦：选择该工具，"编辑器"面板将切换到音高模式（需要注意的是，该工具只能在波形模式下激活并使用）。此时，只能使用时间选择工具Ⅰ。从外观上看，音高模式只是在波形模式的基础上新增了音高显示区，以便查看音频的音调，如图3-7所示。

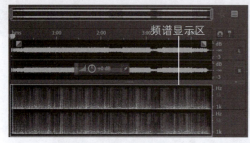
图3-6

图3-7

- 时间选择工具Ⅰ：该工具是唯一一个同时适用于四种模式的工具，用于部分选择音频波形，如图3-8所示。
- 框选工具▦：用于在频谱中框选需要的音频波形，如图3-9所示。
- 套索选择工具◯：用于以套索形式灵活选取所需的音频波形，如图3-10所示。
- 画笔选择工具✐：用于以画笔形式绘制选区，以选择所需的音频波形，如图3-11所示。
- 污点修复画笔工具✐：用于涂抹频谱，以修复对应区域的音频波形，适用于消除噪声，如图3-12所示。

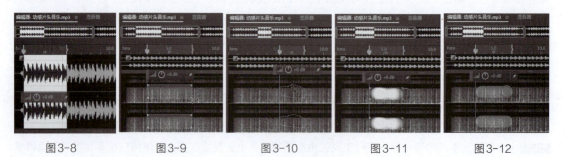

图3-8　　　　　图3-9　　　　　图3-10　　　　　图3-11　　　　　图3-12

（2）多轨编辑器工具栏

在工具栏中选择"查看多轨编辑器" 多轨 ， "编辑器"面板将切换到多轨模式（使用多轨模式可以同时处理多个音频），将在该模式下编辑音频波形（需注意，如果"文件"面板中不存在多轨音频文件，将会弹出"新建多轨会话"对话框。只有在新建多轨会话后，才会切换到多轨模式）。在多轨模式下，将激活移动工具 、切断所选剪辑工具 和滑动工具 ，如图3-13所示。下面将对这些工具进行介绍。

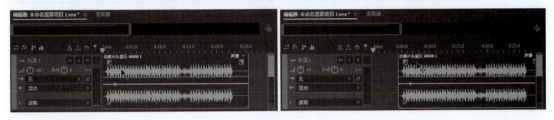

图3-13

- 移动工具 ：用于在轨道中选择和移动音频。在"编辑器"面板中单击以选择音频文件，长按鼠标左键进行拖动，可以移动音频文件，如图3-14所示。

图3-14

- 切断所选剪辑工具 ：用于分割轨道中的音频。
- 滑动工具 ：用于在保持音频文件持续时间不变的情况下，改变音频的入点和出点。

知识拓展

无论是在波形模式还是多轨模式中，其工具栏右侧都是工作模式区和搜索帮助区两部分。工作模式区包含 Audition 中常用的 3 种工作模式，分别是默认（Audition 操作界面的默认模式，适用于绝大数编辑需求）、编辑音频到视频（适用于结合视频来编辑与制作音频）、无线电作品（适用于为电台等制作音频）。单击工作模式区中的 按钮，在弹出的下拉列表中可查看其他工作区模式，单击工作区名称可直接切换工作模式。

搜索帮助区主要帮助用户解决 Audition 中的一些常见操作问题，操作时在"搜索帮助"文本框中输入文字，按【Enter】键后将打开 Audition 软件开发公司官网界面，并根据输入的文字搜索官网内的资料。

3. 常用面板

面板是Audition操作界面的主要组成部分，主要用于对音频进行相应的处理和设置。常用的面板有以下5个。

（1）"文件"面板

"文件"面板主要用于储存音频文件和项目文件。无论是从外部打开、导入的音频文件，还是录制、生成的项目文件，都会放置在该面板中，并且可以新建、打开、关闭和删除文件等操作。在该面板中双击某个项目文件，将在"编辑器"面板中显示这个项目文件包含的内容。

（2）"编辑器"面板

"编辑器"面板主要用于编辑和制作音频，是Audition的核心操作区域。使用Audition打开或导入音频后，将在此处显示该音频的波形。编辑器有两种类型，波形编辑器和多轨编辑器分别在波形模式与多轨模式下使用。

图3-15所示为波形编辑器，各部分的含义如下。

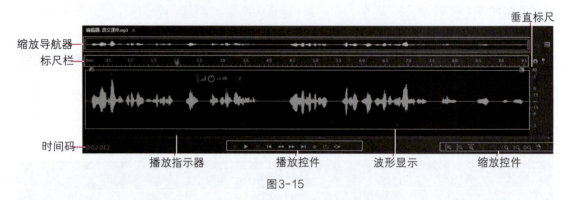

图3-15

- 缩放导航器：将鼠标指针移至缩放导航器内，当鼠标指针变为 状态时，按住鼠标左键并拖动，可调整音频在轨道中的显示范围，将鼠标指针移至缩放导航器两侧，按住鼠标左键并拖动，可以放大或缩小轨道上的音频显示。

- 垂直标尺：用于表示音频的强度，单位为dB（分贝），负值的dB表示相对于参考音频信号强度相对减弱的程度，例如，−3dB表示信号强度减弱了一半；−6dB表示信号强度降低两个−3dB，相当于原强度的四分之一，即音频信号的强度每增加6dB的负值，信号强度降低一半。−∞则表示无穷小或无穷大的极限情况。

- 标尺栏：用于时间定位，方便编辑音频。

- 播放指示器：用于时间定位，使用时直接以拖动的形式移动。

- 时间码：用于显示当前播放指示器在时间轴中的位置。

- 播放控件：用于控制音频的播放、暂停、停止、快进、快退和录制等功能。

- 波形显示：用于将音频显示为一系列正负峰值。

- 缩放控件：用于放大与缩小显示的音频波形和标尺栏的时间刻度，以更加仔细地查看音频细节。

图3-16所示为多轨编辑器，该编辑器在波形编辑器的基础上新增了多条轨道和垂直滚动条，并且每条轨道左侧新增轨道控件，各部分的含义如下。

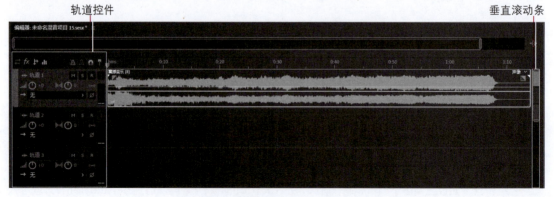

图3-16

- 轨道控件：用于对音频进行设置。单击"监听"按钮■，表示需要听到音轨效果；单击"独奏"按钮 **5**，表示仅播放当前音轨；单击"静音"按钮■，表示对当前音轨静音。
- 垂直滚动条：拖动垂直滚动条可以调整轨道的显示大小。

（3）"属性"面板

"属性"面板主要用于查看添加到"编辑器"面板中音频的信息，包括音频的持续时间、采样率、声道、位深度、格式、文件路径和节奏等，如图3-17所示。

（4）"历史记录"面板

"历史记录"面板用于记录对"编辑器"面板中音频的每一次操作。用户可以在该面板中选择要撤销的操作，然后单击■按钮删除该操作（若删除的不是最后一步操作，则后续操作也会一同被删除，如图3-18所示）。需要注意的是，撤销后的操作将无法恢复。

（5）"电平"面板

"电平"面板用于显示音频播放或录制时的峰值大小，单声道为一条，立体声为两条，坐标单位为dB。当音频超过设备或文件的处理能力范围时，会出现失真状态，该面板的指示灯将显示红色过载提示，如图3-19所示。

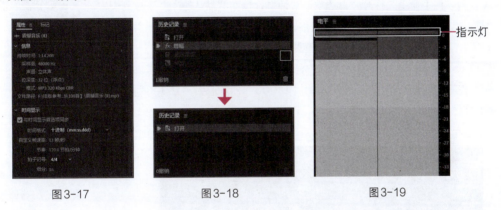

| 图3-17 | 图3-18 | 图3-19 |

4. 状态栏

Audition状态栏用于提示当前操作状态（如已停止、播放、录音等）、视频帧率（仅在播放视频时显示）、采样率（在波形模式下，显示当前打开音频的采样率、位深度和声道类型。在多轨模式下，只显示音频的采样率和位深度）、文件大小（显示当前音频或项目文件未压缩时的大小，以MB为单位）、文件总时长、磁盘剩余空间等信息。

3.2
专业音频编辑软件Audition

Audition作为一款专业的音频编辑软件，既能够录制音频，也能够编辑音频。在进行音频录制时，需要熟悉音频录制硬件的设置和具体的录制方法，在编辑音频时，则需掌握与音频剪辑、音频合成、音频处理相关的操作，确保音频内容符合实际需求。

3.2.1 课堂案例——录制交通安全提示语

【制作要求】为提高广大居民对公共交通安全的意识，引导乘客自觉遵守交通规则，减少交通事故的发生，需使用Audition录制交通安全提示语，并在各类公共交通设施中投放。要求录制的提示语节奏适当，断句正确，吐字清晰，使市民能够清晰接收到传达的交通安全提示信息。

【操作要点】设置音频硬件，然后单击"播放"和"暂停"按钮控制录音，最后将录制的音频导出为MP3格式文件。

【素材位置】配套资源:\素材文件\第3章\课堂案例\交通安全提示语.txt

【效果位置】配套资源:\效果文件\第3章\课堂案例\交通安全提示语.mp3

具体操作如下。

STEP 01 将麦克风安装在计算机上，启动Audition，选择【编辑】/【首选项】/【音频硬件】命令，打开"首选项"对话框，核实"默认输入"下拉列表中的选项是否已变为插入的外部输入设备名称，如图3-20所示。此处根据计算机安装的设备不同，选项会有所不同，单击 确定 按钮。

STEP 02 按【Ctrl+Shift+N】组合键打开"新建音频文件"对话框，设置文件名为"交通安全提示语"，采样率为"48000"，声道为"立体声"，单击 确定 按钮，如图3-21所示。

视频教学:
录制交通安全提示语

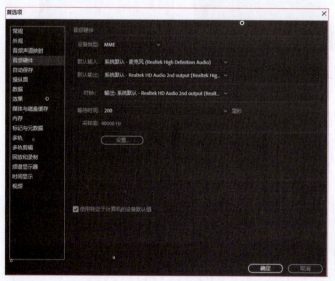

图3-20

图3-21

STEP 03 打开"交通安全提示语.txt"文档，切换回Audition，选择"显示频谱频率显示器" ，采用频谱模式查看录制的音频情况。单击"编辑器"面板下方的"录制"按钮 开始录制并按照文档内容开始读文字，此时，频谱显示区将出现录制的音频频率，表示Audition已经接收到音频信号，如图3-22所示。

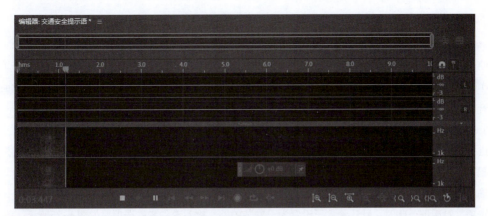

图3-22

STEP 04　待交通安全提示语录制完成后，单击"停止"按钮■结束录制，效果如图3-23所示。按【Crtl+S】组合键保存文件，打开"另存为"对话框，或单击 浏览... 按钮，打开"另存为"对话框，选择保存路径，单击 保存(S) 按钮，返回"另存为"对话框，并设置格式为"MP3音频（*.mp3）"，单击 确定 按钮。

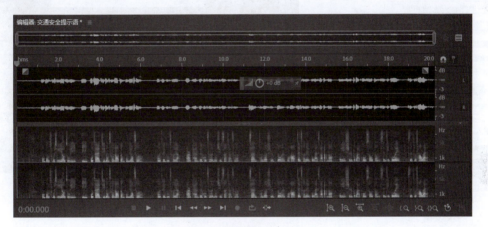

图3-23

行业知识

随着多媒体技术的不断发展，智能语音技术得到了广泛应用，为人们的工作、生活和学习提供了极大便利。但与此同时，在隐私方面也带来了一些风险，因此，在录制音频时应该遵循以下行为准则。

1.尊重个人隐私。在录音之前，必须获得录音对象的明确授权，并确保他们了解录音的目的、方式和内容范围。

2.对所录制的音频承担保密义务，除非得到明确的授权或法律要求，否则不得泄露、传播或利用这些音频进行任何未经授权的活动。

3.谨慎处理所录制的音频，尤其是在存储、传输和共享这些音频时，应采取必要的安全措施，以防止数据泄露、篡改和滥用。

4.在录音过程中涉及他人的知识产权（如音乐作品、演讲等）时，应确保获得相关权利人的授权，并遵守相关的知识产权法律法规。

使用Audition可以录制计算机外部设备输入的声音（简称外录），以及计算机系统中的声音（简称内录）。其中，最常见的是使用麦克风录制外部声音，配合计算机中的视音频软件录制播放的歌曲、视频配音等。录制不同来源的声音需要进行不同的音频录制硬件设置。

1. 外录设置

进行外录前，应确保麦耳机、麦克风等外部输入设备已正确安装在计算机上，在Windows系统的"设置"对话框的"声音"选项卡中可查看当前计算机的输入设备，如图3-24所示。

确认外部输入设备无误后，启动Audition，选择【编辑】/【首选项】/【音频硬件】命令，打开"首选项"对话框，此时，默认输入已设置为已安装的外部输入设备名称选项，如图3-25所示。

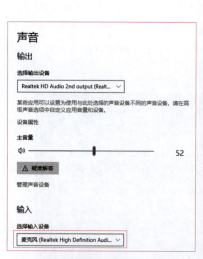

图3-24

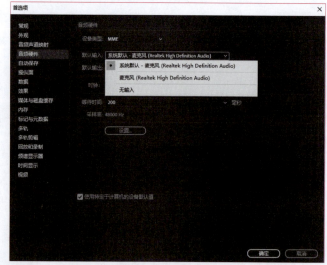

图3-25

2. 内录设置

进行内录前，需将鼠标指针移至Windows 10系统任务栏中的"音量"图标🔊处，单击鼠标右键，在弹出的快捷菜单中选择"声音"选项，打开"声音"对话框。单击"录制"选项卡，然后在空白处单击鼠标右键，在弹出的快捷菜单中选择"显示禁用的设备"选项。此时，该选项中出现"立体声混音"选项，选中该选项并单击鼠标右键，在弹出的快捷菜单中选择"启动"命令，可以看到该设备下方显示"准备就绪"文字，如图3-26所示。最后，依次单击 确定 按钮和 确定 按钮保存设置。

保存设置后启动Audition，选择【编辑】/【首选项】/【音频硬件】命令，打开"首选项"对话框，在默

图3-26

认输入下拉列表中将出现"立体声混音（Realtek High Definition Audio）"选项，选择该选项，如图3-27所示，将弹出图3-28所示的提示框，单击 **确定** 按钮，待提示框消失，再单击"首选项"对话框中的 **是** 按钮保存设置。

图3-27　　　　　　　　　　　　　　　　　　　　　　图3-28

3.2.3　使用 Audition 录制音频

调试好音频录制硬件设置后，便可新建音频文件并开始录制，Audition提供了3种录制方式，可根据自身需求合理选择。

1. 外录

外录对环境和设备有较高要求，容易受到外界干扰，声音信号可能失真，但录制的音色更为还原，也方便进行后期处理，适用于需要高质量音频的场景，如电影配音、录制歌曲等。外录可分为在波形模式外录和在多轨模式外录两种情况，两种情况的操作方法略有不同。

在波形模式下外录时，单击"编辑器"面板下方的"录制"按钮，或按【Shif＋Space】组合键可开始录制，播放指示器将随录制内容的时长移动，如图3-29所示。单击"暂停"按钮，或按【Ctrl＋Shif＋Space】组合键可暂停录制，此时按钮变为 状态，再次执行暂停操作，可继续录制音频，录制的内容将出现在播放指示器右侧；单击"停止"按钮，或按【Space】键停止录制，已录制的内容将全部被选中，播放指示器重新回到音频开始处，如图3-30所示。

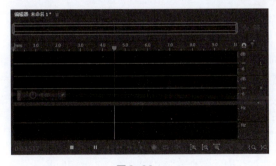

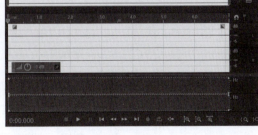

图3-29　　　　　　　　　　　　　　　　　　　　　　图3-30

在多轨模式下进行外录时，单击某轨道的"录制准备"按钮，使其呈现 状态，然后使用外部输入设备进行录制，即可在该轨道中生成录制的音频。

2. 内录

内录不受外界干扰，音频信号无损，录制质量较高。此外，内录可以直接从声卡获取声音，无须经过传输流程，因此能够在相对低的延迟下完成录制。

在波形模式下，内录操作与外录基本一致，但需要配合计算机中的播放软件来播放需要录制的音频。因此，在内录过程中，正确掌握播放音频和开始录制的时机非常重要，最好是先开始录制，再播放音频，以确保音频内容能全部被录制。

在多轨模式下内录音频时，除了使用播放软件外，还可以将需要播放的素材导入Audition中的一个轨道上，然后单击其他轨道控件的"录制准备"按钮R，使其呈现R状态，再单击"录制"按钮●来录制音频，如图3-31所示。

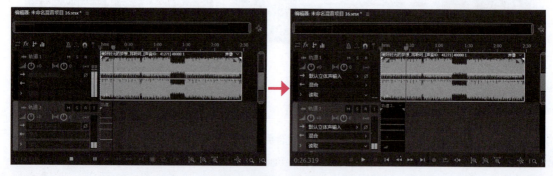

图3-31

知识拓展　当内录或外录结束后，若出现部分片段效果不佳，需要重新录制的情况时，可采用穿插录制的方式重新录制该部分音频，以提升整体录音的质量。具体操作方法为：选中需重录的音频部分，选择【效果】/【静音】命令，将所选音频转换为零信号的静音区域，营造静默效果，且静默音频处的持续时间完整不变。然后单击"录制"按钮●重新录制该部分内容。重新录制的音频时长将与静音的音频时长一致，仅影响被选中部分的录制内容，不会影响非选中部分的录制内容。

3.2.4 课堂案例——剪辑音乐课件音频

【制作要求】使用Audition剪辑某学校录制的音乐课件音频，要求删除部分音频，如重复读音，多余的语气词等，调整间隔停顿时长，优化整体节奏感，以体现课件内容的专业性。此外还需要调整音频音量，为音频的开始和结尾制作淡入淡出效果，实现音频播放从开始到结束和谐过渡。

【操作要点】通过定位音频时间线，以及"标记"面板添加标记，并将标记转换为范围；使用时间选择工具，选择、查看、剪切、粘贴音频等功能，删除多余音频并调整句子的停顿时长，使用HUD淡化控件处理音频。

【素材位置】配套资源:\素材文件\第3章\课堂案例\音乐课件音频素材.mp3

【效果位置】配套资源:\效果文件\第3章\课堂案例\音乐课件音频.mp3

具体操作如下。

STEP 01 启动Audition，按【Ctrl+O】组合键打开"导入文件"对话框，选择"音乐课件音频素材.mp3"音频素材，单击 打开(O) 按钮，在"编辑器"面板中将自动打开该音频。

STEP 02 查看音频波形发现音频整体振幅高度较低，判断出音频音量较低，可在"编辑器"面板的增益控件 中设置分贝为"8dB"，如图3-32所示，按【Enter】键，Audition将自动调整音量。

STEP 03 按【Space】键试听音频，等到播放指示器移至0:02.128~0:02.843处可以听到此处出现2个重复读音，再次按【Space】键暂停播放。设置"时间码"为"0:02.033"，定位时间线位置，如图3-33所示。以便在该时间段前后添加一个提示标记范围，从而保障能够将重复读音删除干净。

视频教学：
剪辑音乐课件
音频

图3-32

图3-33

STEP 04 选择【窗口】/【标记】命令，打开"标记"面板，然后在该面板中单击"添加提示标记"按钮 ▌，添加一个提示标记点控制柄，如图3-34所示。

STEP 05 在"编辑器"面板的标记上单击鼠标右键，在弹出的快捷菜单中选择"变换为范围"命令，定位时间线到0:02.850，拖动该标记范围的右侧控制柄到该处，如图3-35所示。

图3-34

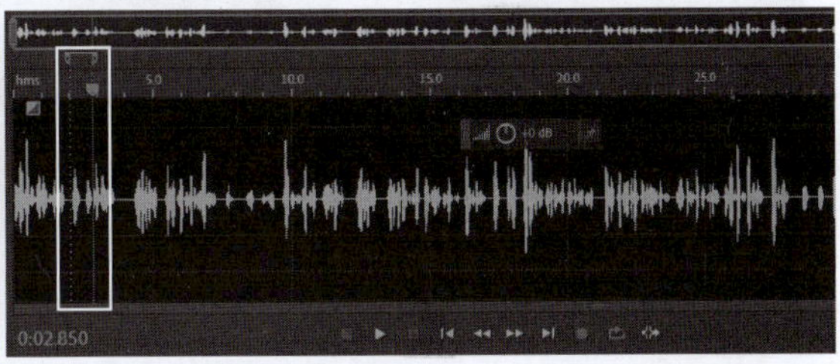

图3-35

🔔 **提示**

在标记需要删除的音频波形时，为确保准确、完整地删除，应将标记范围的左侧控制柄置于该音频波形首次出现之前，以防止语气词提前出现。同时，标记范围的右侧控制柄应置于在该音频波形结束之后，以便后期选取并删除该音频波形。

STEP 06 按照与步骤3~步骤5相同的方法在0:05.386~0:05.840处创建标记范围。接着，试听剩余音频，按照与步骤3~步骤5相同的方法分别在0:07.593~0:09.410、0:12.244~0:13.036、0:17.254~0:18.137、0:27.437~0:29.397、0:36.316~0:36.705处创建标记范围。此时，所有需要删除的音频波形已经全部被标记出来，可在波形显示中查看全部标记，如图3-36所示。

图3-36

STEP 07 单击5次"编辑器"面板中的"放大（时间）"按钮放大显示音频波形。将鼠标指针移至缩放导航器右侧的灰色滑块处，按住鼠标左键并向左拖动，在波形显示中查看标记01范围内的音频波形。在工具栏中选择时间选择工具，框选标记01范围内的音频波形。然后选择【编辑】/【过零】/【将右端向左调整】命令，再按【Delete】键删除音频，如图3-37所示。

> **知识拓展**　若要精准选择标记范围内的音频，可双击"标记"面板中对应的标记名称来实现。但使用该方法后，再按【Delete】键删除所选音频时，会先删除标记名称，需要再次按【Delete】键才能删除音频，即使用这种方式选择标记范围，会先对该标记执行操作，然后再对音频进行操作。

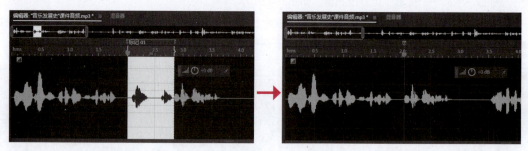

图3-37

STEP 08 按照与步骤7相同的方法删除标记02范围内的音频，使用"时间选择工具"框选标记03处的音频波形，选择【编辑】/【过零】/【向外调整选区】命令，再按【Delete】键删除音频，其余4处也采用相同的操作。

STEP 09 按【Space】键试听全部音频，发现部分句子停顿存在过长或过短的问题，可将过长部分剪切到过短部分。将时间线定位至0:01.854处，按【M】键添加标记，再将时间线定位至0:02.004处，按【M】键添加标记。使用"时间选择工具"选取两处标记之间的音频波形，按【Ctrl+X】组合键剪切音频波形，然后将播放指示器移至0:11.990处，按【Ctrl+V】组合键粘贴音频波形，如图3-38所示。

STEP 10 标记并删除0:08.771~0:09.000之间的音频波形；标记并复制（按【Ctrl+C】组合键）0:12.949~0:13.241之间的音频波形，粘贴到0:20.657处；标记并删除0:29.500~0:29.823之间的音频波形，使音频中的停顿较为自然。

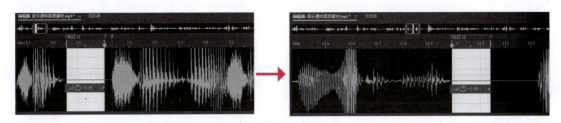

图3-38

STEP 11 将播放指示器移至音频起始处，向前滚动鼠标滚轮以放大显示比例。将鼠标指针移至"淡入"控制柄■上，按住鼠标左键并向内拖动，如图3-39所示，应用"线性"淡化效果以制作淡入效果。将播放指示器移至音频结尾处，将鼠标指针移至"淡出"控制柄■上，按住鼠标左键并向内拖动，如图3-40所示，应用"线性"淡化效果以制作淡出效果。

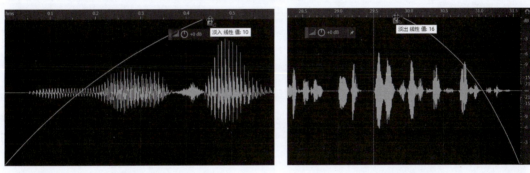

图3-39

图3-40

STEP 12 选择【文件】/【导出】/【文件】命令，打开"导出文件"对话框，设置文件名为"音乐课件音频"，格式为"MP3音频（*.mp3）"，单击 浏览 按钮，打开"另存为"对话框，选择保存路径，单击 保存(S) 按钮，返回"导出文件"对话框，再单击 确定 按钮，如图3-41所示。在导出文件时，若Audition弹出提示框，提示"该音频即将被保存为有损格式，是否继续操作"，可单击 是 按钮完成音频的导出。

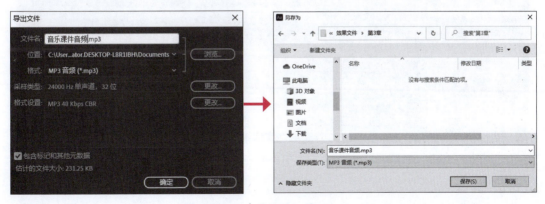

图3-41

> ### 🔔 提示
>
> Audition还提供了自动保存功能,无须用户手动保存,只需设置音频文件的保存时间间隔,Audition将进行自动保存操作。其具体操作方法为:选择【编辑】/【首选项】/【自动保存】命令,打开"首选项"对话框中的"自动保存"选项卡,自行设置后,单击 按钮。

3.2.5 编辑音频数据

"编辑器"面板中显示的波形是音频文件中所含数据的显示形态,编辑音频从实质上来看就是处理这些数据,即编辑波形。选择、复制、粘贴、剪切、删除和裁剪音频都是编辑音频数据的常见操作。

1. 选择音频

Audition提供了多种命令和工具用于选择音频,让用户能够轻松实现全选音频、区域选择音频以及选择频谱范围。

(1)全选音频

全选音频是指选择整个音频文件,适用于需要统一编辑音频整体的情况。通过选择【编辑】/【选择】/【全选】命令,或按【Ctrl+A】组合键,或双击音频波形都可以全选音频。全选音频后,音频波形呈白色背景显示,标尺栏的背景将呈高亮显示,缩放导航器也呈白色背景显示,即这3个部分都会对所选音频的部分作出响应。

(2)区域选择音频

区域选择音频是指选择部分音频,适合局部调整部分音频。在工具栏中选择"时间选择工具" ,再按住鼠标左键不放并拖动鼠标选中音频,拖动范围内的音频将自动被选中。

若需要再次调整选择范围,将鼠标指针移至所选范围的任意一侧,当鼠标指针呈 状态时进行拖曳,或拖动时间轴两侧的标记("开始"标记 和"结束"标记),如图3-42所示。

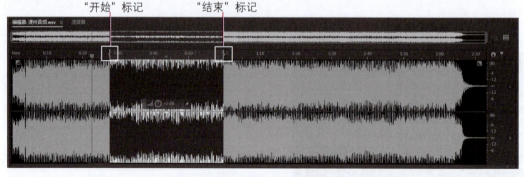

图3-42

(3)选择频谱范围

在频谱模式中,可以使用"框选工具" 、"套索选择工具" 、"画笔选择工具" 在频谱范围内选择音频。

2．复制和粘贴音频

选择需要复制的音频，选择【编辑】/【复制】命令，或按【Ctrl+C】组合键，然后将播放指示器拖至要插入音频的位置，选择【编辑】/【粘贴】命令可粘贴音频。选择【编辑】/【复制到新文件】命令（或按【Alt＋Shift＋C】组合键），可将音频复制并粘贴到新文件中。

3．剪切音频

选择需要剪切的音频，选择【编辑】/【剪切】命令；或在选择的波形区域上单击鼠标右键并在弹出的快捷菜单中选择"剪切"命令；或按【Ctrl+X】组合键剪切音频。

> **知识拓展**
>
> 复制和粘贴音频时，在选中音频后，选择【编辑】/【设置当前剪贴板】命令，在打开的子菜单中可以选择一个剪贴板子命令，此时对应的剪贴板会默认设置为当前剪贴板，然后选择【编辑】/【剪切】命令，选择的音频片段只会存放该剪贴板中，定位时间线后，重新选择任一已存放剪贴音频的剪贴板命令，再执行粘贴操作，便可将该剪贴板中的音频片段粘贴到此处。利用这种方式可以暂存5个不同内容的音频片段，有效提升剪贴音频的效率。

4．删除与裁剪音频

选择需要删除的音频，按【Delete】键；或选择【编辑】/【删除】命令；或在其上单击鼠标右键，在弹出的快捷菜单中选择"删除"命令。

选择需要保留的音频，选择【编辑】/【裁剪】命令，或按【Ctrl+T】组合键，可删除非选中范围内的音频。裁剪音频的效果与删除音频的效果相反。

3.2.6　标记音频

使用标记音频可以轻松地在音频波形内导航，实现选择、执行编辑或回放音频的作用。通过编辑添加的标记，如转换标记类型、重命名标记和删除标记等，可以使添加的标记更符合实际需求。

1．添加标记

选择【窗口】/【标记】命令，打开"标记"面板。在"编辑器"面板中拖动播放指示器到需要标记的位置，单击"标记"面板上的"添加提示标记"按钮█（或直接按快捷键【M】），可在当前播放指示器处添加一个提示类型的标记点控制柄，并且该标记点所在时间码也会显示在"标记"面板中，如图3-43所示。

选择【编辑】/【标记】/【添加提示标记】命令，打开如图3-44所示的子菜单，选择前4个命令任意之一，即可在当前播放指示器的标尺栏上添加一个对应类型的标记点控制柄，拖动该标记点控制柄可移动其位置。

图3-43

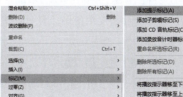

图3-44

2. 转换标记范围

在Audition中，标记可以是点或范围，点是指音频文件中特定的时间点，例如音频文件播放至1:50.000这个时间点，而范围有开始时间和结束时间，例如，1:08.566~3:07.379的所有音频波形便是一个范围。

标记范围不能直接创建，而是需要由标记点来转换，其具体操作方法为：在"编辑器"面板上选择标记点控制柄后，单击鼠标右键，在弹出的快捷菜单中选择"变换为范围"命令，此时标记点控制柄变为两个控制柄，即将标记点转换为标记范围，同时标记范围将延续标记点的类型，如图3-45所示，可拖动任一控制柄来调整标记范围的持续时间，如图3-46所示。

图3-45　　　　　　　　　　　　　　　　　　　图3-46

3. 修改标记

在"标记"面板中选择需要修改的标记，为标记点输入新的"开始"数值，为标记范围输入新的"开始"和"结束"数值，即可修改标记所在位置。

3.2.7 零交叉音频

零交叉点是指音频中振幅为零的点。将需要粘贴或插入的音频放置在零交叉点处，可以有效减少因编辑而产生的爆裂声或咔哒声，确保音频整体的听觉体验。选择【编辑】/【过零】命令，在弹出的子菜单中选择如图3-47所示的命令之一，即可将选择的音频片段调整到最近的零交叉点。

- 向内调整选区/向外调整选区：用于将音频选区向内或向外调整一个节拍的距离。
- 将左端向左调整/将左端向右调整：用于调整音频选区的左端向左或向右的距离。

图3-47

- 将右端向左调整/将右端向右调整：用于调整音频选区的右端向左或向右的距离。

3.2.8 调整音量

Audition中调整音量的方法较多。本文主要讲解如何使用HUD（Head-up Display，抬头显示）增益控件 来调整，这样可以直观地提高或降低振幅。其具体操作方法为：使用"时间选择工具" 选择部分音频，或不选择任何内容以调整整个音频，然后在HUD增益控件中拖动"调整振幅"旋钮 （向左拖动为降低音量，向右拖动为增加音量），或直接在数值框中输入数值，都可以调整音频的音量，调整后的音频波形将发生变化，表示调整已生效，并且调整生效后，增益控件的数值又将变回到0dB，如图3-48所示。

此外，HUD增益控件 常浮动在"编辑器"面板的音频波形显示中，可以按住该控件的空白区域拖动调整其位置。为了防止拖动"调整振幅"旋钮 时造成HUD增益控件位置变动，可单击"将HUD固定在当前位置"按钮 固定位置。若需隐藏HUD增益控件，可取消选择【视图】/【显示HUD】命令。

图3-48

3.2.9 淡化处理音频

要使音频呈现出逐渐增强音量的淡入效果或逐渐减弱音量的淡出效果，需要使用淡化控件进行处理。淡化处理控件位于"编辑器"面板的音频波形两侧，其中左侧为"淡入"控制柄▨，右侧为"淡出"控制柄◣，如图3-49所示。

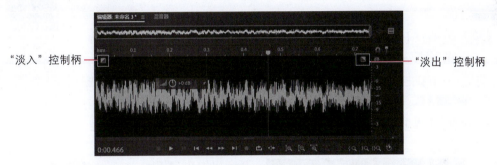

"淡入"控制柄 ———   ——— "淡出"控制柄

图3-49

Audition提供了两种淡化处理效果，水平向内拖动控制柄可应用"线性"淡化效果，产生一种均衡的音量改变，适用于大部分音频，如图3-50所示；按住【Ctrl】键不放并向内拖动控制柄，可应用"余弦"淡化效果，使音量先缓慢变化，再快速变化，最后在结束时平缓变化，因此该效果外形像一条S形曲线，如图3-51所示。

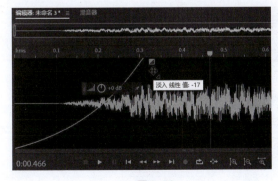

图3-50

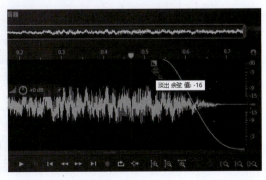

图3-51

3.2.10 课堂案例——合成电台节目开场音频

【制作要求】使用Audition为某电台节目合成一个开场音频。要求音频内容由提供的背景音乐和语音音频组成，音频的音量层次清晰，节奏明快，能带给听众轻松愉快的收听效果。

【操作要点】新建多轨会话，删除多余的音频轨道，将所需音频素材分别插入不同轨道，使用轨道控件调整音量和声道等参数。

【素材位置】配套资源:\素材文件\第3章\课堂案例\"电台节目开场音频素材"文件夹

【效果位置】配套资源:\效果文件\第3章\课堂案例\"电台节目开场音频"文件夹、电台节目开场音频.mp3

具体操作如下。

STEP 01 启动Audition，选择【文件】/【新建】/【多轨会话】命令（或按【Ctrl+N】组合键），打开"新建多轨会话"对话框，设置参数如图3-52所示，单击 确定 按钮。

STEP 02 选择【多轨】/【插入文件】命令，打开"导入文件"对话框，选择图3-53所示的素材，单击 打开(O) 按钮。

STEP 03 在弹出的提示框中单击选中"将每个文件放置在各自的轨道上"单选项，单击 确定 按钮。此时自动打开"提示"对话框，提示多个文件的采样率与会话采样率不匹配，直接单击 确定 按钮关闭提示框。

视频教学:
合成电台节目
开场音频

图 3-52

图 3-53

STEP 04 由于为要编辑的音频素材创建了副本，为避免混淆音频素材，可关闭不需要使用的源音频素材。在"文件"面板中按【Ctrl】键不放，依次选择源音频文件，单击鼠标右键，在弹出的快捷菜单中选择"关闭所选文件"命令，如图3-54所示。

STEP 05 选择【多轨】/【轨道】/【删除空轨道】命令，删除未插入素材的轨道。依次单击轨道名称，使其呈可编辑状态，然后根据当前轨道内的音频素材的名称重命名轨道。

STEP 06 打开"电台剧本.txt"文本，查看内容可知"语音-男声1.mp3"音频是率先播放的音频，且背景音会贯穿整段开场音频，因此可依次单击除"开场音频"轨道和"男声1"轨道以外轨道上的"静音"按钮，如图3-55所示。

STEP 07 试听音频可发现"男声1"轨道上的音频音量较小，影响到倾听语音音频内容，向右拖动"男声1"轨道上的音量旋钮 使其变为"1.8"，如图3-56所示。

STEP 08 继续试听音频，发现开场音频在0:00.815时才开始出现声音，因此可将播放指示器移动到0:00.815位置，然后选择移动工具 ，再选择"男声1"轨道上的音频，然后向右拖至播放指示器位置，此时该音频开始处出现吸附线，释放鼠标可移动音频位置，如图3-57所示。

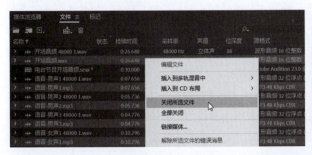

图3-54 图3-55

图3-56 图3-57

STEP 09 使用与步骤7相同的方法，仅试听"开场音频"轨道和"男声2"轨道上的音频，并根据需求调整轨道音量，此处将其调整为"1"。

STEP 10 将所有轨道中的音频声音都开启，使用与步骤8相同的方法，利用"移动工具" 调整所有轨道中的音频位置，使其播放顺序与"电台剧本.txt"文本一致。在移动过程中，可配合使用缩放导航器，效果如图3-58所示。

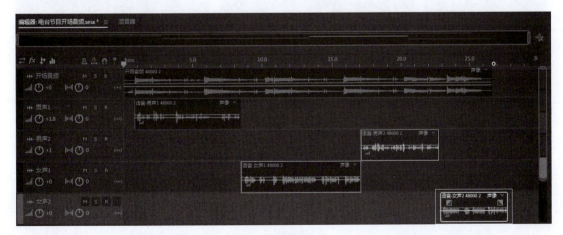

图3-58

STEP 11 双击开场音频波形，切换到波形模式，单击"切换声道启用状态（右侧）"按钮 关闭右声道，按【Ctrl+A】组合键全选左声道音频波形，设置"调整振幅"数值为"1.5dB"，制作出左右声道音量的差异，提升听觉空间感。选择"查看多轨编辑器" 多轨，切换到多轨模式。

STEP 12 试听整段音频，发现开场音频比语音音频略短，导致最后一段语音还未播放结束，开场音频已经无声。需要对开场音频进行剪辑。向上拖动多轨编辑器右侧的垂直滚动条，以放大显示"开场音频"轨道。将播放指示器移动到0:24.598，选择"切断所选剪辑工具" （或选中需要剪切的音频后，直接按【Ctrl+K】组合键也可在播放指示器位置剪切所选音频），沿播放指示器位置单击鼠标左键分割该音频。

STEP 13 将播放指示器移动到0:27.791（最后一段语音结束位置），使用"移动工具" 将上一步分割后的后一段音频向右移动到播放指示器位置；将播放指示器移动到0:23.944，将分割后的后一段音频的入点拖到播放指示器位置，如图3-59所示。

STEP 14 试听音频整体效果，无误后按【Ctrl+S】组合键保存文件，选择【文件】/【导出】/【多轨混音】/【整个会话】菜单命令，打开"导出多轨混音"对话框。设置文件名为"电台节目开场音频"，格式为"MP3音频（*.mp3）"，单击 确定 按钮，如图3-60所示，导出为MP3格式文件。

STEP 15 选择【文件】/【导出】/【会话】菜单命令，打开"导出混音项目"对话框，在其中输入文件名并选择保存位置，然后单击选中"保存关联文件的副本"复选框，如图3-61所示，单击 确定 按钮，将导出整个项目文件，以及当前多轨会话中使用的音频副本。

图3-59

图3-60

图3-61

🔔 **提示**

导出多轨文件时，也可以选择【多轨】/【将会话混音为新文件】/【整个会话】命令，将整个会话中的音频合成为一个音频并显示在波形编辑器中，然后将新音频导出为MP3格式的文件。

知识拓展

在多轨模式下编辑音频时，有时需要将处理后的所有音频分别导出，但音频文件较多，操作不便，此时可使用Audition提供的批量保存操作。选择【文件】/【将所有音频保存为批处理】命令，打开"批处理"面板，选择需处理的文件后，单击 运行 按钮，开始执行批处理操作。此外，单击"批处理"面板右侧的 导出设置 按钮，可以设置导出参数，包括格式、采样类型、位置等。

3.2.11 编辑多轨轨道

在多轨模式中，可以混合多个音频轨道中的音频，也可以单独处理每个轨道中的音频。用户在多轨模式中可以执行添加轨道、删除轨道、重命名轨道、移动轨道，以及隐藏和显示轨道等操作。

1. 添加轨道

选择轨道后，选择【多轨】/【轨道】/【添加轨道】命令，打开"添加轨道"对话框。在"音频轨道"栏中设置需要添加的轨道数量，在其右侧的"通道"下拉列表中选择声道类型，单击 添加 按钮，如图4-25所示，即可在当前选择的轨道下方添加对应的音频轨道。

2. 删除轨道

选择需要删除的音频轨道，然后选择【多轨】/【轨道】/【删除所选轨道】命令，可删除选中的音频轨道。若选择【多轨】/【轨道】/【删除空轨道】命令，则可删除"编辑器"面板中所有的空音频轨道。需注意的是，每个多轨会话中的最后一个音轨是混合轨道，也被称为主音轨，该轨道不能删除。

3. 重命名轨道

在需要重命名的轨道名称上单击鼠标左键，使其呈可编辑状态，重新输入轨道的名称，按【Enter】键确认操作。

4. 移动轨道

将鼠标指针放在轨道左侧的长条形颜色块上，当鼠标指针变为 形状时，按住鼠标左键不放，向上或向下拖曳鼠标，鼠标指针变为 形状，且出现目标定位线时，释放鼠标可移动其位置。

5. 隐藏和显示轨道

选择【窗口】/【轨道】命令，打开"轨道"面板，其中将显示当前所有轨道选项。单击某个轨道选项左侧的 标记，使其变为 标记，可使该轨道处于隐藏状态，再次单击 标记可重新显示轨道。

3.2.12 为多轨道插入内容

添加轨道后，如果轨道中没有文件，则该轨道处于空白状态。在编辑音频过程中经常需要为多轨道插入不同内容，这些内容统称为剪辑，剪辑支持音频、视频文件和Premiere项目文件等内容。需要插入内容时，可先将其导入"文件"面板中，再将其拖到多轨道中；或者选择轨道后，选择【多轨】/【插入文件】命令，打开"导入文件"对话框，选择要插入的内容，单击 打开(O) 按钮，该内容将被插入至所选轨道的播放指示器右侧。

3.2.13 编辑多轨音频文件

对多轨模式中的音频不仅可以执行编辑单轨音频的操作，还有更多的功能和效果，如扩展、混缩、重叠和对齐等，掌握这些编辑方法，有助于提高多轨音频的编辑效率。

1. 分割和修剪多轨音频

若只需使用音频的部分片段，可分割和修剪该音频，且这些操作不会破坏源音频内容。

（1）分割多轨音频

选择需要编辑音频的轨道，将播放指示器移至要分割的位置，使用"切断所选剪辑工具" 单击鼠标左键可将音频从该位置分割。需注意的是，该方法分割的音频数量取决于所选音频的数量。选择"切断所有剪辑工具" ▨，将鼠标指针移至某一音频上，当鼠标指针呈现▨形状时，单击鼠标左键，当前所有轨道中的音频都将从该位置分割。

分割后的音频的每个部分都可以被单独选中和编辑。选中分割后的音频片段，选择"移动工具" ▶＋，按住鼠标左键不放并拖动鼠标可改变其位置，按【Delete】键可删除该音频。

（2）修剪多轨音频

将鼠标指针移至未分割音频的左端，鼠标指针呈▮形状时，向右拖动鼠标可缩短音频时长；将鼠标指针移至音频右端将呈▮形状，此时向左拖曳鼠标也可缩短音频时长，这种方法可随意调整音频时长，具有很大的自由性。此外，还可以选择【剪辑】/【修剪】命令，在弹出的子命令中选择任一命令，按照对应的效果精确修剪音频。

2. 扩展多轨音频

将鼠标指针移至一个已被分割或修剪过的音频片段左端，鼠标指针呈▮形状时，向右拖动鼠标可延长音频时长；将鼠标指针移至音频右端将呈▮形状，此时向左拖动鼠标即可延长音频时长。

3. 复制多轨音频

如果要复制分割后的音频数据，制作重复播放某段音频的效果，可选择"移动工具" ▶＋，按住【Alt】键不放，将分割后的音频拖到目标位置后释放鼠标左键，以复制音频。

4. 对齐多轨音频

对齐多轨音频可将多个轨道或同轨道中的素材自动吸附在一起，使其排列具有规范性。开启对齐多轨音频功能首先需要单击多轨编辑器时间轴下方的"切换对齐"按钮▨，按钮变为▨状态时，表示该功能已启用，此时移动音频会在"编辑器"面板中出现一条蓝色的吸附线，如图3-62所示。

如需精确对齐多轨音频，则先选择音频，再选择【编辑】/【对齐】命令，弹出如图3-63所示的子菜单，选择任一命令，然后移动该音频，将以对应的位置吸附音频，达到对齐的目的。

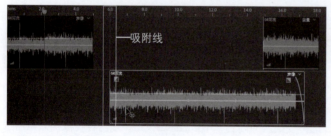

图3-62　　　　　　　　　　　　　　　　　　　图3-63

5. **重叠和交叉淡化多轨音频**

若同轨道中存在多段音频，移动其中某段音频时，与轨道上其他音频具有重叠部分，可得到重叠的多轨音频；若需要将同一轨道上的两段音频重叠后自然过渡，可使用交叉淡化功能，其具体操作方法为：选择【剪辑】/【启用自动交叉淡化】命令，再进行重叠音频操作，此时Audition为重叠区域添加交叉淡化曲线，并且重叠区域中将出现淡化曲线。调整重叠区域的大小可调整交叉淡化曲线的形状，如图3-64所示，从而调整交叉淡化效果。

此外，选择【剪辑】/【淡入】命令，弹出的子菜单如图3-65所示，其中的命令被分为三栏，每栏中的命令都可与其他栏中的命令一同使用，这些命令也能调整交叉淡化效果。

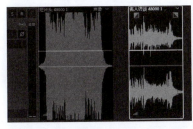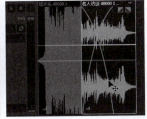
图3-64

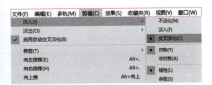
图3-65

6. 混缩多轨音频

混缩多轨音频是指将当前多轨会话中的多个音频合成为一个新的音频，新音频的波形只能在波形模式中查看，而在多轨模式中仍只能查看原多轨会话中的各个音频。混合多轨音频的具体操作方法为：选择【多轨】/【将对话混音为新文件】命令，打开如图3-66所示的子菜单，选择"时间选区"命令，仅将所选时间选区内的音频混缩成新音频；选择"整个会话"命令，将多轨会话中的当前所有音频混缩成音频；选择"所选剪辑"命令，仅将所选音频混缩成新音频；选择相应命令后，待混缩进度为100%时将自动跳转到波形编辑模式中。

图3-66

3.2.14　课堂案例——处理街头采访音频

【制作要求】某环保博主在室外录制了一段随机采访行人对于野生动物皮毛买卖看法的音频。由于室外声音比较嘈杂，录制效果不佳，需要使用Audition对该音频进行处理，要求消除音频中嘈杂的街道声音，并变调处理行人的音色，保护身份信息，同时在音频开头添加一段提示语，表达对听众的欢迎和感谢。

【操作要点】使用"诊断"面板和污点修复画笔工具处理音频杂音问题，使用"自动咔嗒声移除"命令处理音频爆音问题，接着生成语音并制作混响、回音效果。

【素材位置】配套资源:\素材文件\第3章\课堂案例\"街头采访素材"文件夹

【效果位置】配套资源:\效果文件\第3章\课堂案例\街头采访音频.mp3、"街头采访音频"文件夹

具体操作如下。

STEP 01 启动Audition，新建一个名称为"街头采访音频"的多轨会话音频文件，然后导入"采访对话素材.wav"音频，将其拖动到轨道1中。双击该音频，切换到波形编辑模式。

STEP 02 试听音频，发现存在较多杂音，可全选音频，选择【效果】/【降噪/恢复】/【捕捉噪声样本】命令，再选择【效果】/【降噪/恢复】/【降噪（处理）】命令，打开"效果－降噪"对话框，设置参数如图3-67所示，单击 应用 按钮。

STEP 03 试听音频时仍感觉存在杂音，选择【效果】/【降噪/恢复】/【降噪】命令，打开"效果－

视频教学:
处理街头采访音频

降噪"对话框，设置预设为"弱降噪"，单击 应用 按钮，如图3-68所示。

STEP 04 观察降噪后的波形，明显发现音频的振幅整体变低，尤其是音频开始部分的音量变小。在HUD增益控件上设置振幅为"＋5dB"，以提升整体音量，如图3-69所示。

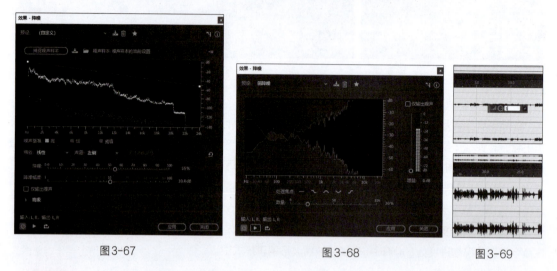

图3-67　　　　　　　　　　　　图3-68　　　　　　　　　图3-69

STEP 05 试听音频，发现仍有部分噪声残留，选择"显示频谱频率显示器" 切换到频谱模式，选择"污点修复画笔工具" ，设置画笔大小为"20"，拖动鼠标在0:26.527~0:26.894处涂抹，如图3-70所示。

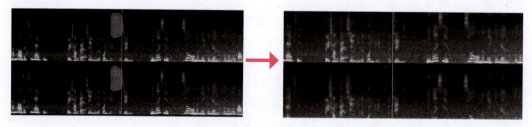

图3-70

STEP 06 打开"采访提示语.txt"素材，复制其中的内容。返回Audition，选择工具栏中的"查看多轨编辑器" 多轨，切换到多轨模式，选择轨道2，以防止生成的提示语自动放置在轨道1中与采访音频重叠。

STEP 07 选择【效果】/【生成】/【语音】命令，打开"新建音频文件"对话框，设置名称为"采访提示语"，单击 确定 按钮，打开"效果 - 生成语音"对话框，在文本框中粘贴文字，如图3-71所示，设置说话速率为"－3"，单击 确定 按钮，轨道2中将出现生成的语音，如图3-72所示。

STEP 08 双击轨道2中的语音，进入波形模式进行编辑，先试听生成的语音效果。发现语速比预想中慢，选择【效果】/【时间与变调】/【伸缩与变调（处理）】命令，打开"效果-伸缩与变调"对话框，设置预设为"升调"，其他参数如图3-73所示，单击 应用 按钮。

STEP 09 返回多轨模式，将播放指示器移至0:22.850处，然后将轨道1中的音频拖到播放指示器右侧，如图3-74所示。

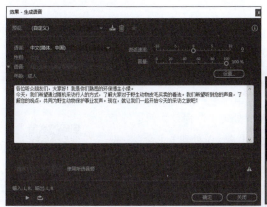

图 3-71

图 3-72

图 3-73

图 3-74

STEP 10 按【Ctrl+S】组合键保存文件，然后将其导出为名为"街头采访音频"的MP3格式文件。

3.2.15 修复和降噪音频

修复和降噪音频功能可以有效去除音频中的噪声、杂音、爆音及其他失真问题，从而恢复原始音频的质量。Audition提供了"污点修复画笔工具" 和"自动修复选区"命令来修复音频，它们具有不同的特点，可以针对不同的音频问题进行修复。而降噪音频则主要通过Audition提供的"降噪/恢复"命令来进行处理。

1. 修复音频

使用"污点修复画笔工具" 修复音频时，可以直接选择该工具，然后在工具栏中间区域的"大小"数值框中设置画笔大小，切换到频谱模式中。接着，按住鼠标左键并拖动鼠标以涂抹音频频谱中的杂音区域，释放鼠标左键后，Audition会自动应用【收藏夹】/【自动修复】命令（该命令只限用4秒以内的音频），以自动修复音频中的个别杂音，同时不改变音频的波形。

使用"自动修复选区"命令修复音频时，需要先在音频波形中创建选区（如果需要修复整段音频可全选音频），然后选择【效果】/【自动修复选区】命令，在不改变音频波形的基础上自动修复选区中的音频，以去除音频中的噪音、杂音、爆音和其他失真问题。但需要注意的是，该命令只能在非多轨编辑模式中使用。

2. 降噪音频

如果需要去除音频中因录音环境产生的噪音，如磁带嘶嘶声、麦克风背景噪声、电线嗡嗡声或波形中任何恒定的噪声，可使用"降噪/恢复"命令中的"降噪（处理）""声音移除""咔嗒声/爆音消除器""降低嘶声"等子命令来处理，如图3-75所示。需要注意的是，在Audition中，"效果"菜单中的子命令中，名称右边添加了"（处理）"文字的命令只能在非多轨编辑模式中使用。

这些命令的操作方法也比较简单，下面以"降噪（处理）"命令为例进行介绍。选择部分音频数据，选择【效果】/【降噪/恢复】/【降噪（处理）】命令，打开"效果–降噪"对话框，单击 捕捉噪声样本 按钮，可将当前选择的音频数据作为噪声样本，在样本预览图中调整控制曲线（在曲线上单击鼠标可添加控制点，并拖动控制点可调整曲线形状)，如图3-76所示，然后单击 选择完整文件 按钮，以选择整个音频文件，以样本展开分析并处理整个音频。接着，设置对话框中的其他参数，单击 应用 按钮，Audition将自动处理整个音频中的噪音。

资源链接：
"效果 – 降噪"
对话框中关键参
数详解

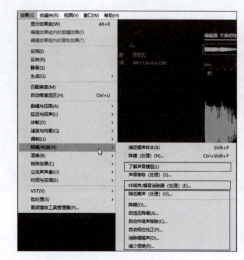

图3-75

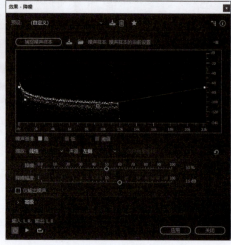

图3-76

> **知识拓展**
>
> 在波形模式下，Audition 提供了快速去除音频中噪声和爆音的方法。具体操作方法为：选择【效果】/诊断】命令，在打开的子菜单中选择"杂音降噪器（处理）"或"爆音降噪器（处理）"子命令，打开"诊断"面板。在面板中的 设置 按钮下方设置参数，再单击 扫描 按钮，此时，Audition 将根据设定的参数检测出音频中存在问题，最后自行选择单击 全部修复 按钮或 修复 按钮来修复音频。

3.2.16 变调音频

在编辑音频时，经常会遇到语速过快或过慢、音高或音准偏离、音调不准确等问题。这些问题可以通过变调的方式来处理，使变调的音频恢复到正常水平，符合人们的听觉习惯。此外，还可以通过变调音频制作出特殊的音调效果，营造出不同的氛围，如神秘、悬疑、欢快、紧张等。

针对变调音频功能，Audition提供了"时间与变调"命令。选择需要变调的音频，选择【效果】/

【时间与变调】命令，在打开的子菜单中任意选择一种子命令都可以达到变调目的，如图3-77所示。

在这些子命令中，比较常用的是"伸缩与变调（处理）"命令，它可以改变音频的播放速度或音调。选择【效果】/【时间与变调】/【伸缩与变调（处理）】命令，将打开"效果-伸缩与变调"对话框，如图3-78所示。然后在"持续时间"区域中设置"新持续时间"参数，即设置伸缩音频后的时长，或者在"伸缩与变调"区域中设置"伸缩"参数来伸缩所选音频，或设置"变调"参数来上调或下调音频的音调。另外，如果在持续时间区中单击选中"将伸缩设置锁定为新的持续时间"复选框，将禁用"伸缩与变调"区中的参数。

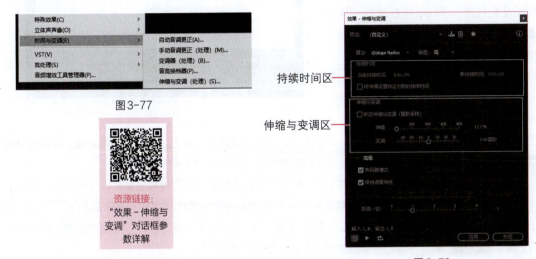

图3-77

资源链接：
"效果-伸缩与变调"对话框参数详解

持续时间区

伸缩与变调区

图3-78

需注意的是，由于部分变调命令在多轨模式下无法使用，Audition因此提供了全局剪辑伸缩和伸缩属性功能来伸缩处于多轨模式下的音频，以此达到多轨音频变调的目的。

使用全局剪辑伸缩变调音频时，可以选择【剪辑】/【伸缩】/【启用全局素材伸缩】命令，或单击轨道控件中的"切换全局剪辑伸缩"按钮，启用全局素材伸缩功能。此时，音频两端上方会出现实心三角形，将鼠标指针移至三角形处，鼠标指针将呈双向箭头形状并提示"伸缩"字样，拖动鼠标即可伸缩音频。伸缩后的音频将在左下角出现图标，图标右侧的数字为伸缩量，也是该音频当前的播放速度。伸缩完音频后，需要选择【剪辑】/【伸缩】/【呈现所有伸缩的剪辑】命令，渲染音频以保证效果。

使用伸缩属性功能变调音频时，可选择【剪辑】/【伸缩】/【伸缩属性】命令，打开"属性"面板，并且该面板中将出现"伸缩"栏参数，在其中设置"持续时间""伸缩""音调"参数，以精准控制伸缩效果。

知识拓展

Audition的"效果"菜单中提供了不同类型的效果组，这些效果组包括不同数量的子效果，这些子效果可以叠加使用，效果互不冲突，通常，将这些子效果称为效果器。前面所讲的修复、降噪和变调音频相关操作大多是使用效果器来完成的，而使用"效果"菜单中的其他效果器，如"延迟""回声""混响""室内混响"等，还可以制作出延迟、回音、混响等特殊效果。

3.2.17 生成语音

Audition提供了生成语音效果，可以将文字转换为音频进行编辑。其具体操作方法为：将播放指示器移至要插入语音的位置，然后选择【效果】/【生成】/【语音】命令，打开"新建文件"对话框。设置名称、采样率等参数后，单击 **确定** 按钮，打开"效果-生成语音"对话框。如图3-79所示。

图3-79

在该对话框的文本框中输入文字，在"语言"下拉列表中选择Audition预设的语言选项（仅支持中文和英语），然后通过"说话速率"参数设置语音的语速。数值越高，说话速度越快，反之，说话速度就越慢。再设置生成语音的音量，最后单击 **确定** 按钮，即可在播放指示器右侧插入一段语音。

除了生成语音外，Auditon还提供了生成噪音和音调的功能，可以模拟各种环境下的声音，增加真实感，也能增强音频的情感氛围和感情色彩。生成噪音和音调的操作与生成语音大致相同，只需选择【效果】/【生成】/【噪音】命令或【效果】/【生成】/【音调】命令，打开相应的对话框，设置参数后，单击 **确定** 按钮，生成的噪音或音调将自动添加到轨道中。

3.3 综合实训

3.3.1 录制软件安装教程音频

随着信息技术的快速发展，软件应用在人们的日常生活中扮演着越来越重要的角色。然而，对于许多初学者和非专业人士来说，如何安装和使用这些软件常常成为一大难题。特别是在当前远程工作和在线学习盛行的背景下，一份清晰易懂的软件安装教程显得尤为重要。某录音工作室制作了一个软件安装教程视频，由于在录制视频时并未同时录制音频，因此需要根据视频内容录制音频。通过简单的语音指导，帮助用户轻松完成软件的安装。表3-1所示为录制软件安装教程音频的任务单，该任务单给出了明确的实训背景、格式要求和制作思路。

表 3-1 录制软件安装教程音频任务单

实训背景	使用 Audition 为软件安装教程视频录制音频，以提供语音指导
格式要求	MP3 格式，32 位深度，441 000 采样率

数量要求	1个
制作要求	1. 吐字 吐字清晰，使用户能够清晰接收到传达的信息内容 2. 节奏 音频和画面尽量保持同步，同时还要确保语音节奏的流畅性 3. 音量 音量适中，可以清晰听见录制的音频内容，听觉感受较佳
制作思路	连接麦克风设备并设置音频硬件，做好录制前的准备工作。打开 Audition，新建文件并设置采样率，然后根据视频素材和文本素材录制语音并调整合适音量，最后保存文件
素材位置	配套资源:\素材文件\第3章\综合实训\软件安装文本 .txt、软件安装视频 .mp4
效果位置	配套资源:\效果文件\第3章\综合实训\软件安装教程音频 .mp3
效果试听	音频效果: 软件安装教程 音频

本实训的操作提示如下。

STEP 01 启动Audition，按【Ctrl+Shift+N】组合键打开"新建音频文件"对话框，设置文件名为"软件安装教程音频"，采样率为"44100"，声道为立体声道，单击 确定 按钮。

STEP 02 设置"首选项"对话框的默认输入参数为录音设备，单击"显示频谱频率显示器"按钮，采用频率模式以便查看录制的音频情况。

视频教学:
软件安装
教程音频

STEP 03 打开"软件安装文本.txt"文件和"软件安装视频.mp4"视频素材，单击"录制"按钮 录制音频，同时播放视频，然后根据视频操作朗读文本内容。

STEP 04 朗读完文本后，单击"停止"按钮 停止录制。试听录制的音频，调整至合适的音量大小，最后将文件保存为MP3格式。

3.3.2 制作活动开场音频

某乐团为回馈听众10年来的支持，特意举办了"10周年庆典"大型交响乐演奏活动，并专门录制了一段交响乐，用于提醒听众活动即将开始，同时带动现场的氛围。然而，由于录制设备有限，导致录制效果不佳，需要对该音频进行调整，并在其中添加一段提示语，以表达对听众的欢迎和感谢。表3-2所示为制作活动开场音频的任务单，任务单提供了明确的实训背景、格式要求和制作思路。

表 3-2 制作活动开场音频任务单

实训背景	使用 Audition 为某乐团举办的"10 周年庆典"大型交响乐演奏活动制作开场音频，提醒听众活动开始时间
格式要求	MP3 格式，32 位深度，441 000 采样率
数量要求	1 个
制作要求	1. 语音效果 添加提醒语，并制作变调效果，使整体音频效果清晰、声音浑厚动听 2. 音量 音量适中，可以清晰听见音频内容 3. 时长 60 秒以内
制作思路	新建多轨会话，导入交响乐，生成语音提示语，同时根据语音提示语时长剪辑交响乐的时长，并对交响乐进行降噪、调整音量、淡化处理操作；再为语音提示语添加变调效果，最后将多轨音频合成一个音频并导出
素材位置	配套资源:\素材文件\第 3 章\综合实训\交响乐.wav、提示语.txt
效果位置	配套资源:\效果文件\第 3 章\综合实训\活动开场音频.mp3
效果试听	音频效果： 交响乐　　　音频效果： 活动开场音频

本实训的操作提示如下。

STEP 01 启动 Audition，新建多轨会话，导入"交响乐.wav"音频，将其拖到轨道 1 中。

STEP 02 打开"提示语.txt"素材，复制其中的内容。返回 Audition，选择轨道 2，通过【效果】/【生成】/【语音】命令在轨道 2 中生成开场语音音频。

视频教学：
制作活动开场
音频

STEP 03 在 0:16.158 位置分割音频轨道 1 中的音频，然后删除分割后的前半段音频，将后半段音频向前移动，并删除 0:12.239~0:51.829 选区之间的音频和间隙。

STEP 04 双击轨道 1 中的第 1 段音频，切换到波形模式。选择【效果】/【降噪/恢复】/【降噪】命令，打开"效果-降噪"对话框，设置数量为"60%"，单击"播放"按钮▶试听降噪后的效果，效果满意后，单击 应用 按钮。

STEP 05 由于降噪后的部分音频音量降低，因此选择范围在 0:00.000~0:51.723 之间的音频数据，并在增益控件上设置振幅为"＋5dB"，提升音频开始部分的音量。返回多轨模式，为轨道 1 中的第 1 段音频末尾和第 2 段音频开头应用"线性"淡化效果，数值为"19"。

STEP 06 双击轨道 2 中的开场语音音频，切换到波形模式。选择【效果】/【时间与变调】/【音高换挡器】命令，打开"效果 – 音高换挡器"对话框，设置半音阶为"–5"，音分为"–15"，单击 **应用** 按钮。

STEP 07 切换回多轨编辑模式，设置轨道2中的音频音量为"5"，选择【多轨】/【将会话混音为新文件】/【整个会话】命令，然后将整个混合音频导出为MP3格式的文件。

课后练习

练习 1　录制企业广告语

【制作要求】根据提供的文字素材录制一段企业广告语，要求文字读音精准、音量适中、节奏流畅，能清晰传达文字内容，声音沉稳有力，以传达出企业的专业性和权威性。

【操作提示】插入外部设备到计算机，设置Audition的音频硬件参数，做好录音前准备。接着按照文字内容开始朗读并同时录音，朗读完成后停止录音。

【素材位置】配套资源:\素材文件\第3章\课后练习\广告语文本.txt

【效果位置】配套资源:\效果文件\第3章\课后练习\企业广告语.mp3

音频效果:
企业广告语

练习 2　制作起床闹铃声

【制作要求】使用Audition将提供的文字素材生成一个语音文件，并结合闹钟与鸟鸣声素材制作一个起床闹铃声。要求各种音频的混合尽量自然恰当，且音质清晰，没有失真，音频时长控制在5~15秒。

【操作提示】新建多轨会话；导入多种音频；然后根据文字素材生成语音音频并进行变调处理；对鸟鸣音频进行降噪处理；适当调整每个轨道中音频的位置和音量；并对部分音频进行剪辑，控制音频的最终时长，最后，为音频末尾制作淡化效果。

音频效果:
起床闹铃声

【素材位置】配套资源:\素材文件\第3章\课后练习\闹钟.wav、鸟鸣.wav、闹钟文本.txt

【效果位置】配套资源:\效果文件\第3章\课后练习\起床闹铃声.mp3

第 **4** 章　视频编辑

视频是信息最丰富、表现力最强的媒体形式之一。在多媒体技术中，视频因其直观和生动的特点被广泛应用于娱乐、在线教育、广告等多个领域，为人们的生活和工作带来了更多便利和乐趣。与此同时，各种视频编辑软件也不断涌现，它们种类多样，各具特点和优势，如Premiere、After Effects等都是非常专业的视频编辑软件，适用于不同场景。

📖 学习要点

◎ 熟悉视频编辑的相关知识。

◎ 熟悉Premiere和After Effects操作界面。

◎ 掌握使用Premiere剪辑视频的各种方法。

◎ 掌握使用After Effects进行视频后期处理的各种方法。

◇ 素养目标

◎ 提高对视频编辑的认识和了解，拓展知识面。

◎ 积极探索多种视频特效和三维合成在视频编辑中的应用。

◈ 扫码阅读

案例欣赏

课前预习

视频编辑基础

无论是下载还是自行拍摄的视频，在播放速度、时长、格式、尺寸和画面效果等方面都有可能无法满足需求。因此，需要编辑视频，以在满足需求的同时增强视频的观赏性。在进行视频编辑之前，首先需要了解视频编辑的基础知识，为之后的工作和学习带来便利。

4.1.1 视频编辑的常用术语

在视频编辑过程中，经常会遇到帧、帧速率、场等专用名词。这些名词是视频编辑的常用术语，了解这些术语有利于后续的编辑操作。

1. 帧和帧速率

帧和帧速率对视频画面的流畅度、清晰度、文件大小等都有重要的影响。帧是视频中最小的时间单位，相当于电影胶片上的每一格镜头，一帧就是一幅静止的画面，连续的多帧就能形成动态效果。帧速率（Frames Per Second，FPS）是指视频画面每秒传输的帧数（单位为：帧/秒），即通常所说的视频画面数。一般来说，帧速率越大，播放视频画面越流畅，视频播放速度也就越快，但同时视频文件大小也会增加，从而影响视频的后期编辑、渲染以及输出等环节。

2. 时间码

时间码是指摄像机在记录图像信号时，为每一幅图像的出现时间设置的时间编码。通过为视频每帧分配一个数字，用以表示小时、分钟、秒和帧数，其格式为：××H××M××S××F，其中的××代表数字，即以小时∶分钟∶秒∶帧的形式确定每一帧的地址。图4-1所示为Premiere操作界面中的"时间轴"面板中显示的时间码。

图4-1

3. 电视制式

电视制式是指一个国家或地区在播放节目时，用来显示电视图像或声音信号所采用的一种技术标准。电视制式主要有NTSC（National Television System Committee，国家电视制式委员会）、PAL（Phase Alteration Line，逐行倒相）和SECAM（Sequential Color and Memory，按顺序传送彩色与存储）3种，这3种电视制式之间存在一定差异。

（1）NTSC 制式

NTSC制式是美国于1953年研制成功的一种兼容彩色电视的制式。它规定的视频标准为每秒30帧，每帧525行，水平分辨率为240～400个像素点，采用隔行扫描，场频为60Hz，行频为15.634kHz，宽高比例为4∶3。美国、加拿大、日本等国家使用这种制式。

NTSC制式的特点是使用两个色差信号（R-Y）和（B-Y）分别对频率相同而相位相差90°的两个副载波进行正交平衡调制，再将已调制的色差信号叠加，穿插到亮度信号的高频端。

（2）PAL制式

PAL制式是联邦德国于1962年制定的一种电视制式。其视频标准为每秒25帧，每帧625行，水平分辨率为240～400个像素点，采用隔行扫描，场频为50Hz，行频为15.625kHz，宽高比例为4∶3。

PAL制式的特点是同时传送两个色差信号（R-Y）和（B-Y），其中（R-Y）是逐行倒相的，并与（B-Y）信号对副载波进行正交调制。采用逐行倒相的方法，如果在传送过程中发生相位变化，由于相邻两行相位相反，所以可以起到相互补偿的作用，从而避免因相位失真引起的色调改变。

（3）SECAM制式

SECAM制式是法国于1965年提出的一种电视制式。其视频标准为每秒25帧，每帧625行，采用隔行扫描，场频为50Hz，行频为15.625kHz，宽高比例为4∶3。上述指标均与PAL制式相同，不同之处主要在于色度信号的处理。

SECAM制式的特点是两个色差信号逐行依次传送，因此在同一时刻，传输通道内只存在一个信号，不会出现串色现象。此外，SECAM制式的两个色度信号不对副载波进行调制，而是对两个频率不同的副载波进行调制，然后将两个已调副载波逐行轮换插入亮度信号的高频端，从而形成彩色图像视频信号。

4.1.2　视频扫描方式

视频扫描是指摄像机通过光敏器件将光信号转换为电信号，形成最初的视频信号的过程。电信号是一维的，而图像是二维的。为了将二维图像转换成一维电信号，需要在图像上快速移动单个像素点。当像素点以循序渐进的方式扫描时，输出变化的电信号以响应扫描图像的亮度和色彩变化，这样图像就变成了一系列在时间上延续的值。视频扫描的方式分为隔行扫描和逐行扫描。

- 隔行扫描：隔行扫描是从上到下地扫描每帧图像。在扫描完第1行后，从第3行的位置继续扫描，再分别扫描第5、7、9……行，直到最后一行为止。将所有的奇数行扫描完后，再使用同样的方式扫描所有的偶数行，最终构成一幅完整的画面。这种扫描方式要得到一幅完整的图像需要扫描两遍。远距离观看的电视强调的是画面的整体效果，对图像的细节可以不予考虑，因此适合采用隔行扫描的方式。

- 逐行扫描：逐行扫描是将每帧的所有像素同时显示，从显示屏的左上角一行接一行地扫描到右下角。扫描一遍就能够显示一幅完整的图像，可以提高视频的清晰度。目前计算机显示器都采用了逐行扫描的方式，其刷新频率在60Hz以上。

4.1.3　常用的视频文件格式

与其他媒体格式一样，视频文件也有多种格式，常见的包括AVI、MOV、MP4、WMV、FLV、MKV等格式。

1. MP4格式

MP4格式（MPEG-4）是一种标准的数字多媒体容器格式，文件后缀名为".mp4"，它主要用于存储数字音频及数字视频，同时也可以存储字幕和静止图像。MP4格式具有极高的兼容性，大部分的主流多媒体播放器和设备都能够轻松播放MP4格式的文件。

2. WMV格式

WMV（Windows Media Video）格式是由微软公司开发的一种采用独立编码方式，并且可以在网上实时观看视频节目的文件格式。WMV格式具有"数位版权保护"功能（一种对网络中传播的数字作品进行版权保护的主要手段），以及支持本地或网络回放、部件下载、可伸缩的媒体类型、流的优先级化、多语言支持、环境独立性、丰富的流间关系以及扩展性等优点。

3. FLV 格式

FLV（Flash Video）格式是一种网络视频格式，主要用于流媒体（一种网络传输技术）格式，可以有效解决视频文件导入Flash后，导出的SWF文件过大，导致文件无法在网络中使用的问题。FLV格式的优点是形成的文件极小、加载速度快，便于在网络上传播。

4. MKV 格式

MKV（Matroska Video）格式是一种多媒体封装格式，可以将多种不同编码的视频以及16条或以上不同格式的音频和不同语言的字幕封装到一个 Matroska Media 文件中。MKV 格式的优点是可以提供非常好的交互功能。

5. AVI 格式

AVI（Audio Video Interleaved）格式是一种将视频信息与音频信息一起存储的常用多媒体文件格式，它以帧为存储动态视频的基本单位，在每一帧中，先存储音频数据，再存储视频数据。音频数据和视频数据交叉存储。AVI 格式的优点是图像质量好，并且可以在多个平台上播放使用，缺点是文件体积过于庞大。

6. MOV 格式

MOV是Apple公司开发的QuickTime播放器生成的视频格式，文件的后缀名为".mov"。MOV格式支持25位彩色和先进的集成压缩技术，提供150多种视频效果，并配有200多种MIDI兼容音响和设备的声音装置，无论是在本地播放还是作为视频流（一种允许视频数据在网络上以连续、实时的方式传输和播放的现代技术）格式在网上传播，都是一种优良的视频编码格式。

4.1.4　常用的视频编辑软件

视频的编辑通常需要借助相关软件来完成。目前市面上比较常用的视频编辑应用软件分为两类，一类是视频剪辑类软件，如Premiere、剪映、快剪辑、会声会影、爱剪辑等，另一类是视频后期处理类软件，如After Effects、Final Cut Pro等。本章所用软件为Premiere 2023和After Effects 2023，下面对这两个软件进行简单介绍。

> 🔔 **提示**
>
> 对视频剪辑类软件和视频后期处理类软件的划分并非绝对，因为这些软件的功能都有互通之处。例如，Premiere可以用于视频后期处理，而After Effects也可以进行视频剪辑，只是从操作和效果上来说，使用Premiere剪辑视频更加方便，使用After Effects进行视频后期处理的效果更好。

1. Premiere

Premiere是一款专业的视频编辑软件，可以帮助用户高效地完成视频剪辑、视频过渡、视频调色、添加字幕和音频等工作，能够充分满足实际工作需要。用户在Premiere中新建一个项目文件后，可以直接进入该软件的操作界面，如图4-2所示。

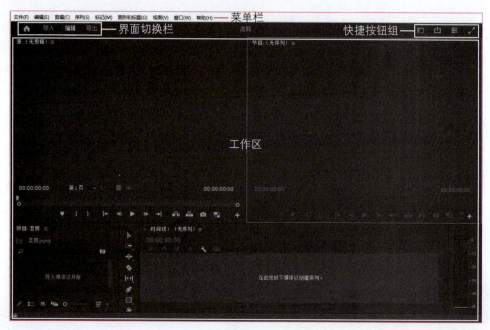

图4-2

（1）菜单栏

菜单栏包含Premiere中的所有命令。选择所需的命令后，可以在弹出的子菜单中选择要执行的具体命令。

（2）界面切换栏

界面切换栏主要用于切换不同的界面。单击"主页"按钮⌂可切换到Premiere的主页界面，该界面用于新建或打开项目文件；单击"导入"选项卡，可切换到用于导入素材的界面；单击"编辑"选项卡，可切换到视频编辑界面，即操作界面；单击"导出"选项卡，可切换到用于导出项目文件的界面。

（3）快捷按钮组

单击快捷按钮组中的"工作区"按钮▣，可以在弹出的下拉菜单中选择不同类型的工作区进行切换，或调整工作区的相关设置等；单击"快速导出"按钮🖸，可以在弹出的面板中选择某种预设快速导出项目文件；单击"打开进度仪表盘"按钮☰，可在弹出的面板中查看后台进程；单击"全屏视频"按钮▧，可将视频画面放大至全屏，便于观看画面效果。

（4）工作区

工作区是编辑和制作视频的主要区域，由具有不同功能的多个面板组成。用户在操作工作区时，如果对某些面板的大小、位置，或对界面的亮度和色彩不太满意，可以自行调整。调整工作区后，可通过【窗口】/【工作区】/【另存为新工作区】命令保存当前的设置。此外，还可以选择【窗口】/【工作区】/【重置为保存的布局】命令，恢复工作区的初始设置。

工作区中分布着众多面板，如"项目"面板、"时间轴"面板、"源"面板等，这些面板是编辑音频时必不可少的工具和场所。这里仅对常用的5个面板进行简单介绍。

● "项目"面板：用于存放和管理项目文件导入的所有素材，包括视频、音频、图像等，以及在Premiere创建的序列文件等。

- "时间轴"面板：用于对视频、音频和序列文件进行剪辑、插入、复制、粘贴和修整等操作。各文件在"时间轴"面板中按时间先后顺序从左到右排列在各自的轨道上（音频文件位于音频轨道，其他文件位于视频轨道）。单击激活"时间轴"面板中的时间码，输入具体时间后按【Enter】键，或拖动时间指示器，可指定当前帧的位置。
- "节目"面板：用于预览"时间轴"面板中当前时间指示器所处位置帧的视频效果，也是预览最终视频效果的面板。
- "工具"面板：用于存放Premiere提供的所有工具，在该面板中单击需要的工具可将其激活。在"工具"面板中，有的工具右下角有一个小三角图标▪，表示该工具位于工具组中，在该工具组上按住鼠标左键不放，可显示该工具组中的所有工具。
- "源"面板：用于预览还未添加到"时间轴"面板中的源素材效果，以及对源素材进行一些简单的编辑操作。在"项目"面板中双击素材即可在"源"面板中显示该素材效果。

2. After Effects

After Effects（简称AE）是Adobe公司推出的一款视频处理软件，功能非常强大，可以轻松实现视频、图像、图形、音频素材的编辑合成以及特效处理，适用于从事设计和视频特技的机构，如电影公司、电视台、动画制作公司、个人后期制作工作室以及多媒体工作室等。用户在After Effects中新建一个项目文件后，可直接进入该软件的操作界面，如图4-3所示。

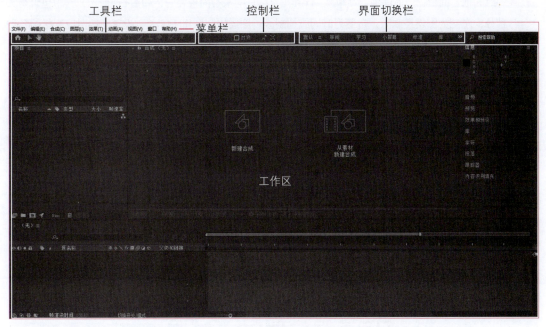

图4-3

（1）菜单栏

菜单栏集成了After Effects的所有命令。在进行视频后期处理时，选择对应的命令可以实现特定的操作。

（2）工具栏

工具栏最左侧是"主页"按钮▪，用于打开After Effects的主页界面。在该界面中，可以进行新建项目文件、打开项目文件等操作。其他按钮是操作时最常用的一些工具，其中有的工具右下角有一个小三角图标■，表示该工具位于一个工具组中。在该工具上按住鼠标左键不放，可以显示该工具组中的所有工具。选择某个工具，当其呈蓝色显示时，说明该工具处于激活状态。

（3）控制栏

选择部分工具后，可在控制栏中激活工具的属性参数，如选择"矩形工具"■后，可在控制栏调整矩形的填充、描边颜色、描边宽度等参数。

（4）界面切换栏

界面切换栏用于设置操作界面的工作区模式，主要由工作模式选项组成，默认包括默认、学习、标准、小屏幕和库5种工作模式选项。单击工作模式选项右侧的■按钮，可以在打开的下拉列表中选择更多的工作模式，以及编辑工作区选项。另外，在界面切换栏右侧还有一个搜索框，在搜索框中输入需要搜索的问题后按【Enter】键，可以进入Adobe官方网站查看搜索结果。

（5）工作区

与Premiere一样，After Effects的工作区也是由多个面板组成的，主要有以下3个常用面板。

- "项目"面板：在"项目"面板中，不仅可以新建合成、文件夹以及其他类型的文件，还可以导入素材，是管理素材的重要工具，所有导入到After Effects中的素材都显示在该面板中。
- "合成"面板："合成"面板主要用于预览当前合成的画面效果。
- "时间轴"面板："时间轴"面板是After Effects的核心面板之一，如图4-4所示，其中包含两大部分，左侧为图层控制区，右侧为时间线控制区。图层控制区用于管理和设置图层对应素材的各种属性，时间线控制区用于为对应的图层添加关键帧，以实现动态效果。

图4-4

视频剪辑软件Premiere

剪辑视频是指调整视频内容的细节，删减视频中偏离主题或与视频内容无关的镜头，或为某些缺少信息的视频片段增加镜头，从而保证视频的流畅性和完整性。Premiere的视频剪辑功能非常强大，用户在进行视频剪辑时可以根据不同的需求选择合适的方法，以提高剪辑效果和效率。

4.2.1 课堂案例——剪辑水果展示视频

【制作要求】使用Premiere剪辑某水果店铺拍摄的畅销水果（小番茄）视频素材，要求视频尺寸为1920像素×1080像素，时长在10秒左右，并确保视频画面与提供的音频素材节奏能够同步，以增强视频的吸引力。

【操作要点】新建项目文件并导入相关素材；新建序列文件；添加标记；设置视频入点和出点；调整视频播放速度；添加默认视频过渡效果；导出视频。参考效果如图4-5所示。

【素材位置】配套资源:\素材文件\第4章\课堂案例\音频.mp3、特写.mp4、小番茄.mp4、小番茄2.mp4、展示.mp4

【效果位置】配套资源:\效果文件\第4章\课堂案例\水果展示视频.prproj、水果展示视频.mp4

图4-5

具体操作如下。

STEP 01 启动Premiere，在主页界面中单击 新建项目 按钮，打开"导入"界面，设置项目名为"水果展示视频"，在"项目位置"下拉列表中设置项目文件的存储位置。

STEP 02 在"导入"界面左侧选择存储素材的磁盘，在中间区域打开素材所在文件夹，选择所需的视频素材和音频素材，如图4-6所示。然后，在右侧单击 创建 按钮创建项目文件。

视频教学:
剪辑水果展示
视频

图4-6

🔔 **提示**

　　若在新建项目文件后需要导入素材，可以在"项目"面板的空白处双击鼠标左键（或按【Ctrl+I】组合键）打开"导入"对话框，通过该对话框导入素材；或直接将素材拖到"项目"面板中；或在界面切换栏单击"导入"选项卡（或按【Ctrl+Alt+N】组合键）进入"导入"界面，选择需导入的素材后，单击 导入 按钮。

STEP 03 此时切换到操作界面，将"项目"面板中的音频素材拖到"时间轴"面板中，将新建名为"音频"的序列文件。在"时间轴"面板中的A1音频轨道右侧拖动滑块，放大轨道，便于观察音频波动，按空格键试听音频，当音频波动较大时，按【M】键添加标记，如图4-7所示。

知识拓展

　　序列是视频剪辑的基础，Premiere中的大部分编辑工作都是通过序列完成的，因此新建序列是剪辑视频前的必要操作。新建序列主要有两种方式，一是选择【文件】/【新建】/【序列】命令，可通过"新建序列"对话框新建一个空白序列；二是将"项目"面板中的素材直接拖到"时间轴"面板，从而基于所选素材来创建一个与该素材名称、分辨率等参数相同的序列。

STEP 04 在"项目"面板中双击"展示.mp4"素材，按【空格】键在"源"面板中预览视频，发现视频播放速度较慢，可以在"项目"面板中的该素材上单击鼠标右键，在弹出的快捷菜单中选择"速度/持续时间"命令，打开"速度/持续时间"对话框，设置速度为"120"，单击 确定 按钮，如图4-8所示。

STEP 05 单击"源"面板中的时间码，输入00:00:01:14，按【Enter】键，时间指示器自动移至该处，按【I】键添加入点，将时间指示器移至00:00:03:02，按【O】键添加出点，如图4-9所示。

　　　　图4-7　　　　　　　　　图4-8　　　　　　　　图4-9

STEP 06 按【Ctrl+U】组合键打开"制作子剪辑"对话框，如图4-10所示，单击 确定 按钮。

STEP 07 在"项目"面板中双击"小番茄.mp4"素材，在"源"面板中设置出点为00:00:01:22（入点将默认为视频开始处），设置该素材播放速度为"150"，并创建子剪辑。使用相同的方法在"小番茄.mp4"素材的基础上依次制作入点为00:00:05:24、出点为00:00:10:16，入点为00:00:11:19、出点为00:00:14:01，入点为00:00:14:23、出点为00:00:21:00的子剪辑。

STEP 08 在"项目"面板中双击"小番茄2.mp4"素材，依次制作入点为00:00:00:00、出点为00:00:03:04，入点为00:00:03:24、出点为00:00:07:24的子剪辑。

STEP 09 在"项目"面板中选择所有子剪辑（依次选择"展示.mp4""小番茄2.mp4""小番茄.mp4"素材基础上的子剪辑），单击"项目"面板右下角的"自动匹配序列"按钮■，打开"序列自动化"对话框。在"放置"下拉列表中选择"在未编号标记"选项，单击选中"忽略音频"复选框，如图4-11所示，单击 确定 按钮。

STEP 10 此时，所有子剪辑会自动添加到"时间轴"面板，并根据标记点的位置自动匹配，如图4-12所示。然而，部分子剪辑的时长可能会超出标记点，因此需要手动进行剪辑。

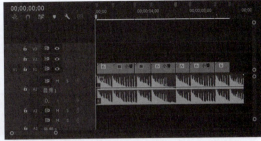

图4-10   图4-11   图4-12

🔔 **提示**

　　在"制作子剪辑"对话框的"名称"文本框中，可以为子剪辑设置名称；单击选中"将剪辑限制为子剪辑边界"复选框后，整个子剪辑的持续时间将会固定，不能随意调整子剪辑的入点和出点。

STEP 11 拖动"时间轴"面板下方的滑块放大轨道，在"节目"面板中单击第3个标记，此时时间指示器移动到第3个标记处，将鼠标指针移动到标记前一个素材末尾，当鼠标指针呈 形时向右移动，扩展素材内容至时间指示器位置，如图4-13所示。

图4-13

STEP 12 使用与步骤11相同的方法调整第4~第7个标记前面的素材，使视频素材之间没有空隙。在"节目"面板中单击最后一个标记，在"项目"面板中设置"特写.mp4"素材播放速度为"150%"，然后双击该素材，在"源"面板中设置入点为00:00:01:17，出点为00:00:02:18，然后单击"覆盖"按钮 ，将该段素材插入时间指示器后面。

STEP 13 在"节目"面板中发现最后一段素材画面较小。可以在"节目"面板中双击选中该素材，当素材四周出现控制点时，拖动任意控制点将素材放大，如图4-14所示。

图4-14

STEP 14 在"项目"面板中单击"新建项"按钮 ，从打开的列表中选择"颜色遮罩"选项，打开

"新建颜色遮罩"对话框，单击 ▢确定 按钮，打开"拾色器"对话框，设置颜色为"#FFFFFF"，单击 ▢确定 按钮，打开"选择名称"对话框，单击 ▢确定 按钮。

STEP 15 将"项目"面板中的颜色遮罩素材拖动到"时间轴"面板中的V2轨道，将时间指示器移动到00:00:00:05，按【Ctrl+K】组合键分割该素材，如图4-15所示，删除分割后的后半段素材，然后将前半段素材向下拖动到V1轨道中。

STEP 16 选择所有素材，按【Ctrl+D】组合键，此时会弹出"过渡"提示框，直接单击 ▢确定 按钮，为所有素材应用默认过渡效果（即"交叉溶解"视频过渡效果），如图4-16所示，最后按【Ctrl+S】组合键保存项目文件。

图4-15　　　　　　　　　　　　　　　　　　　　图4-16

🔔 **提示**

若需更改Premiere中默认的视频过渡效果，可以在"效果"面板中选择需要的过渡效果，单击鼠标右键，在弹出的快捷菜单中选择"将所选过渡设置为默认过渡"选项。

STEP 17 在操作界面上方单击"导出"选项卡（按【Ctrl+M】组合键），设置文件名为"水果展示视频.mp4"，如图4-17所示。其他参数保持默认，单击 导出 按钮将其导出为MP4格式的文件。

图4-17

🔔 **提示**

编辑完视频后，为了防止文件丢失，可选择【文件】/【项目管理】命令，打开"项目管理器"对话框，通过该对话框可以将整个项目文件及使用到的素材文件打包。

4.2.2 标记视频

在Premiere中剪辑视频时，可以为视频添加标记，以标识重要内容，便于快速查找和定位时间轴中某一画面的具体位置。

1. 添加标记

根据标记位置和作用的不同，Premiere中的标记可分为两种类型，一种是剪辑标记，另一种是序列标记。

（1）添加剪辑标记

剪辑标记主要用于对源素材的内部细节进行说明与提示。添加后的剪辑标记将显示在源素材中，并且可跟随源素材进行任意移动（标记与素材的相对位置不会发生变化）。

添加剪辑标记主要通过"源"面板或"时间轴"面板进行操作。在"源"面板中预览视频，然后单击该面板左侧的"添加标记"按钮🏴（快捷键为【M】），时间指示器停放处的时间标尺上将被添加标记，如图4-18所示。将在"源"面板中添加标记的素材拖动到"时间轴"面板，标记依然存在。也可以直接在"时间轴"面板中，将当前时间指示器移动到需要标记的位置，选中需添加标记的素材后，单击该面板左上侧的"添加标记"按钮🏴，标记将显示在素材中，如图4-19所示。

图4-18　　　　　　　　　　　　　　　　图4-19

（2）添加序列标记

序列标记主要用于规划和提示整个序列。添加后的序列标记将显示在时间标尺上，并固定在序列中，不会随素材的变化而变化。序列标记主要通过"节目"面板或"时间轴"面板进行操作，其操作方法与添加剪辑标记的方法基本相同，只是在"时间轴"面板中添加序列标记时，无需选中素材。

2. 编辑标记

在"源"面板、"节目"面板、"时间轴"面板的时间标尺上双击添加的标记；或单击选中标记后，再单击鼠标右键，在弹出的快捷菜单中选择"编辑标记"命令，都可打开"标记"对话框。在该对话框中可设置标记的名称、持续时间、颜色等属性。另外，选择添加标记后的素材并打开"标记"面板，如图4-20所示，也可以在其中对标记进行编辑操作。

图4-20

如果不需要素材中的标记，可以在"时间轴"面板、"源"面板或"节目"面板的标尺上单击鼠标右键，在弹出的快捷菜单中选择"清除所选的标记"命令以删除所选标记；选择"清除所有标记"命令可以清除所有标记。

4.2.3 添加与编辑入点和出点

入点即起点，出点即终点。在Premiere中添加和编辑入点与出点，可以精确剪辑素材中的特定部分，从而有效提高剪辑效率。

1. 在"源"面板中添加入点和出点

在"源"面板中添加入点和出点可以在预览源素材的同时筛选素材片段，实现对源素材的快速剪辑。具体操作方法如下：在"源"面板中选择素材，选择【标记】/【标记入点】命令和【标记】/【标记出点】命令；或单击鼠标右键，在弹出的快捷菜单中选择"标记入点""标记出点"命令；也可在"源"面板下方工具栏中通过"标记入点"按钮 （快捷键为【I】）和"标记出点"按钮 （快捷键为【O】）完成操作。

此外，在"源"面板中添加入点和出点后，可以将鼠标指针移动到入点位置，当鼠标指针变为 形状后向左拖曳鼠标；也可以将鼠标指针移动到出点位置，当鼠标指针变为 形状后向右拖曳鼠标，快速调整出点和入点之间的范围，如图4-21所示。

图4-21

> **提示**
>
> 需注意的是，在"源"面板中添加的入点和出点标记是持久的。即使关闭并重新打开该素材，这些入点和出点依然存在。若需永久删除，可以在"源"面板中选择已添加标记的素材，通过"标记"命令下的"清除入点""清除出点""清除入点和出点"命令子清除。

在"源"面板中添加入点和出点后，可单击"源"面板下方的"插入"按钮 和"覆盖"按钮 将入点和出点之间的素材片段添加到"时间轴"面板中的时间指示器位置（若不设置入点和出点，将直接添加整个完整素材）；或者通过【剪辑】/【制作子剪辑】命令（或按【Ctrl+U】组合键）从主剪辑（将素材首次导入"项目"面板中时，该素材即为主剪辑）中创建多个子剪辑，从而对整个素材进行细致划分。另外，在"项目"面板中选择子剪辑后，再选择【剪辑】/【编辑子剪辑】命令，打开"编辑子剪辑"对话框，然后在"子剪辑"栏中可重新设置入点（开始）和出点（结束）时间。

> **提示**
>
> 在插入素材时，也可以直接将"项目"面板或"源"面板中的素材拖动到"时间轴"面板中需要插入素材的位置。注意，拖动时需要按住【Ctrl】键不放，否则将执行覆盖操作。

2. 在"节目"面板中添加入点和出点

在"节目"面板中，也可以进行与"源"面板中相同的操作，添加入点和出点，以便在输出视频时只输出入点与出点之间的内容，其余内容则被裁剪，从而精确控制输出内容。同时，在"节目"面板中添加入点和出点后，可以直接在"时间轴"面板中查看入点和出点效果，如图4-22所示。

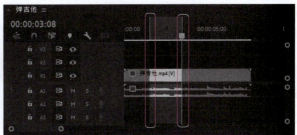

图4-22

在"节目"面板中添加入点和出点时，有时不需要入点和出点之间的内容。这时可以单击"节目"面板下方的"提升"按钮 和"提取"按钮 在"时间轴"面板中删除该部分。需注意的是，在提升素材时，Premiere将从"时间轴"面板中移除一部分素材，并在已删除素材的位置留下一个空白区域；在提取素材时，Premiere将从"时间轴"面板中移除一部分素材，并使剩余部分自动向前移动，补上删除部分的空缺，因此不会留下空白区域。

3．在"时间轴"面板中编辑入点和出点

使用"选择工具" 在"时间轴"面板中快速编辑素材的入点和出点的具体操作方法如下：选择"选择工具" ，在"时间轴"面板中选中素材的入点或出点。当出现"修剪入点"图标 或"修剪出点"图标 之后拖动鼠标。需要注意的是，修剪时不能超出素材的原始入点和出点。

> **知识拓展**
>
> 除了"选择工具" 外，合理利用 Premiere 中常用的一些编辑工具也可以快速编辑素材的入点和出点，如利用"滚动编辑工具" 可以改变素材的入点和出点，但整个序列的持续时间不变；使用"比率拉伸工具" 可以改变素材的速度，影响整个素材的持续时间，达到编辑素材的入点和出点的目的；利用"外滑工具" 可以在不改变整个序列持续时间的同时，使素材的入点和出点画面发生变化，这些工具的使用方法与前面所讲的"选择工具" 的操作方法基本一致。

4.2.4　调整视频的播放速度和持续时间

在"时间轴"面板或"项目"面板中选择所需的素材，然后单击鼠标右键，在弹出的快捷菜单中选择"速度/持续时间"命令；或者选择【剪辑】/【速度/持续时间】命令，都能打开"剪辑速度/持续时间"对话框，如图4-23所示。其中各选项的介绍如下。

- 速度：用于设置素材播放速度的百分比。
- 持续时间：用于设置素材显示时间的长短。该值越大，播放速度越慢；该值越小，播放速度越快。
- "倒放速度"复选框：选中该复选框，可反向播放素材。
- "保持音频音调"复选框：当素材包含音频时，选中该复选框，可保持音频播放速度不变。
- "波纹编辑，移动尾部剪辑"复选框：选中该复选框，可删除因素材时间缩短后产生的间隙。

图4-23

- 时间插值：用于解决减慢播放速度导致帧数不够的问题，一般保持默认即可。

4.2.5　分割素材

在Premiere中，可以利用"剃刀工具" 进行分割素材，该工具的操作方法相对简单，只需选择
"剃刀工具" （默认快捷键为【C】键）后，在需要分割的位置单击鼠标左键，如图4-24所示。需注
意的是，使用"剃刀工具" 分割素材时，默认只分割一个轨道上的素材，要在多个轨道相同位置分割
时，可按住【Shift】键，当鼠标指针变为 形状时，在任意一个轨道上单击鼠标左键，可同时剪切多个
轨道相同位置的素材，如图4-25所示。

图4-24　　　　　　　　　　　　　　　　　　　　　　　　图4-25

🔔 提示

分割素材时，除了使用"剃刀工具" 外，还可以使用快捷键快速分割素材。具体操作方法为：在"时
间轴"面板中选择需要分割的素材，将时间指示器移动到需要分割的位置，按【Ctrl+K】组合键可实现
与"剃刀工具" 相同的效果。按【Q】键将在分割后自动删除时间指示器前面的部分，后面部分也将自
动与前面部分拼接；按【W】键将在分割后自动波纹删除时间指示器后面的部分。然而，使用这两个快
捷键时，将同步删除相同位置上其他轨道中的素材。因此，需要先单击其他轨道前的"切换轨道锁定"按
钮 ，使其变为 状态，锁定轨道，或者在使用时同时按住【Shift】键。

4.2.6　应用和编辑视频过渡效果

视频过渡（也称为视频转场或视频切换）是指两个视频片段之间的衔接方式。应用视频过渡效果可
以使视频片段之间的过渡更加流畅、自然，提升视频的整体质量。默认情况下，Premiere将视频过渡效
果统一保存在"效果"面板的"视频过渡"文件夹中，并将其分为8组，每组包含各种不同的视频过渡效果，
如图4-26所示。

应用视频过渡效果也比较简单，只需将所选视频
过渡效果拖动到"时间轴"面板中的素材入点或出点
处。应用视频过渡效果后，还可以在"时间轴"面板
中选中该视频过渡效果，然后在"效果控件"面板中
进行编辑，如调整视频过渡效果的持续时间、对齐方
式等。

资源链接：
常用视频过渡
效果详解

图4-26

在编辑视频的过程中，如果需要为大量素材添加
相同的视频过渡效果，可以在"时间轴"面板中全选
所有需要的素材，按【Ctrl+D】组合键，所选素材的
入点和出点处将快速应用默认的视频过渡效果，从而提高工作效率。

4.2.7　课堂案例——制作"月饼制作教程"短视频

【制作要求】在中秋佳节，月饼是不可或缺的传统美食。某博主准备在中秋节到来之际发布一个"月饼教程"短视频，现已完成拍摄，并同步录制了一段美食制作过程的解说音频，需要使用Premiere根据录制的音频为视频添加字幕，要求字幕与音频完全匹配，音画同步，并添加一个短视频标题，突出短视频内容。

【操作要点】在视频片头添加并编辑标题；在视频中根据提供的解说音频自动添加适配的字幕；调整音频音量；添加视频效果。参考效果如图4-27所示。

【素材位置】配套资源:\素材文件\第4章\课堂案例\"月饼制作"文件夹

【效果位置】配套资源:\效果文件\第4章\课堂案例\月饼制作教程.prproj、月饼制作教程.mp4

图4-27

具体操作如下。

STEP 01 启动Premiere，新建名为"月饼制作教程"的项目文件，将需要的视频和音频素材导入"项目"面板中，然后将"制作流程.mp4"视频拖动到"时间轴"面板中。

STEP 02 选择V1轨道中的视频素材，单击鼠标右键，在弹出的快捷菜单中选择"取消链接"命令取消视频与音频的链接，然后删除原始音频。按住【Ctrl】键，将"月饼展示.mp4"视频拖动到V1轨道"制作流程.mp4"视频前方，将"语音.mp3"音频拖动到A1轨道。

STEP 03 选择A1轨道中的音频，选择【窗口】/【文本】命令，打开"文本"面板。在"字幕"选项卡中单击 转录序列 按钮，打开"创建转录文本"对话框，在"语言"下拉列表中选择"简体中文"选项，在"音轨分析"下拉列表中选择"音频1"选项，如图4-28所示，然后单击 转录 按钮。

STEP 04 Premiere将开始转录，待转录完成后，在"文本"面板中的"转录文本"选项卡中将显示转录后的字幕，如图4-29所示。

STEP 05 单击"创建说明性字幕"按钮 CC ，打开"创建字幕"对话框，保持默认设置，然后单击 创建 按钮，此时，创建的字幕并自动添加到"时间轴"面板的C1副标题轨道中，如图4-30所示。

STEP 06 在"节目"面板中预览视频，发现"节目"面板中的字幕与画面内容不一致，因此还需要对视频画面进行编辑。

STEP 07 打开"制作方法.txt"文字素材，在"文本"面板的"字幕"选项卡中双击第1段字幕，然后在激活的文本框中根据文字素材修改字幕内容，如图4-31所示。

视频教学:
制作"月饼制作教程"短视频

图4-28

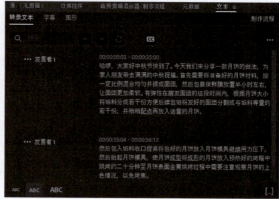

图4-29

图4-30

图4-31

STEP 08 使用相同的方法继续修改其他与文字素材不同的字幕内容。

STEP 09 调整V1轨道中第1段视频素材的播放速度为"130%"，此时该段视频的出点刚好在对应字幕的结束处。调整第2段视频素材的入点为00:00:09:09，使其与语言对应。单击AI轨道前的"切换轨道锁定"按钮，以防后续误操作。将时间指示器移动到00:00:19:14，按Q键快速分割并删除前一段视频。

STEP 10 分别在00:00:10:10和00:00:14:01位置分割视频，选择中间段视频，单击鼠标右键，在弹出的快捷菜单中选择"波纹删除"命令，同时删除中间段视频以及删除视频后留下的间隙。

STEP 11 在00:00:26:22位置分割视频，调整前一段视频的播放速度为"200%"，出点为00:00:15:05，将后一段视频向左移动至前一段视频的出点。

STEP 12 依次调整字幕内容，以及字幕和视频时长（通过分割并删除多余视频片段，以及调整视频播放速度来完成），使视频、字幕、音频完全对应，最后在"时间轴"面板中可看到视频、字幕、音频时长一致，如图4-32所示。

STEP 13 选择V1轨道中的所有视频片段，单击鼠标右键，在弹出的快捷菜单中选择"嵌套"命令，打开"嵌套序列名称"对话框，单击 确定 按钮，将选择的多个视频转换为一个嵌套序列，便于统一管理。选择嵌套序列，按【Ctrl+D】组合键添加默认视频过渡效果。

STEP 14 在"时间轴"面板中，全选C1轨道中的所有字幕。打开"基本图形"面板，选择"编辑"选项卡，在"文本"栏中设置字体为"方正兰亭粗黑简体"，字体大小为"50"，如图4-33所示。

STEP 15 将"古风背景音乐.mp3"音频拖动到A2轨道，使该音频的入点为00:00:07:05。选择该音频，在"效果控件"面板中设置音量，如图4-34所示。

图4-32　　　　　　　　　　图4-33　　　　　　　　　　图4-34

STEP 16 将时间指示器移动到视频的开始位置，打开"效果"面板，依次展开"视频效果""变换"文件夹，将"裁剪"效果拖动到"时间轴"面板中的"月饼展示.mp4"视频上。在"效果控件"面板中展开"裁剪"栏，单击"顶部""底部"选项前的"切换动画"按钮，激活关键帧，调整数值均为"50%"，如图4-35所示。

STEP 17 将时间指示器移动到00:00:03:00，在"效果控件"面板中的"裁剪"栏中调整顶部和底部数值均为"0%"。使用"文字工具" 在该处输入标题文字，在"基本图形"面板中设置字体为"汉仪粗黑简"，字体大小为"140"，并单击选中"描边"复选框，然后设置描边颜色为"#000000"，如图4-36所示。

STEP 18 调整V2轨道的文字出点为00:00:08:17，并在"节目"面板中调整文字位置，如图4-37所示。在"效果"面板中依次展开"预设""模糊"文件夹，将其中的"快速模糊入点"和"快速模糊出点"预设视频效果拖动到V2轨道中的文字素材上。最后，保存项目文件，并将其导出为MP4格式的文件。

图4-35　　　　　　　　　　图4-36　　　　　　　　　　图4-37

📝 **行业知识**

短视频，即短片视频，是一种新兴的互联网内容传播方式。随着移动通信技术的飞速发展以及智能手机的普及，短视频已经成为人们消磨时间和记录生活的一种方式。与此同时，短视频内容也对许多年轻群体产生了很大影响。因此，在制作短视频时，要考虑这些年轻群体，传播健康、阳光、积极向上的价值观，并宣传社会正能量，引导良好的网络风气和社会风气。

4.2.8 添加文字、字幕和图形

文字和字幕是视频的重要组成部分，可以为观众提供准确的信息，帮助他们更好地理解和欣赏视频内容。图形可以丰富视频画面效果，增强画面的美感。

1. 添加文字

选择"文字工具" 或"垂直文字工具" ，在"节目"面板中单击鼠标左键定位文字输入点，然后可以直接输入点文字，或者单击并拖动鼠标形成一个文本框，在文本框中输入段落文字。当一行排满后会自动跳转到下一行。

添加文字后，可以在"基本图形"面板中的"编辑"选项卡中编辑文本属性。例如，在"文本"栏中设置字体、字体大小、字距等文字格式；在"外观"栏中调整文字的填充颜色、描边颜色和宽度、背景等文字格式，如图4-38所示。也可以在"效果控件"面板的"图形"选项卡中展开"文本"栏，在其中设置"源文本"栏中文字的字体、颜色、描边、大小、间距参数（与"基本图形"面板中的"文本"栏和"外观"栏参数基本一致），如图4-39所示。

资源链接：
"文本"栏和"外观"栏详解

图4-38   图4-39

2. 自动生成字幕

Premiere 2023版本支持语音转录文本功能，可以将包含语音的音频自动转录成文本，然后对转录文本进行简单编辑，最终生成字幕，从而提高大量字幕制作的效率。

（1）创建转录文本

在"时间轴"面板中添加需要转录的音频，在"文本"面板的"转录文本"选项卡（或"字幕"选项卡）中单击 转录序列 按钮，打开"创建转录文本"对话框，在其中设置完成后，单击 转录 按钮。Premiere开始转录并在"文本"面板的"转录文本"选项卡中显示结果，双击字幕可修改其中的文本，如图4-40所示。

图4-40

（2）编辑转录文本

创建转录文本后，可以对其进行查找和替换、拆分和合并等编辑操作。

● 查找和替换转录文本：在"转录文本"选项卡左上角的搜索框中输入搜索词，系统会突出显示搜索词在转录文本中的所有实例。单击"向上"按钮 ^ 或"向下"按钮 v 浏览搜索词的所有实例，单击"替换"按钮 ⟳ 可输入替换文本。要仅替换搜索词的选定实例，可单击 ⟳ 替换 按钮；要替换搜索词的所有实例，可以单击 ⟳ 全部替换 按钮。

● 拆分和合并转录文本：在"转录文本"选项卡中单击"拆分区段"按钮 ⇕，可将所选文本在文本选中的位置分段；单击"合并区段"按钮 ⤬，可将所选文本合并为一段。

（3）生成字幕

调整好转录的文本内容后，可单击"创建说明性字幕"按钮 [CC]，打开"创建字幕"对话框，在其中设置字幕预设、格式等，然后单击 创建 按钮，将自动根据转录的文本生成字幕，并在"时间轴"面板中自动添加一个C1轨道。添加字幕后，也可以通过"基本图形"面板中的"编辑"选项卡来编辑字幕。

3. 手动添加字幕

在"文本"面板的"字幕"选项卡中单击 [创建新字幕轨] 按钮，打开"新字幕轨道"对话框。在其中设置字幕轨道格式和样式（一般保持默认设置）后单击 确定 按钮，同样会在"时间轴"面板中自动添加一个C1轨道，然后在"文本"面板中单击"添加新字幕分段"按钮 ⊕ 可以手动添加字幕。

4. 添加图形

在Premiere中，不仅可以添加文字和字幕，还可以添加图形，以丰富视频中的元素展示方式。添加图形时，可以根据需要添加静态图形或动态图形。

（1）添加静态图形

添加图形可以分为两种类型。一种是创建规则图形，只需在工具栏中选择相应的图形绘制工具，如"矩形工具" ▢、"椭圆工具" ◯、"多边形工具" ⬠，然后在"节目"面板中拖动鼠标以绘制形状。绘制时，按住【Shift】键不放，可以等比例绘制图形；按住【Alt】键不放可以按从中心向外的方式绘制图形。另一种是创建不规则图形，在工具栏中选择"钢笔工具" ✎，然后在"节目"面板中单击并拖动鼠标，以绘制出任意形状的静态图形。

绘制静态图形后，通过"基本图形"面板中的"对齐并变换"栏和"外观"栏来设置形状的大小、位置、不透明度以及填充、描边、形状蒙版等，其方法与设置文字的方法类似。

（2）添加动态图形

利用"基本图形"面板中的动画功能，可以将静态图形转变为动态图形。选择"时间轴"面板轨道上的图形文件（需确保"基本图形"面板的图层窗格未选中任何单个图层），"基本图形"面板的"编辑"选项卡中会出现"响应式设计-时间"栏，如图4-41所示。

● 保留开场和结尾动画：在"开场持续时间"数值框和"结尾持续时间"数值框中，可以设置剪辑的开始和结束位置。在"效果控件"面板中，可以看到这些时间范围内的关键帧被灰色部分覆盖，如图4-42所示。当动态图形的总体持续时间发生变化时，只会影响没有被灰色部分覆盖的区域，从而保证动态图形的开场和结尾动画不会受到影响。

- 创建滚动动画：单击选中"滚动"复选框，将会出现"滚动"复选框的各项参数，如图4-43所示。此时，"节目"面板右侧会出现一个透明的蓝色滚动条，拖动滚动条可以预览滚动效果。

图4-41   图4-42   图4-43

4.2.9 调整音频音量

　　Premiere中常用的调整音频音量的方法有两种，一种是在"时间轴"面板中选择音频后，在"效果控件"面板的"音频"选项卡中展开"音量"栏，可设置"级别"参数来调节音量大小。

　　另一种是在"时间轴"面板中添加音频后，双击音频轨道右侧的空白处以放大音频轨道，此时轨道上会出现一条白色的线，选择"选择工具" ▶ ，将鼠标指针移至白线处。当鼠标指针变为 形状时，按住鼠标左键不放并向上拖动白线可增强音量，向下拖动白线可降低音量，如图4-44所示。

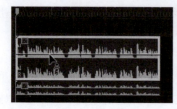
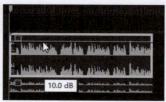
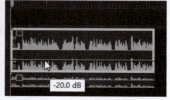

图4-44

知识拓展

　　在Premiere的"效果"面板中还提供了音频效果组和音频过渡效果组，用于调整音频的最终播放效果，使其更符合制作需求。音频效果组包含多个音频效果供用户选择，可以用来改善音频的质量、增加音频效果、修复录音问题，以及创造各种音频创意效果。音频过渡效果组仅包含一个交叉淡化效果组，该效果组主要用于制作两个音频素材之间的流畅切换效果，也可放在音频素材之前或之后创建音频淡入、淡出的效果。

资源链接：
音频效果组和音频过渡效果组详解

4.2.10 运用视频效果

Premiere提供了上百种视频效果，这些效果分布在"效果"面板的"视频效果"文件夹中，如图4-45所示（由于视频效果较多，且篇幅有限，本章介绍部分常用的视频效果组）。在"效果"面板中选择需要添加的视频效果，然后将其拖动到"时间轴"面板中的视频素材上即可应用。

图4-45

- "变换"效果组：该效果组可以实现素材的翻转、羽化、裁剪等操作。
- "扭曲"效果组：主要通过对图像进行几何扭曲变形制作出各种画面变形效果。
- "杂色与颗粒"效果组：其中只有"杂色"效果，可以制作出类似噪点的效果。
- "模糊与锐化"效果组：能对画面进行锐化和模糊处理，还可以制作出动画效果。
- "沉浸式视频"效果组：可以打造出虚拟现实的奇幻效果，常用于VR/360视频中。
- "生成"效果组：主要用于生成一些特殊效果，如渐变、闪电、光晕等。
- "过时"效果组：其中包括了Premiere早期版本的效果，主要用于与早期版本创建的项目兼容。
- "过渡"效果组：其中的过渡效果与"视频过渡"效果组中的过渡效果在画面表现上类似，都用于设置两个素材之间的过渡切换方式。但前者是在自身素材上进行过渡，需要使用关键帧才能完成过渡操作，而后者是在前后两个素材间进行过渡。
- "透视"效果组：主要用于制作三维透视效果，可使素材产生立体效果，使其具有空间感。
- "风格化"效果组：主要用于对素材进行美术处理，使素材效果更加美观、丰富。

此外，在"效果"面板的"预设"文件夹中，还可以快速应用各种内置预设（预设是指预先设置好的效果文件）的视频效果，从而在丰富视频效果的同时提高工作效率。应用视频效果后，可以在"效果控件"面板中进行参数调整，以实现达到丰富多样的效果，还可以对这些视频效果进行复制（按【Ctrl+C】组合键）、粘贴（按【Ctrl+V】组合键）和删除（按【Delete】键或【Backspace】键）等操作。

> **知识拓展**
>
> 要将一种视频效果应用于多个不同的视频，除了复制和粘贴视频效果外，还可通过调整图层（调整图层是一种特殊的图层，它可以将视频效果应用于素材，但不会改变原素材的像素，因此不会对素材本身造成实质性的破坏）来实现。
>
> 其具体操作方法为：在"项目"面板中单击"新建项"按钮█，在打开的下拉列表中选择"调整图层"选项，打开"调整图层"对话框，自行设置参数后，单击███确定按钮（默认调整图层的大小与当前序列大小保持一致），然后在"项目"面板中将调整图层拖动到"时间轴"面板中需要添加视频效果的素材上方，再将视频效果应用到调整图层中，这时可在"效果控件"中修改效果参数进而影响调整图层下方的素材效果；或者更改调整图层的持续时间，来控制视频效果对素材的影响时间。

4.2.11 课堂案例——制作旅行 Vlog 片头

【制作要求】使用Premiere为某旅行Vlog制作片头，旨在抓住观众的眼球，为整个Vlog定下基调，提升整体的观看体验。要求使用博主拍摄的视频素材作为片头背景，色调自然美观，能够直观地展现旅途中的风景，并且采用动态的视觉效果和动画元素，以吸引观众的注意力，时长在15秒以内。

【操作要点】调色处理视频素材；添加片头文字，并绘制图形和导入素材进行装饰；利用关键帧制作各元素的动态效果。参考效果如图4-46所示。

【素材位置】配套资源:\素材文件\第4章\课堂案例\"Vlog片头素材"文件夹

【效果位置】配套资源:\效果文件\第4章\课堂案例\旅行Vlog片头.prproj、旅行Vlog片头.mp4

图4-46

具体操作如下。

STEP 01 启动Premiere，新建项目名为"旅行Vlog片头"的文件，将"Vlog片头素材"文件夹中的素材全部导入"项目"面板中。

STEP 02 将"风景视频.mp4"素材拖动到"时间轴"面板中，预览视频素材，发现视频颜色比较暗淡，需要对视频进行调色处理。切换工作区为"颜色"，此时操作界面右侧打开"Lumetri颜色"面板，在其中单击展开"基本校正"选项，调整参数如图4-47所示，调整前后的对比效果如图4-48所示。

视频教学：
制作旅行 Vlog
片头

图4-47

图4-48

STEP 03 切换工作区为"编辑",在"工具"面板中选择"文字工具" **T**,在"节目"面板中单击鼠标左键定位文本输入点,输入文字"旅"。

STEP 04 打开"效果控件"面板,展开"文本(旅)"栏,再展开"源文本"栏,设置字体为"方正正大黑简体"。单击填充色块,打开"拾色器"对话框,设置颜色为"#F3D864",单击 **确定** 按钮,如图4-49所示。

STEP 05 单击选中"描边"色块前的复选框,然后使用与设置填充相同的方法,继续设置描边颜色为"#000000",描边宽度为"4",如图4-50所示。

STEP 06 在"节目"面板中双击选中文字,按【Ctrl+C】组合键复制文字,然后连续按3次【Ctrl+V】组合键粘贴文字。之后,修改粘贴的文字内容,并调整其位置,如图4-51所示。

图4-49　　　　　　　　　　　　　图4-50　　　　　　　　　　　　　图4-51

STEP 07 再次使用"文字工具" **T** 输入"Travel Vlog"文字,并设置文字字体为"Brush Script Std",描边宽度为"2";输入"说走就走的旅行"文字,设置文字字体为"方正正大黑简体",字距为"180",填充颜色为"#000000",描边颜色为"#FFFFFF",描边宽度为"6",如图4-52所示。

STEP 08 选择"钢笔工具" **✏**,在"节目"面板中绘制矩形和爱心图形作为装饰,在"效果控件"面板中设置矩形颜色为"#F3D864",爱心图形颜色为"#FFFFFF",效果如图4-53所示。

STEP 09 将"装饰.png"素材拖动到V3轨道,在"节目"面板中调整素材的大小和位置,如图4-54所示。

图4-52　　　　　　　　　　　　　图4-53　　　　　　　　　　　　　图4-54

🔔 **提示**

Premiere中"钢笔工具"🖊的使用方法与Illustrator和Photoshop中"钢笔工具"🖊的使用方法基本相同。

STEP 10 选择V1轨道中的素材,单击鼠标右键,在弹出的快捷菜单中选择"取消链接"命令,以取消视频与音频的链接。选择A1轨道中的音频,并将其删除。将"项目"面板中的音频素材拖动到A1轨道中。

STEP 11 试听音频,发现音频在00:00:00:17时开始播放,可以将V2和V3轨道中的素材入点调整到00:00:00:17,出点调整为与音频出点一致。选择V3轨道中的素材,在"效果控件"面板中单击"不透明度"选项前的"动画切换"按钮⏱,创建不透明度属性关键帧,并调整不透明度为"0%",将时间指示器移动到00:00:02:04,设置不透明度为"100%",再次创建关键帧,如图4-55所示。

STEP 12 将时间指示器移动到00:00:00:17,在"效果控件"面板中为所有装饰图形都创建不透明度属性关键帧,并设置不透明度为"0%",在00:00:03:08位置设置不透明度为"100%"。

STEP 13 选择V2轨道中的素材,在"效果控件"面板中展开"文本(说走就走的旅行)"栏,单击"创建四点多边形蒙版"工具▭,并在"节目"面板中调整蒙版右侧锚点的位置,如图4-56所示。

 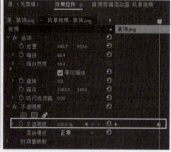

图4-55 图4-56

STEP 14 将时间指示器移动到00:00:00:17,在"效果控件"面板中,单击"蒙版"栏下方"蒙版路径"选项前的"动画切换"按钮⏱。接着,将时间指示器移动到00:00:06:18,单击"蒙版路径"选项后的"添加/移除关键帧"按钮◆创建关键帧,将时间指示器移动到00:00:09:09,再次创建关键帧。选择"蒙版"栏,"节目"面板显示出蒙版,将蒙版向右水平移动,如图4-57所示。

STEP 15 将时间指示器移动到00:00:00:17,在"效果控件"面板中,展开"文本(旅)"栏,选择"锚点"栏,在"节目"面板中调整"旅"字上的锚点,如图4-58所示。

STEP 16 使用相同的方法继续在"文本(旅)"栏中创建缩放属性的关键帧,并调整缩放为"0",将时间指示器移动到00:00:02:16,调整缩放为"226",如图4-59所示。

图4-57 图4-58 图4-59

STEP 17 使用与步骤15相同的方法，在当前位置调整"行"字上的锚点。在"文本（行）"栏中创建缩放属性关键帧，并调整缩放为"0"，在00:00:04:11位置调整缩放为"226"；在当前位置调整"日"字上的锚点，在"文本（日）"栏中创建缩放属性关键帧，并调整缩放为"0"，在00:00:06:08位置调整缩放为"226"；在当前位置调整"记"字上的锚点，在"文本（记）"栏中创建缩放属性关键帧，并调整缩放为"0"，在00:00:08:09位置调整缩放为"226"。

STEP 18 展开"文本（Travel Vlog）"栏，创建位置属性关键帧。将时间指示器移动到00:00:09:12，再次创建位置属性关键帧，单击位置属性栏右侧的"转到上一关键帧"按钮，如图4-60所示，然后在"节目"面板中调整"Travel Vlog"文字位置，如图4-61所示，调整视频出点与音频一致，最后保存项目文件，并将其导出为MP4格式的文件。

图4-60

图4-61

4.2.12 了解视频运动属性

视频运动属性是Premiere中每个视频素材都具备的基本属性。将视频素材添加到"时间轴"面板中后，选择该素材，在"效果控件"面板中展开"运动"栏，可以查看和设置不同的运动属性，如图4-62所示。

图4-62

1. 位置

位置可用于设置视频素材在画面中的位置。该属性有两个数值框，分别用于定位视频素材在画面中的X轴坐标值（水平坐标）和Y轴坐标值（垂直坐标）。在"效果控件"面板中选择"位置"选项，在"节目"面板中直接移动视频素材位置，位置属性也会发生变化。

2. 缩放

缩放可用于调整视频素材在画面中的显示大小，单击选中"等比缩放"复选框，并在"缩放"数值框中输入数值即可等比例缩放素材大小，默认状态下为"100"。取消选中"等比缩放"复选框，可以分别对视频素材设置不同的缩放宽度和缩放高度。

3. 旋转

旋转可用于设置视频素材在画面中的旋转角度。当旋转角度小于360°时，旋转属性只显示为一个数字，当旋转角度大于360°时，旋转属性将显示为两个数字，第1个数字为旋转周数，第2个数字为旋转角度。

4. 锚点

默认情况下，锚点是视频素材的中心点，图标显示为 ✛。视频素材的位置、旋转和缩放操作都基于锚点进行。在设置锚点时，除了可以直接在数值框中输入精确的数值外，还可以在"效果控件"面板中选择"运动"栏（或其中任意一项属性），在"节目"面板中将鼠标指针移动到锚点位置。当鼠标指针变为 ▸ 形状时，按住鼠标左键可拖动锚点。

5. 防闪烁滤镜

防闪烁滤镜对处理的视频素材进行颜色提取。当转换隔行扫描视频或缩小高分辨率视频素材时，可以减少或避免画面细节的闪烁问题。

除了以上5种基本的视频运动属性外，在Premiere中还包括不透明度和时间重映射两种基本属性。不透明度主要用于调整视频素材的透明程度和混合模式，可以使视频素材变得透明或产生其他特殊效果；时间重映射主要用于调整视频素材的播放速度，如加快、减慢或倒放等，常用于制作变速视频。

4.2.13 利用关键帧编辑视频运动属性

关键帧是指物体运动变化中关键动作所处的那一帧，是运动变化过程中最重要的帧类型之一。在视频编辑过程中，可以通过关键帧在不同时间点设置不同的参数值，从而使视频在播放过程中产生动态变化。

1. 开启关键帧

在"时间轴"面板中选择需要添加关键帧的素材，然后将当前时间指示器定位到需要添加关键帧的位置。在"效果控件"面板中需要添加关键帧的选项前单击"切换动画"按钮 ◉，此时该按钮变为蓝色 ◉，表示激活状态，并且自动在当前时间指示器所在的时间点生成一个关键帧，记录当前属性值，如图4-63所示。

需要注意的是，激活关键帧后，不能再单击激活后的"切换动画"按钮 ◉ 创建关键帧，否则将会删除全部关键帧。

2. 添加关键帧

在Premiere设置关键帧主要是在"效果控件"面板中进行。开启某属性的关键帧后，该属性右侧将激活 ◄◉► 按钮组，将当前时间指示器拖动到需要添加关键帧的位置，重新设置该属性值，或单击按钮组中的"添加/移除关键帧"按钮 ◉，即可在"效果控件"面板右侧的时间线位置添加一个关键帧 ◆，同时该按钮变为蓝色 ◉，呈激活状态，如图4-64所示。

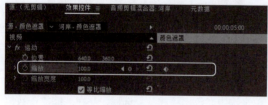

图4-63   图4-64

3. 查看关键帧

当"效果控件"面板中的某个属性包含多个关键帧时，可通过该属性栏右侧 ◄◉► 按钮组中的"跳转到上一关键帧"按钮 ◄ 和"跳转到下一关键帧"按钮 ► 来查看关键帧的位置和参数。

4. 选择关键帧

选择"选择工具" ▸，直接在"效果控件"面板右侧的时间线中单击要选择的单个关键帧，可选择该关键帧（当关键帧显示为■状态时，表示该关键帧已被选中）；按住鼠标左键并拖曳出一个框选范围，释放鼠标后，在该范围内的多个相邻关键帧将被全部选中；按住【Shift】键或者【Ctrl】键，然后依次单击多个关键帧，即可选择多个不相邻关键帧。

要选择某个属性中的全部关键帧，可以在"效果控件"面板中双击该属性名称，从而将该属性中的所有关键帧选中。

5. 删除关键帧

在"效果控件"面板右侧的时间线位置选择需要删除的关键帧，按【Delete】键或单击鼠标右键，在弹出的快捷菜单中选择"清除"命令，即可删除所选关键帧；选择"清除所有关键帧"命令，可以删除所有关键帧。

6. 复制和粘贴关键帧

在制作关键帧动画时，有时需要添加多个相同属性值的关键帧。此时可以单击选中一个关键帧，按【Ctrl+C】组合键复制，然后将时间指示器移动到需要粘贴关键帧的位置，按【Ctrl+V】组合键粘贴。也可以选择一个关键帧，按住【Alt】键，同时将该关键帧向左或向右拖动进行复制。释放鼠标的位置将出现一个相同的关键帧。

> **知识拓展**
>
> 创建两个关键帧后，Premiere 会自动在关键帧之间插入插值（插值是指在两个已知的属性值之间填充未知数据的过程，也称为"补间"），用来形成连续的动画。Premiere 中的关键帧插值主要分为临时插值和空间插值两种类型，其中，临时插值用于控制关键帧在时间线上的变化状态，如匀速运动和变速运动，空间插值用于控制关键帧在空间中位置的变化，如直线运动和曲线运动。

资源链接：
编辑关键帧插值详解

4.2.14 应用蒙版

蒙版的基本作用在于遮挡。当需要对视频或图像的某一特定区域应用颜色变化、模糊或其他效果时，可以使用蒙版将未被选中的区域隔离，使其不被编辑。Premiere中的蒙版类似于Photoshop中的矢量蒙版，主要通过形状（路径）来表示隐藏或显示的区域。

1. 创建蒙版

在"效果控件"面板中可以看到Premiere提供的"创建椭圆形蒙版"工具◯、"创建四点多边形蒙版"工具▭和"自由绘制贝塞尔曲线"✐3种蒙版创建工具，使用这些工具可以创建不同形状的蒙版。

2. 编辑蒙版

创建蒙版后，可以直接在"效果控件"面板中的"蒙版"栏对蒙版羽化、不透明度等属性进行更加精细的设置（见图4-65），也可以在"节目"面板中通过以下操作直接编辑蒙版。

- 移动蒙版位置：将鼠标指针移动到蒙版上，当鼠标指针变成👆形状时，按住鼠标左键不放并拖动即可。
- 调整蒙版形状：将鼠标指针移至蒙版外侧的方形锚点上，当鼠标指针变成➤形状时，单击选中锚点（锚点变为实心为选中状态，空心为未选中状态），然后拖动锚点即可改变蒙版形状，如图4-66所示。

● 调整蒙版羽化和扩展：单击并拖动蒙版外侧的圆形锚点，可以调整蒙版的羽化程度，如图4-67所示；单击并拖动外侧菱形锚点，可以调整蒙版的扩展，如图4-68所示。

图 4-65

图 4-66

图 4-67

图 4-68

● 旋转蒙版：将鼠标指针移动到蒙版的正方形锚点上，当鼠标指针变成弯曲的双向箭头 时，按住鼠标左键拖曳可旋转蒙版。若按住【Shift】键不放并拖曳，可以以22.5°为单位进行旋转。

4.2.15 调色视频

一个好的视频作品，其画面的色彩至关重要。而调色不仅可以校正画面中曝光不足、曝光过度或偏色的问题，尽可能使画面看起来自然协调，还可以通过特殊色彩的调色，用色调来烘托氛围。

1. 使用"Lumetri颜色"面板调色

"Lumetri颜色"面板包括6个部分，如图4-69所示。每个部分都专注于不同的调色功能，也可以搭配使用，以快速完成视频的调色处理。

资源链接：
"Lumetri颜色"
面板详解

● 基本校正：在调色视频之前，首先应检查看画面是否出现偏色、曝光过度或曝光不足等问题，然后针对这些问题进行基本校正。通过"基本校正"选项可以校正或还原画面颜色，修正其中过暗或过亮的区域，并调整曝光与明暗对比等。

图 4-69

● 创意："创意"选项的"Look"下拉列表提供了多种创意的Look预设，可以进一步调整画面的色调，实现所需的颜色创意。

● 曲线：在"曲线"选项中，可以拖动曲线，快速且精确地调整视频的色调范围，以获得更加自然的视觉效果。

● 色轮和匹配：在"色轮和匹配"选项中，单击并拖动色轮中间的十字光标以选择颜色，向上（或向下）拖动色轮左侧滑块可增强（或减少）应用强度，从而更加精确地对视频调色。需注意，若色轮被填满，表示已进行调整，空心色轮则表示未进行任何调整，双击色轮可将其复原。

● HSL辅助：在"HSL辅助"选项中，可以精确调整某个特定颜色，而不会影响画面中的其他颜色，因此适用于局部细节调色。

● 晕影：在"晕影"选项中，可以调整画面边缘变亮或变暗的程度，以突出画面主体。

2. 使用调色类效果调色

Premiere中的调色类效果保存在"效果"面板的"视频效果"文件夹的"颜色校正"效果组（见图

4-70）、"过时"效果组（见图4-71）和"图像控制"效果组（见图4-72）中。

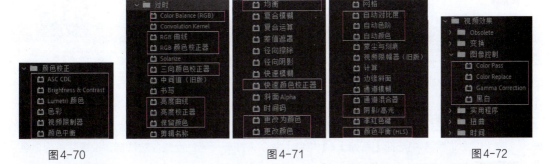

图4-70　　　　　　　　　　　图4-71　　　　　　　　　　　图4-72

使用调色类效果时，可以直接将所需的调色效果拖动到"时间轴"面板中的素材上。接着，在"效果控件"面板中编辑调色效果，使画面效果符合需求。

视频后期处理软件After Effects

前面介绍了使用Premiere进行视频剪辑的相关知识和操作。视频编辑是一项非常复杂的工作，对于某些需要进行后期处理的作品，还需要使用After Effects。

4.3.1　课堂案例——制作年会开场特效视频

【制作要求】使用After Effects为某企业的年会制作一个开场特效视频，以提升年会氛围并增强活动效果。要求采用温暖色调，以营造欢乐、热闹的年会氛围。特效应自然美观，能够给观众带来强烈的视觉冲击力，时长在10秒以内，并提供一个年会开场效果预览视频。

【操作要点】导入相关素材并进行管理分类，调整素材的大小和位置，制作片头效果，最后依次添加视频素材和音频到轨道中。参考效果如图4-73所示。

【素材位置】配套资源:\素材文件\第4章\课堂案例\"年会开场特效素材"文件夹

【效果位置】配套资源:\效果文件\第4章\课堂案例\年会开场特效视频.After Effectsp、年会开场特效视频.mp4、年会开场效果预览.mp4

图4-73

具体操作如下。

STEP 01 启动After Effects，在"主页"界面中单击 新建项目 按钮新建项目文件，并进入操作界面，在"合成"面板中选择"新建合成"选项（或按【Ctrl+N】组合键），打开"合成设置"对话框，设置大小为"1920px×1080px"，合成名称为"背景"，持续时间为0:00:08:00，单击 确定 按钮，如图4-74所示，此时新建空白合成文件（合成文件是一个组合素材的容器，与Premiere中的序列文件类似）。

视频教学：
制作年会开场特
效视频

STEP 02 将素材文件夹中的素材全部拖动到"项目"面板中。在"时间轴"面板中单击鼠标右键，在弹出的快捷菜单中选择【新建】/【纯色】命令，打开"纯色设置"对话框，设置颜色为白色，单击 确定 按钮，新建一个白色纯色图层。

STEP 03 打开"效果和预设"面板，展开"生成"特效组，选择其中的"四色渐变"效果，将其拖动到纯色图层。在"效果控件"面板中，调整4个点的颜色分别为"#350B00""#B04427""#6A2310""#430F01"，如图4-75所示。

STEP 04 再次新建一个白色纯色图层，并为其应用"杂色和颗粒"特效组中的"分形杂色"效果。在"效果控件"面板中设置相关参数，再单击"偏移（湍流）"和"演化"选项前的 按钮，使其变为蓝色状态，以激活关键帧，如图4-76所示。将时间指示器移动到视频结束位置，设置偏移（湍流为"1290.1213"，演化为"1x+0.0"）

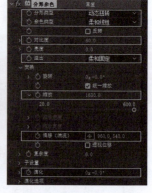

图4-74 图4-75 图4-76

🔔 **提示**

要修改新建后的合成文件属性，可以在菜单栏中选择【合成】/【合成设置】命令或按【Ctrl+K】组合键，打开"合成设置"对话框，然后在其中重新设置合成属性。

STEP 05 选择第2个纯色图层，单击鼠标右键，在弹出的快捷菜单中选择【混合模式】/【颜色减淡】命令。在"时间轴"面板中展开该图层的"变换"栏，设置不透明度为"60%"，如图4-77所示，使其更好地融入背景中。

STEP 06 新建一个白色纯色图层，并重命名为"粒子"。将"模拟"特效组中的"CC Particle World"效果应用到该图层。在"效果控件"面板中，展开"Producer"下拉列表，设置相关参数以改变粒子发射方式；展开"Physics"下拉列表，设置相关参数以改变粒子的速度和密度；展开

"Particle"下拉列表，在其中设置相关参数，改变粒子类型、大小等，如图4-78所示。

图4-77　　　　　　　　　　　　　　　　　　　图4-78

STEP 07 继续将"模糊和锐化"特效组中的"摄像机镜头模糊"效果应用到粒子图层。在"效果控件"面板中设置模糊半径为"10"。

STEP 08 为了让粒子的层次更加丰富，可以为其添加不同效果的粒子。新建一个白色纯色图层，并重命名为"粒子"。将"模拟"特效组中的"CC Star Burst"效果应用到该图层，并在"效果控件"面板中设置相关参数，如图4-79所示。

STEP 09 继续将"风格化"特效组中的"发光"效果应用到新粒子图层，并在"效果控件"面板中设置相关参数，如图4-80所示。

STEP 10 在"时间轴"面板中设置两个"粒子"图层的图层混合模式均为"经典颜色减淡"。新建名为"光束"的合成。在新合成中，新建一个白色纯色图层，并将"分形杂色"效果应用到该图层。在"效果控件"面板中设置参数，激活部分选项关键帧，如图4-81所示。

图4-79　　　　　　　　　　图4-80　　　　　　　　　　图4-81

STEP 11 将时间指示器移动到视频结束位置，设置偏移（湍流）为"2000，540"，演化为"5x+0.0°"。

STEP 12 再次为白色纯色图层应用"扭曲"特效组中的"极坐标"效果和"模糊与锐化"特效组中的"高斯模糊"效果。在"效果控件"面板中设置相关参数，如图4-82所示。

STEP 13 在"时间轴"面板中展开白色纯色图层的"变换"栏，设置其中的锚点、位置、缩放、旋转、不透明度等参数，如图4-83所示。

STEP 14 切换到"背景"合成，将"项目"面板中的"光束"合成拖入该合成中，并调整"光束"合成的图层混合模式为"颜色减淡"，不透明度为"50%"，使其与下方图层的画面更加融合。

STEP 15 将"背景2.mp4"素材拖动到"背景"合成中，调整其缩放参数为"150%"。在工具栏中选择"矩形工具" ，在"合成"面板中绘制蒙版，如图4-84所示。

图4-82   图4-83   图4-84

> 🔔 **提示**
>
> 在绘制蒙版时，必须先选中需要添加蒙版的图层（非形状图层）再进行绘制，才能绘制出蒙版，否则将会创建一个形状。

STEP 16 由于"背景2.mp4"素材带有原始音频，可以在"时间轴"面板中选择该素材，单击鼠标右键，在弹出的快捷菜单中选择【开关】/【音频】命令，取消音频选项，将视频素材静音。接下来，在"时间轴"面板中展开该图层的"蒙版"栏，设置蒙版羽化为"555"。

STEP 17 将"颜色校正"特效组中的"色相/饱和度"效果应用到"背景2.mp4"图层，然后在"效果控件"面板中设置相关参数，如图4-85所示，使该图层与背景融合得更加自然。预览效果如图4-86所示。

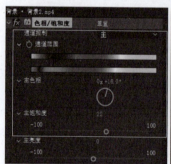
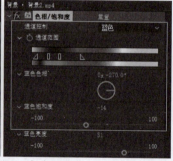

图4-85   图4-86

STEP 18 将"粒子线条.mp4"素材拖动到"时间轴"面板中，然后使用与步骤16相同的方法将该视频素材静音，并设置混合模式为"相加"，以去除素材中的黑色区域。

STEP 19 选择"横排文字工具" ，分别在"合成"面板中输入3排文字，在"字符"面板中设置字体分别为"汉仪综艺体简""黑体"，调整合适的字体大小，效果如图4-87所示。

STEP 20 在"时间轴"面板中选择3个文字图层，按【Ctrl+Shift+C】组合键，打开"预合成"对话框，在"新合成名称"文本框中输入合成名称为"原始文字"，单击 确定 按钮，将选中的文字图层转换为一个单独的合成文件。

STEP 21 将"文字材质.mp4"素材拖动到"时间轴"面板中，并将该素材与"原始文字"预合成图层再次进行预合成，预合成名称为"最终文字"。双击打开"最终文字"预合成图层，设置"文字材质.mp4"图层的轨道遮罩为"原始文字"，如图4-88所示。

图4-87	图4-88

STEP 22 将"扭曲"特效组中的"CC Blobbylize"效果应用到"文字材质.mp4"图层中,在"效果控件"面板中设置相关参数,如图4-89所示。

STEP 23 双击打开"原始文字"预合成图层,在"效果与预设"面板中依次展开"动画预设""Text"文件夹,将"Blurs"特效组中的"子弹头列车"效果应用到第3个文字图层中,将"按单词模糊"效果应用到其余两个文字图层中。

STEP 24 切换到"背景"合成,在"最终文字"预合成图层上单击鼠标右键,在弹出的快捷菜单中选择【图层样式】/【投影】命令。在"时间轴"面板中展开"投影"栏,设置颜色为"#67180E"。将"震撼背景音乐.mp3"素材拖动到"时间轴"面板中,完成年会开场特效视频的制作。

STEP 25 将"年会现场.mp4"视频素材导入"项目"面板,选择该素材,单击鼠标右键,在弹出的快捷菜单中选择"基于所选项新建合成"选项,基于所选素材新建合成文件。

STEP 26 在"效果与预设"面板中依次展开"Keying"文件夹,将其中的"Keylight(1.2)"特效应用到"年会现场.mp4"图层中。在"效果控件"面板中单击"Screen Colour"选项后的吸管工具，吸取"合成"面板中"年会现场.mp4"视频中的绿色,如图4-90所示。

STEP 27 将"项目"面板中的"背景"合成文件拖动到"年会现场.mp4"图层下方。将"扭曲"特效组中的"边角定位"效果应用到"背景"图层中,并在"合成"面板中调整边角,如图4-91所示。新建一个颜色为"#AC3119"的纯色图形,并移动到"背景"图层下方。

图4-89	图4-90	图4-91

STEP 28 按【Ctrl+S】组合键保存项目文件,依次选择"背景""年会现场"合成文件,按【Ctrl+M】组合键将文件添加到"渲染队列"面板。依次单击"输出到"选项后的超链接,在打开的对话框中选择文件的保存类型,并修改文件名称,单击 保存(S) 按钮返回"渲染队列"面板,如图4-92所示,最后单击 渲染 按钮输出MP4格式的文件。

图4-92

4.3.2　文字类特效

与Premiere相比，在After Effects中创建的文字不仅能调整格式和外观，还可以方便快捷地制作出各种特效。在After Effects中同样可以创建点文字和段落文字，其操作方法与在Premiere中相同。只需选择"横排文字工具" T 或"直排文字工具" IT ，在"合成"面板中进行输入操作。输入后的文字还可以通过"字符"面板和"段落"面板进行编辑。可以通过以下两种方式制作文字类特效。

1. 设置文字动画属性

利用文字图层的动画制作工具为文字添加不同的动画属性，以制作相关的动画效果。具体操作方法如下：在"时间轴"面板中展开文字图层，然后单击文字图层右侧的"动画"按钮 。在弹出的快捷菜单中可设置不同的动画属性，如图4-93所示。

在"时间轴"面板中为文字添加动画属性后，"文字"栏下方将出现一个"动画制作工具"栏。单击右侧的"添加"按钮 ，在弹出的快捷菜单中选择"属性"子菜单，可以在"动画制作工具"栏中继续添加新的动画属性；选择"选择器"子菜单，可以选择不同的选择器来设置动画效果，如图4-94所示。

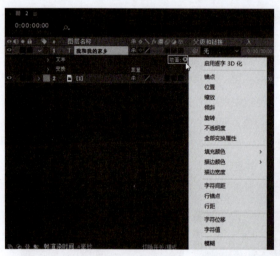

资源链接：
表达式详解

图4-93　　　　　　　　　　　　　　　　　　　图4-94

其中，"范围"选择器可以使文字按照特定顺序进行移动和缩放，这也是After Effects默认的选择器；"摆动"选择器可以使文字在指定的时间段产生摇摆动画；"表达式"选择器可以通过输入表达式来控制文字动画。

2. 应用文本动画预设效果

除了手动制作文字特效外，After Effects还为文字图层提供了文本动画预设效果，可直接应用到文字图层中，为文本添加更加丰富的动画效果。应用文字动画预设的方法如下：打开"效果和预设"面板，依次展开"动画预设""Text"特效组，其中包含多个不同类别的动画效果，如图4-95所示。选择文字图层后双击某个文字动画预设，或直接将其拖曳至文字图层上即可应用。

如果对预设效果不满意，可在"时间轴"面板中展开已添加文本动画预设效果的文字图层，然后修改其中的参数或者关键帧，如图4-96所示。

图4-95　　　　　　　　　　　　　图4-96

4.3.3　抠像类特效

抠像特效可以将两段或多段视频素材进行合成，是视频后期制作中常用的功能，能够制作出现实生活中不易实现的画面。After Effects中的抠像特效主要集中在"效果与预设"面板中的"Keying""抠像"特效组中，如图4-97所示。

1. Keying

"Keying"特效组仅包括一个"Keylight（1.2）"抠像特效。该特效高效便捷，功能强大，能够通过识别所选颜色将视频的主体与背景分离。

2. 抠像

"抠像"特效组包括9个抠像特效，各特效介绍如下。

- Advanced Spill Suppressor（高级溢出抑制器）：该特效可以从已经完成的抠像素材中移除杂色，包括边缘及主体内染上的环境色。
- CC Simple Wire Removal（简单金属丝移除）：该特效可以擦除两点之间的一条线，常用于擦除视频画面中人物身上的威亚钢丝绳等。
- Key Cleaner（抠像清除器）：该特效可以改善杂色素材的抠像效果，同时保留细节，仅影响Alpha通道，类似于Photoshop中的"调整边缘"命令，常与"Keylight（1.2）"特效结合使用，以恢复素材的边缘细节。

图4-97

- 内部/外部键：该特效通过为图层创建蒙版来定义图层上对象的边缘内部和外部，从而进行抠像，且在绘制蒙版时可以不需要完全贴合对象的边缘。
- 差值遮罩：该特效可比较源图层和差值图层，然后抠出源图层与差值图层中的位置和颜色相匹配的像素。
- 提取：该特效可以基于一个通道的范围进行抠像，如当图像的亮度通道或RGB通道中的某个通道存在明显差异时，可使用该特效。
- 线性颜色键：该特效可将视频画面中的每个像素与指定的主色进行比较，如果像素的颜色与主色相似，则此像素将变为完全透明；不太相似的像素将变为半透明；完全不相似的像素保持不透明。
- 颜色范围：该特效可以基于RGB、Lab或YUV任意色彩空间抠取指定的颜色范围，类似于

Photoshop中的"色彩范围"命令。

● 颜色差值键：该特效主要通过创建明确的透明度值来实现抠像效果。其原理是将视频画面分为"A""B"两个遮罩，其中"A遮罩"使除指定颜色之外的其他颜色区域透明，而"B遮罩"使指定颜色区域透明，将这两个遮罩组合得到一个新的透明区域，即最终的Alpha通道。

知识拓展　　除了常用的抠像类效果外，AE 还提供了"Roto 笔刷工具"用于抠像，有效提高处理效率。"Roto 笔刷工具"可以对视频中的对象进行绘制，然后AE 根据绘制的选区在前景（即对象）和背景之间创建分离边界，从而将前景抠取出来，并跟踪前景的运动轨迹，在后续帧中自动调整前景的范围。

资源链接：
Roto 笔刷工具
详解

4.3.4　调色类特效

调色是After Effects中非常重要的功能，也是视频后期处理的"重头戏"。它可以校正画面色调、强调画面氛围，并烘托主题。After Effects中的调色特效主要集中在"效果与预设"面板中的"颜色校正"特效组中（见图4-98），常用的主要有以下8种。

图4-98

● 三色调：该效果可将画面中的高光、阴影和中间调设置为不同的颜色，从而使画面变为3种颜色的效果。

● CC Toner（调色剂）：该效果将各种颜色映射到图层的不同亮度区域，常用于制作双色调和三色调图像。

● 照片滤镜：该效果可以为图像添加滤镜效果，使其产生某种颜色的偏色效果。

● Lumetri颜色：该效果可以满足多种调色要求，与Premiere中的"Lumetri颜色"面板功能大致相同。

● 色调均化：该效果可以在画面过暗或过亮时，通过重新分布像素的亮度值以达到更均匀的亮度平衡。

● 色相/饱和度：该效果可以调整画面中各个通道的色彩、饱和度和亮度。

● 自然饱和度：该效果可以调整画面中的自然饱和度和整体饱和度。

● 颜色平衡/颜色平衡（HLS）："颜色平衡"效果可以调整阴影、中间调和高光的红、绿、蓝颜色通道的强度。"颜色平衡（HLS）"效果能对画面的色相、明度、饱和度进行调整，使画面颜色发生改变，达到色彩均衡的效果。

4.3.5　粒子类特效

粒子特效用于模拟和表现自然界中的现象（如雨、雪、烟、雾、闪电等），以及其他特殊效果（如爆炸、烟花和各种光效），由各种三维软件开发的制作模块。粒子特效是视频后期处理中常用的特效之一，可以增强视觉效果和氛围。After Effects中的粒子类特效主要集中在"效果与预设"面板中的"模拟"特效组（见图4-99）中，常用的主要有以下10种。

图4-99

- 卡片动画：该效果可以将画面分为许多卡片，然后使用渐变图层控制这些卡片的几何形状，使其产生动画效果。
- CC Drizzle（细雨）：该效果可以模拟雨滴落入水面时产生的涟漪。
- CC Bubbles（气泡）：该效果可以制作出气泡效果。
- CC Particle World（粒子仿真世界）：该效果可以产生大量运动的粒子，并可对粒子的颜色、形状、产生方式等因素进行设置。
- CC Pixel Polly（破碎）：该效果可以将图层分成多边形，从而制作出画面破碎效果。
- CC Rainfall（下雨）：该效果可以模拟具有折射和运动模糊的降雨效果。
- CC Snowfall（下雪）：该效果可以模拟具有深度、光效和运动模糊的降雪效果。
- CC Star Burst（星爆）：该效果可以模拟星团效果。
- 碎片：该效果可以模拟爆炸、剥落、飞散的效果。
- 粒子运动场：该效果主要用于模拟基本的粒子效果，可以为大量相似的对象设置动画。

4.3.6　变换类特效

变换类视频特效可以让视频画面在形状上产生变化，如变形、扭曲、旋转、镜像等。After Effects中的过渡类特效主要集中在"扭曲"特效组（见图4-100）中，常用的主要有以下13种。

图4-100

- 贝塞尔曲线变形：此效果可以调整图像各个控制点的位置，从而改变图像的形状。
- 放大：该效果可以将素材的某一部分放大，并且可以调整放大区域的不透明度，同时羽化放大区域边缘。
- 镜像：该效果能够将素材分割为两部分，并在"效果控件"面板中调整"反射角度"以制作出镜像效果。
- CC Bender（卷曲）：该效果可以利用两个控制点对图像进行特定方向的扭曲，实现画面的弯曲效果。
- CC Blobbylize（融化）：该效果可以使画面产生融化效果。

- CC Page Turn（卷页）：该效果可以使画面产生翻页效果。
- CC Ripple Pulse（波纹扩散）：该效果可以模拟波纹扩散效果。需要注意的是，应用该效果时，需添加关键帧才能发生变化。
- 湍流置换：该效果可以使素材产生类似于波纹、信号和旗帜飘动等扭曲效果。
- 偏移效果：该效果可以根据设置的偏移量对画面进行位移。
- 网格变形：该效果可以在图像中添加网格，然后直接拖动网格点来变形图像。
- 变换：该效果主要用于综合设置素材的位置、尺寸、不透明度及倾斜度等参数。
- 极坐标：该效果可以产生图像旋转拉伸所带来的极限效果。
- 边角定位：该效果可以用于改变画面4个边角的坐标位置，从而对图像进行拉伸、扭曲。

4.3.7 过渡类特效

在After Effects中，也可以为视频制作过渡特效，从而达到与Premiere视频过渡效果相同的效果。After Effects中的过渡类特效主要集中在"过渡"特效组（见图4-101）中，常用的主要有以下11种。

- 渐变擦除：该效果可以根据该图层或其他图层中像素的明亮度决定消失的顺序。
- 卡片擦除：该效果可以使该图层生成一组卡片，然后以翻转的形式显示每张卡片的背面。
- CC Glass Wipe（玻璃擦除）：该效果可以模拟玻璃的材质对图层进行擦除。
- CC Grid Wipe（网格擦除）：该效果可以将图层以某个点为中心，划分成多个方格进行擦除。
- CC Light Wipe（照明式擦除）：该效果以照明的形式对图层进行擦除。
- CC Line Sweep（光线扫描）：该效果以光线扫描的形式对图层进行擦除。

图4-101

- CC Radial ScaleWipe（径向缩放擦除）：该效果以某个点径向扭曲图层进行擦除。
- CC Twister（龙卷风）：该效果可以对图层进行龙卷风样式的扭曲变形，从而实现视频过渡效果。
- 光圈擦除：该效果可使图层以指定的某个点进行径向过渡。
- 径向擦除：该效果可以环绕指定的某个点进行擦除。
- 线性擦除：该效果可以按指定的方向对该图层执行简单的线性擦除。

4.3.8 场景类特效

场景类特效是指对视频场景进行特殊处理，以增强画面的视觉效果。这些特效通常涉及对场景元素的增强、变换和合成，从而营造特定的氛围或实现创意构思。在After Effects中，常用的场景类特效主要分布在杂色和颗粒、模糊和锐化、生成、风格化这4个特效组中。

1. "杂色和颗粒"特效组

该特效组共包括12种类型，常用的主要有"分形杂色"和"湍流杂色"特效。这两种特效可以创建基于分形的图案，常用于模拟自然动态效果，如烟尘、云雾、火焰等。

2. "模糊和锐化"特效组

该特效组共包括16种类型，可以对画面进行锐化和模糊处理。尤其是模糊类特效应用得较多，可以让画面产生不同类型的模糊效果。

3. "生成"特效组

该特效组主要用于画面的处理或增加、生成某种效果，共包括26种类型。常用的主要有"镜头光晕"特效、"四色渐变"特效、"描边"特效、"梯度渐变"特效、"CC Light Burst 2.5（光线爆裂）"特效、"CC Light Sweep（扫光）"特效和"写入"特效。

4. "风格化"特效组

"风格化"特效组主要用于对素材进行美术处理，使素材效果更加美观、丰富。该组效果共包括25种类型，常用的主要有"画笔描边"特效、"卡通"特效、"散布"特效、"CC Glass（玻璃）"特效、"CC HexTile（六边形拼帖）"特效、"马赛克"特效、"动态拼帖"特效和"纹理化"特效。

4.3.9 特殊类特效

在After Effects中，除了上述特效外，还有一些较为特殊的特效，这些效果能够为用户提供丰富的创作可能性。这些特殊类特效位于"透视"特效组和"沉浸式视频"特效组中。

1. "透视"特效组

"透视"特效组主要用于制作透视效果，使用户能够在二维空间中创建出深度和立体感，从而增强视频的真实感和视觉冲击力。该特效组共包括10种类型，常用的有"径向阴影"特效、"CC Spotlight（点光源）"特效、"投影"特效、"3D摄像机跟踪器"特效等。其中，"3D 摄像机跟踪器"特效可以围绕任意一点创建模糊，从视频中提取3D场景数据，在三维图层中非常常用。

2. "沉浸式视频"特效组

"沉浸式视频"特效组主要用于编辑VR视频，以增强沉浸式视频体验，共包括12种类型。由于该特效组中的特效在普通视频中不常用，因此这里不做过多介绍，只是在应用这些特效前，需要选择【文件】/【项目设置】命令，在"视频渲染和效果"选项卡下方的"使用范围"下拉列表中选择"Mercury GPU 加速 (OpenCL)"选项。如果选择"仅 Mercury 软件"选项，则该特效不会渲染，并且会在"节目"面板中显示内容为"此效果需要GPU加速"的警告横幅。

知识拓展

此外，After Effects 还提供了大量的特效插件，如 Form（三维空间粒子插件）、Optical Flares（镜头光晕耀斑插件）和 Particular（超炫粒子插件）等。这些插件可以进一步提升场景类特效制作的能力，实现更加丰富和多样的视觉效果。插件的安装方法为（以 Particular 插件为例）：打开 AE 的安装路径，将"Particular.aex"安装文件复制到"Adobe After Effects 2024\Support Files\Plug-ins"文件夹中，然后重启 After Effects，选择图层后，选择【效果】/【Trapcode】/【Particular】命令，在"效果控件"面板中可以修改相应参数进行调整。

4.3.10 课堂案例——制作"世界环境日"三维合成视频

【制作要求】世界环境日即将到来，某公益宣传公众号需要在节日到来前发布视频，以迎合热度。要求突出"环境保护"主题，且主题文字具有光影质感，在视频中间创造性地添加多个环保口号。视频尺寸为1920像素×1080像素，时长在30秒以内。

【操作要点】激活三维图层；利用"cinema 4D"渲染器制作出三维主题文字；利用灯光制作主题文字的光影效果；利用摄像机制作三维文字的动态效果；利用跟踪摄像机制作三维环保口号文字。参考效果如图4-102所示。

【素材位置】配套资源:\素材文件\第4章\课堂案例\"世界环境日素材"文件夹

【效果位置】配套资源:\效果文件\第4章\课堂案例\"世界环境日"三维合成视频.aep、"世界环境日"三维合成视频.mp4

图4-102

具体操作如下。

STEP 01 启动After Effects，新建项目文件，再新建一个文件大小为"1920px×1080px"，持续时间为0:00:05:00，名称为"文字"的合成文件。

STEP 02 选择"横排文字工具" **T**，在"字符"面板中设置字体为"方正字迹-心海凤体 简"，字体大小为"260像素"，字距为"29"，在"合成"面板中输入"环境保护"文字，然后在"合成"面板右下角选择渲染器为"Cinema 4D"，如图4-103所示。

视频教学:
制作"世界环境日"三维合成视频

> **知识拓展**
>
> Cinema 4D 是一个整合 3D 模型、动画与算图的三维绘图软件，而文本中提到的"Cinema 4D"渲染器是 After Effects 新增的 3D 渲染器，它能够对文字和形状进行挤压，使其凸出，然后形成一种三维效果。应用"Cinema 4D"渲染器后，在"时间轴"面板中展开形状三维图层或文字三维图层，激活"几何选项"栏，在其中设置"凸出深度"，此时，文字或形状会向内挤出厚度。

STEP 03 单击文字图层中的"3D图层"开关 🔲，将其转换为三维图层。然后展开"几何选项"栏，设置凸出深度为"50"，如图4-104所示。

STEP 04 选择"向后平移（锚点）工具" 🔲，将文本的锚点移动到文本的中心位置。在"时间轴"面板中展开文字图层的"变换"栏，设置Y轴旋转为"15"。

STEP 05 此时，文字已经出现3D效果，但由于缺少灯光，显示效果不佳。选择【图层】/【新建】/【灯光】命令，打开"灯光设置"对话框，设置灯光类型为"聚光"，颜色为"#FDC56C"，然后设置其他参数，如图4-105所示，单击 确定 按钮新建灯光图层。

图4-103　　　　　　　　图4-104　　　　　　　　图4-105

STEP 06 在"时间轴"面板中调整灯光图层的位置、方向、旋转等属性，以改变灯光的照射角度和位置（也可以直接在"合成"面板中拖动灯光的三维坐标轴），如图4-106所示。

STEP 07 此时文字左侧由于没有灯光照射变为黑色阴影，因此需要为左侧添加灯光。按【Ctrl+D】组合键复制灯光图层，并使用与步骤6相同的方法调整灯光位置，如图4-107所示。

STEP 08 此时，文字中间部分仍然没有灯光，因此需要再次新建一个灯光类型为"点光"的灯光图层，然后调整点光的位置，如图4-108所示。

图4-106　　　　　　　　图4-107　　　　　　　　图4-108

STEP 09 选择"横排文字工具" T，在"字符"面板中设置字体为"方正正中黑简体"，字体大小为"70像素"，在"合成"面板中输入文字"全面推进美丽中国建设"，然后按【Ctrl+Shift+H】组合键隐藏图层控件。查看效果，如图4-109所示。

STEP 10 为文字设置动态效果。将时间指示器移动到开始位置，在"时间轴"面板中单击鼠标右键，在弹出的快捷菜单中选择【新建】/【空对象】命令，新建一个"空对象"图层。选择除"空对象"图层外的其他所有图层，拖动其中任意一个图层后的父级关联器 至"空对象"图层上，以建立父子链接，如图4-110所示。

图4-109　　　　　　　　　　　　图4-110

空对象图层主要用于辅助，通常可用作其他图层的父对象图层，也可作为控制器使用，并且不可渲染。另外，设置父子级图层可以在改变一个图层的某个属性时，同步修改其他图层的相应属性。要解除"父子关系"，可以在子级图层的"父级和链接"栏对应的下拉列表中选择"无"选项，或者按住【Ctrl】键的同时单击子级图层的"父级关联器"按钮 。

STEP 11 取消图层的选中状态，然后将"空对象"图层转换为三维图层。展开"空对象"图层的"变换"栏，激活其中的位置、缩放、方向属性的关键帧，然后调整参数，如图4-111所示。

STEP 12 将时间指示器移动到0:00:01:14，重置位置、缩放和方向属性参数。选中所有关键帧，按【F9】键，为其设置缓入缓出的运动方式。

STEP 13 将"背景.mp4"视频素材导入"项目"面板中，然后基于该素材新建一个名称为"背景"的 合成文件，然后将"文字"合成拖动到"背景"合成中，预览效果时发现文字较小，可调整"文字"合成的缩放为"115%"，再次预览文字效果如图4-112所示。

图4-111

图4-112

STEP 14 选择【图层】/【新建】/【摄像机】命令，打开"摄像机设置"对话框，设置预设为"50毫米"，然后单击 确定 按钮，如图4-113所示。

STEP 15 将时间指示器移动到0:00:03:00，展开"摄像机1"图层的"变换"栏，创建目标点属性的关键帧，在0:00:04:29位置修改目标点属性如图4-114所示。选中所有关键帧，按【F9】键，然后将"文字"合成和"摄像机1"图层进行预合成。

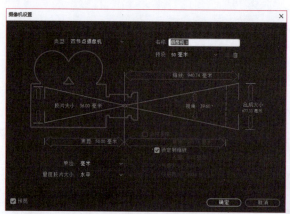
图4-113

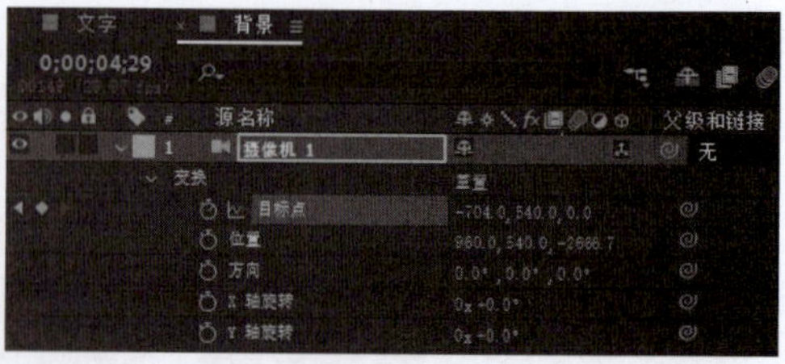

图4-114

STEP 16 选择"背景.mp4"图层，打开"跟踪器"面板，单击 跟踪摄像机 按钮，自动在后台解析素材。解析结束后，在"效果控件"面板中选择"3D摄像机跟踪器"效果，此时"合成"面板中会出现不同颜色的跟踪点，如图4-115所示。

STEP 17 在"时间轴"面板中选择"背景.mp4"图层，单击鼠标右键，在弹出的快捷菜单中选择【时间】/【时间伸缩】命令，打开"时间伸缩"对话框，设置拉伸因数为"50%"，以加快视频速度。

> 🔔 **提示**
>
> "时间伸缩"对话框中的拉伸因数可让视频产生变速效果，作用类似于Premiere中的"剪辑速度/持续时间"对话框中的速度参数。同理，也可以设置新持续时间来调整视频速度。

STEP 18 将鼠标指示器移动到0:00:04:29，将鼠标指针移至画面右侧的跟踪点上方，当跟踪点之间形成的红色圆圈与地面平行时，单击鼠标左键确定跟踪点，如图4-116所示。

STEP 19 在红色圆圈上单击鼠标右键，在弹出的快捷菜单中依次选择"设置地平面和原点"和"创建文本和摄像机"命令。双击文字图层，修改文字内容为"世界环境日宣传语.txt"素材中的第1句，设置文字字体为"方正正中黑简体"，字体大小为"500像素"。然后在"变换"栏中调整文字属性，使文字变立体，效果如图4-117所示。

图4-115 　　　　　　　　　图4-116 　　　　　　　　　图4-117

STEP 20 在当前位置为文字图层应用"交替字符进入"文本预设效果。将鼠标指示器移动到0:00:07:27，在"合成"面板中使用"选取工具"▶绘制选取框，选择多个跟踪点，如图4-118所示。

STEP 21 在红色圆圈上单击鼠标右键，在弹出的快捷菜单中选择"创建文本"选项，然后修改文字内容为"世界环境日宣传语.txt"素材中的第2句，并调整文字的"变换"属性。

STEP 22 使用相同的方法在0:00:11:13创建并编辑第3句文字；在0:00:17:01创建并编辑第4句文本；在0:00:18:15创建并编辑第5句文本；在0:00:23:00创建并编辑第6句文字；在0:00:24:10创建并编辑第7句文本，然后为所有文字应用与第1段文字相同的文本预设效果。

STEP 23 将"舒缓背景音乐.mp3"素材导入"项目"面板，然后将其拖动到"时间轴"面板的"背景.mp4"图层下方，作为视频的背景音乐。将时间指示器移动到0:00:26:15，在"时间轴"面板中的时间线控制区上方调整工作区到时间指示器位置，如图4-119所示。

图4-118 　　　　　　　　　　　　　　图4-119

STEP 24 最后保存项目文件，并将工作区的内容导出为MP4格式的文件。

4.3.11 应用三维图层

不同于专业的三维制作软件，After Effects中的三维合成是以平面的画面在三维场景中参与合成制作。也就是说，三维图层来源于二维图层，要在After Effects中进行三维合成，首先需要将二维图层转换为三维图层。其具体操作方法为：在"时间轴"面板中单击二维图层（除音频图层外）后的"3D图层"开关 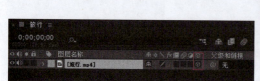，如图4-120所示。或选择图层后，选择【图层】/【3D 图层】命令，直接将其转换为三维图层。

在After Effects中，二维图层只有锚点、位置、缩放、旋转和不透明度5个基本属性，并且仅在X轴和Y轴两个方向上有参数。而三维图层不仅保留了二维图层的基本属性，还增加了其他属性。展开三维图层的"变换"栏，可以看到除了不透明度属性不变外，锚点、位置和缩放属性都增加了Z轴的参数，旋转属性还细分成了3组参数，同时增加了方向属性，如图4-121所示。

图4-120　　　　　　　　　　　　　　　　　　　图4-121

4.3.12 添加与编辑灯光

灯光是用于照亮三维图层中物体的一种元素，类似于光源。灵活运用灯光可以模拟出物体在不同明暗和阴影下的效果，使物体更具立体感和真实感。在After Effects中，灯光主要有以下4种类型。

● 平行光：平行光是指从无限远的光源处发出的无约束定向光，类似于来自太阳等光源的光线，光照范围无限，可照亮场景中的任何地方，并且光照强度无衰减，可产生阴影，但阴影没有模糊效果，光源具有方向性。

● 聚光：聚光可以调整光源位置和照射方向。被照射物体产生的阴影具有模糊效果。聚光通过发射圆锥形光线实现，还可根据圆锥的角度确定照射范围。

● 点光：点光是从一个点向四周360°发射光线。随着对象与光源的距离变化，照射效果也不同，能够产生具有模糊效果的阴影。

● 环境光：环境光没有发射点和方向性，只能设置灯光强度和颜色，不产生阴影。通过环境光可以为整个场景添加光源，调整整体画面的亮度，常用于为场景补充照明，或与其他灯光配合使用。

创建灯光的方法为：选择【图层】/【新建】/【灯光】命令，打开"灯光设置"对话框。在其中可以设置光源的各种参数，单击 确定 按钮即可创建灯光图层。图4-122所示为"灯光设置"对话框，各参数介绍如下。

● 名称：用于设置灯光的名称。名称默认为"灯光类型+数字"。

- 灯光类型：用于设置灯光的类型。
- 颜色：用于设置灯光的颜色，默认为白色。
- 强度：用于设置光源的亮度。强度越大，光源越亮。强度为负值可产生吸光效果，降低场景中其他光源的光照强度。
- 锥形角度：用于设置聚光灯的照射范围。
- 锥形羽化：用于设置聚光灯照射区域边缘的柔化程度。
- 衰减：用于设置最清晰的照射范围向外衰减的距离。启用"衰减"后，可激活"半径"和"衰减距离"参数，用于控制光照能达到的位置。其中，"半径"参数用于控制光线照射的范围，半径之内的光照强度不变，半径之外的范围光照开始衰减；"衰减距离"参数用于控制光线照射的距离。当该值为0时，光照边缘不会产生柔和效果。
- 投影：用于指定光源是否可以产生投影。
- 阴影深度：用于控制阴影的浓淡程度。
- 阴影扩散：用于控制阴影的模糊程度。

图4-122

4.3.13　运用与调整摄像机

　　After Effects中的摄像机功能可以通过模拟摄像机"推拉摇移"的真实操作来控制三维场景，从任何角度和距离查看制作的画面效果。使用摄像机的方法为：选择【图层】/【新建】/【摄像机】命令（或按【Ctrl+Alt+Shift+C】组合键），打开"摄像机设置"对话框，在其中可以设置摄像机类型、名称、焦距等参数，如图4-123所示。创建摄像机图层后，可以借助工具属性栏中的摄像机工具（快捷键为【C】）在"合成"面板中调整摄像机的角度和位置，从而模拟真实的摄像机效果。

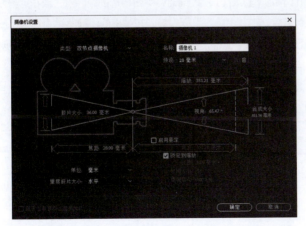

图4-123

资源链接：
"摄像机设置"
对话框详解

4.3.14　跟踪摄像机

　　跟踪摄像机功能可以自动分析视频，以提取摄像机运动和三维场景中的数据，然后创建虚拟的3D摄像机来匹配视频画面，最后将文字、图像等元素融入画面中。应用跟踪摄像机主要包括以下3个步骤。

1. 分析视频素材

首先，需要选择视频素材，然后选择【效果】/【3D摄像机跟踪器】命令，或直接在"跟踪器"面板中单击 跟踪摄像机 按钮，此时，视频图层会自动添加一个"3D摄像机跟踪器"效果，并开始自动进行分析。

2. 跟踪点的基本操作

分析视频素材结束后，在"效果控件"面板中选择"3D摄像机跟踪器"效果，此时"合成"面板中会出现不同颜色的跟踪点，如图4-124所示。编辑这些跟踪点可以用于跟踪物体的运动。

（1）选择跟踪点

选择"选取工具" ，将鼠标指针在可以定义一个平面的、3个相邻且未选定的跟踪点之间移动，此时，鼠标指针会自动识别画面中的一组跟踪点，这些点之间会出现一个红色的圆圈（也称为目标），如图4-125所示，以预览选取效果。此时单击鼠标左键确认选择跟踪点，被选中的跟踪点将呈高亮显示。

图4-124

图4-125

另外，也可以使用"选取工具" 绘制选取框，选取框内的跟踪点会被选中。或者按住【Shift】键或【Ctrl】键的同时，单击选择多个跟踪点，以构成一个目标平面。

（2）取消选择和删除跟踪点

选择跟踪点后，在按住【Shift】键或【Ctrl】键的同时，单击已选的跟踪点，或在远离跟踪点处单击鼠标可以取消选择跟踪点。选择跟踪点后，在其上单击鼠标右键，在弹出的快捷菜单中选择"删除选定的点"命令，或按【Delete】键可以将其删除。需要注意的是，删除跟踪点后，摄像机将重新解析视频素材。

3. 创建跟踪图层

选择跟踪点后，可以在跟踪点上创建跟踪图层，使跟踪图层跟随视频运动。具体操作方法为：在选择的跟踪点上单击鼠标右键，在弹出的快捷菜单中选择相应的命令。

4.4 综合实训

4.4.1 制作"毕业旅行"旅拍 Vlog

毕业季是每个学生人生中的重要时刻，标志着一段学习生活的结束和新篇章的开始。为了纪念这一重要时刻，某学生计划与朋友一起去毕业旅行，共同探索未知的世界，以调整心态和增长见识，并决定将旅行见闻通过视频的形式记录下来，然后制作成一个旅拍Vlog。表4-1所示为"毕业旅行"旅拍Vlog制作任务单，任务单给出了明确的实训背景、制作要求、设计思路和参考效果。

表 4-1 "毕业旅行"旅拍 Vlog 制作任务单

实训背景	为在毕业旅行中留下难忘的回忆，需要使用 Premiere 将旅行中的点滴制作成旅拍 Vlog，以更加生动、直观的方式展现毕业旅行的精彩与感动
尺寸要求	1920 像素 ×1080 像素
时长要求	60 秒以内
制作要求	1. 风格 视频风格应以朴实自然、活泼为主，尽量贴近日常生活，要突出真情实感，引起观看者的共鸣，而且要有积极向上的氛围感 2. 剪辑和配乐 ①剪辑：根据内容策划，按照"出发－玩耍－结束"的时间顺序来合理安排视频的结构和节奏，确保视频的连贯性和完整性 ②配乐：选择与视频内容相契合的背景音乐和音效，渲染氛围，增强观看者的代入感 3. 文案和旁白 ①文案：将旅行中的所见所感作为视频的主要文字信息，还可以添加一些激励人心的正能量句子，表达对毕业后未来生活的期望 ②旁白：旁白要清晰流畅，富有情感，让观看者真实地聆听到毕业旅行的美好与感动
设计思路	①制作视频片头：制作时可导入边框、搜索框、箭头等素材，并利用运动属性关键帧制作出片头的动态效果 ②制作视频片中和片尾：添加提供的视频素材，并对视频进行剪辑，使视频整体时长和节奏符合需求，然后添加视频效果，增加视频画面的美观度，再添加文案和旁白 ③合成最终效果：将制作的片头、片中和片尾文件合成一个完整的视频文件，并添加音效和背景音频，以及调整时长
参考效果	效果预览："毕业旅行"旅拍 Vlog
素材位置	配套资源:\素材文件\第 4 章\综合实训\"毕业旅行素材"文件夹
效果位置	配套资源:\效果文件\第 4 章\综合实训\"毕业旅行"旅拍 Vlog.prproj、"毕业旅行"旅拍 Vlog.mp4

本实训的操作提示如下。

STEP 01 启动Premiere，新建名称为"'毕业旅行'旅拍Vlog"的项目文件，再新建大小为"1920像素×1080像素"，名称为"视频片头"，像素长宽比为"方形像素（1.0）"的序列文件，以及白色的颜色遮罩。

STEP 02 导入所需素材（以序列的方式导入PSD文件），将颜色遮罩拖动到

视频教学：制作"毕业旅行"旅拍 Vlog

"时间轴"面板中，将"边框.png"素材拖动到V2轨道，然后调整至合适大小。

STEP 03 新建2个视频轨道，依次将"搜索框"素材箱中的"搜索框"序列拖动到V3轨道；将"箭头.png"素材拖动到V4轨道，并调整至合适的位置和大小。

STEP 04 使用"文字工具" **T** 输入文字内容，并调整文字位置和大小。为文字应用"裁剪"效果，在"效果控件"面板中利用"右侧"属性关键帧制作出文字渐入效果。

STEP 05 选择"箭头"素材，利用"位置"属性制作出箭头逐渐移动到搜索位置的效果。打开"搜索框"序列，调整素材锚点为文字中心，利用"缩放"属性关键帧制作按键按下又弹起的效果。在00:00:02:00处调整所有素材，完成视频片头的制作。

STEP 06 新建大小为"1920像素×1080像素"，名称为"视频片中和片尾"，像素长宽比为"方形像素（1.0）"的序列文件，然后将白色的颜色遮罩拖动到V1轨道。

STEP 07 将"骑行.mp4"素材拖动到V2轨道，调整至合适大小并裁剪。设置"海.mp4"素材的入点和出点，并将这部分视频片段拖动到V3轨道。将"出行.mp4"素材拖动到V4轨道，调整这两段视频至合适大小并裁剪，然后移动素材位置。

STEP 08 调整V1~V4轨道上素材的出点位置均相同，然后，利用位置关键帧制作出3段视频依次出现的效果。在00:00:02:00处输入并编辑文字。利用缩放关键帧制作出文字逐渐放大的效果。

STEP 09 依次将其他视频素材拖动到V1轨道并调整至合适大小，剪辑视频素材，然后，在所有视频上方根据视频内容输入并编辑文字。在"日出mp4"素材上方添加"太阳.png"素材；在"烧烤.mp4"素材上方添加"烤串.png"素材，并调整至合适的大小和位置。

STEP 10 将时间指示器移动到需要定格的位置，选择"飞机.mp4"素材，单击鼠标右键，在弹出的快捷菜单中选择"添加帧定格"命令。将"飞机.mp4"素材上方的文字向上移动一个轨道，将V1轨道上的最后一段视频向上平移到V2轨道，再调整V1轨道上最后一段素材的出点位置。

STEP 11 调整V2轨道上的最后一段素材的位置、大小和角度，然后为其添加"粗糙边缘"效果，并在"效果控件"面板中调整效果参数。分割V1轨道上的最后一段素材，然后为分割后的后半段素材添加"高斯模糊"效果，并在"效果控件"面板中调整参数。导入旁白，并根据视频内容剪辑音频文件。

STEP 12 新建大小为"1920像素×1080像素"，名称为"合成视频"，像素长宽比为"方形像素（1.0）"的序列文件。将"视频片头""视频片中和片尾"序列依次拖动到V1轨道，将"打字音效.mp3"素材拖动到A1轨道，替换原始音频。

STEP 13 将"背景音乐.wav"音频素材拖动到A2轨道，入点与"视频片中和片尾"序列一致。保存项目文件，并将文件导出为MP4格式的文件。

4.4.2 制作传统文化栏目宣传片

"文化传承"是一档以"传统文化"为主题的文化体验类节目。每一期节目都会邀请一些国家级非物质文化遗产的代表性传承人，呼吁大家弘扬和保护优秀的传统文化。本季的重点是宣传琴和棋，并需要使用After Effects制作一个宣传片。表4-2所示为传统文化栏目宣传片的制作任务单，任务单给出了明确的实训背景、制作要求、设计思路和参考效果。

表 4-2 传统文化栏目宣传片制作任务单

实训背景	使用 After Effects 制作传统文化栏目宣传片，激发观众对该栏目的兴趣，促进传统文化的传承与发展
尺寸要求	1920 像素 ×1080 像素
时长要求	20 秒左右
制作要求	1. 风格 以传统水墨风格为主，营造出宁静、深远、淡雅的艺术氛围。通过水墨元素的运用，展现出传统文化的精神内涵和审美情趣 2. 文案与配乐 ① 文案：主题文案"文化传承，传承中国五千年的优秀文化"，其他文案内容则是介绍琴、棋的相关文字 ② 配乐：选择具有中国传统特色的乐器和旋律，营造出悠扬、宁静的氛围。 3. 特效 利用三维图层和摄像机使水墨风格的画面更加生动、逼真，展现出穿梭的视觉感，具有冲击力
设计思路	① 制作视频背景：为了让水墨风格的氛围更浓厚，可考虑利用摄像机功能制作出在水墨画中穿梭的视觉效果，并以此作为视频背景。在制作时，可利用"远景－中景－近景"的位置关系排列水墨素材，使穿梭感更强。 ② 制作主要内容：本期的主要内容是介绍琴和棋，因此制作时可从这两个方面入手，利用提供的水墨素材展示琴和棋的相关图片，并添加必要的文字介绍。 ③ 制作主题内容：为了体现视频主题可在展示完主要内容后添加主题文字，并利用水墨素材和属性关键帧制作出主题文案逐渐出现的动画效果
参考效果	效果预览： 传统文化栏目 宣传片
素材位置	配套资源:\素材文件\第 4 章\综合实训\"传统文化栏目素材"文件夹
效果位置	配套资源:\效果文件\第 4 章\综合实训\传统文化栏目片头 .aep、传统文化栏目片头 .mp4

本实训的操作提示如下。

STEP 01 启动After Effects，新建项目文件，以及名称为"传统文化栏目宣传片"，尺寸为"1920像素×1080像素"，持续时间为"0:00:20:00"，背景颜色为"白色"的合成。

STEP 02 将所有素材导入"项目"面板（导入"水墨山川.psd"素材时选择导入类型为"合成"），接着打开"水墨山川"合成，将该合成中除"图层3"以外的所有图层转换为三维图层。

STEP 03 新建一个摄像机图层，然后调整摄像机位置。在"摄像机1"图层中激活位置和目标点属

视频教学：
制作传统文化栏目宣传片

性关键帧，将时间指示器移动到0:00:03:00，调整位置和目标点属性参数。依次在"顶部"视图中调整"远山1.psd~远山4.psd"图层位置。

STEP 04 将时间指示器移动到0:00:03:00，将"滴墨（[1-97]).jpg"序列图片拖动到"合成"面板，然后将其移动到画面左侧，调整该素材图层的入点为0:00:03:00。

STEP 05 将"滴墨01（[1-97]).jpg"图层进行预合成，预合成名称为"图片背景"。进入"图片背景"预合成，将"琴.jpg"素材拖动到"时间轴"面板中，作为"图层2"。然后调整"琴.jpg"素材的缩放为"160%"，轨道遮罩为"亮度反转遮罩'滴墨（[1-97]).jpg'"。

STEP 06 切换到"水墨山川"合成，输入与"琴.jpg"图片相关的文字，并绘制线条作为装饰。然后，将所有文字和形状图层预合成，预合成名称为"文字"。调整"文字"预合成图层的入点为0:00:03:18，出点为0:00:06:05。

STEP 07 为"文字"预合成图层添加"线性擦除"过渡效果，通过"过渡完成"属性的关键帧制作文字从无到有的动画效果。将时间指示器移动到0:00:06:05，创建位置和目标点属性的关键帧。

STEP 08 将时间指示器移动到0:00:10:00，在"顶部"视图中调整"摄像机1"图层的位置和目标点属性参数，并调整"中山1.psd~中山3.psd"图层的位置。

STEP 09 在"项目"面板中复制"图片背景"预合成和"文字"预合成，并将复制的文件拖动到"时间轴"面板。调整"图片背景"预合成在画面左侧的位置。调整"图片背景 2"预合成图层的入点为0:00:10:00，调整"文字 2"预合成图层的入点为0:00:10:18，出点为0:00:13:05，然后，修改这两个预合成中的图片和文字。将时间指示器移动到0:00:13:05，创建位置和目标点属性关键帧。

STEP 10 将时间指示器移动到0:00:16:14，在"顶部"视图中调整"摄像机1"图层的位置和目标点属性参数，以及调整"近山1.psd"图层的位置。

STEP 11 切换到"传统文化栏目宣传片"合成，将"水墨山川"合成拖动到"时间轴"面板中，然后将"水墨.mov"素材拖动到"水墨山川"图层上方，调整该素材图层的入点为0:00:16:14，轨道遮罩为"亮度反转遮罩'[水墨.mov].jpg'"。

STEP 12 新建一个黑色纯色图层，将其移动到"水墨山川"图层下方。然后输入主题文案，并将"印章.png"素材拖动到文案右侧，调整至合适大小。

STEP 13 将印章素材和文字图层预合成，预合成名称为"主题"。调整"主题"图层的入点为0:00:16:14，然后在0:00:16:14处为"主题"图层创建不透明度和缩放的关键帧，属性值均为"0%"。将时间指示器移动到0:00:17:13，恢复默认属性值。最后保存为名称"传统文化栏目宣传片"的项目文件，并导出为MP4格式的文件。

4.5 课后练习

练习 1 制作"保护野生动物"公益短视频

【制作要求】使用Premiere为某公益组织制作一个公益短视频，要求以"保护野生动物"为主题，并根据配音素材为视频添加字幕，增强视频画面的感染力，呼吁更多的人加入保护野生动物的行列中来。

【操作提示】针对部分出现偏色以及曝光问题的视频进行调色处理，以增强视频的美观性。在视频片段之间添加过渡效果，使视频过渡更加平缓。将配音转录为文本，然后将其转换为字幕，并适当进行调整和美化。最后，在片尾添加主题文本，利用动效加强视觉效果。参考效果如图4-126所示。

【素材位置】配套资源:\素材文件\第4章\课后练习\"野生动物视频"文件夹

【效果位置】配套资源:\效果文件\第4章\课后练习\"保护野生动物"公益短视频.prproj、"保护野生动物"公益短视频.mp4

效果预览:"保护野生动物"公益短视频

图4-126

练习 2 制作城市形象宣传片

【制作要求】使用After Effects为某城市的文旅部门制作一部城市形象宣传片。要求利用提供的视频和图片素材，从"衣食住行"4个方面进行制作，使视频内容更加丰富且具有艺术气息，以塑造更好的城市形象。同时，还要在视频中添加背景音乐。

【操作提示】在视频的片头中添加部分星空粒子特效和主题文案，然后为文案添加发光、破碎等视频效果，使文案的视觉效果与视频画面相匹配。利用各种视频特效增强视频画面的视觉冲击力和艺术感染力，参考效果如图4-127所示。

效果预览:城市形象宣传片

【素材位置】配套资源:\素材文件\第4章\课后练习\"城市形象宣传片素材"文件夹

【效果位置】配套资源:\效果文件\\第4章\课后练习\城市形象宣传片.aep、城市形象宣传片.mp4

图4-127

第5章 动画制作

随着多媒体技术的不断发展，动画的表现形式也在不断创新。从早期的二维动画到如今的三维动画，从简单的卡通形象到逼真的虚拟形象，动画的视觉效果不断提升，为观众带来了更加震撼和逼真的体验。Animate和Cinema 4D作为动画制作专业软件的佼佼者，为动画制作提供了强大的技术支持和创作平台。

📖 学习要点

◎ 熟悉动画制作基础知识。

◎ 掌握使用Animate制作二维动画的方法。

◎ 掌握使用Cinema 4D制作三维动画的方法。

✣ 素养目标

◎ 提升创造力，并学会如何表达自己的想法。

◎ 提升利用视觉语言表达动画主题的能力。

◈ 扫码阅读

案例欣赏

课前预习

动画制作基础

　　了解动画的概念和原理有助于用户更好地把握动画制作的核心要义、运行机制和实现方式。熟悉常用的动画制作软件可以帮助用户根据软件的特点实现各种创意和想法，从而提升动画作品的表现力和视觉效果。

5.1.1 动画的概念和原理

　　动画可以将现实或非现实中的物体、人物等以动态变化的形式展现出来，能够更加直观地表达复杂的概念、情感和故事等。因此，自从诞生以来，动画一直受到人们的喜爱。然而，要制作出引人入胜的动画作品，需要先了解动画的概念和原理，深入理解动画的本质。

1. 动画的概念

　　动画（Animation）一词源自于拉丁文字根"anima"，意思为"灵魂"。因此，我们可以理解为：动画能够为原本静止无生命的事物赋予生命，这是一种创造生命运动的艺术。图5-1所示为上海美术电影制片厂制作的《雪孩子》动画片段，以灵动的线条制作出动态的效果，赋予兔子宝宝和雪人生命力，展现他们在冰天雪地里无忧无虑玩耍的景象。

图5-1

2. 动画的原理

　　动画是基于人眼的视觉暂留原理产生的。视觉暂留是指在光停止作用后，光对视网膜产生的视觉仍会在人的视觉里保留一段时间的现象。举例来说，在黑暗的房间里，如果让两盏相距2米的小灯以25～400毫秒的时间间隔交替点亮和熄灭，观察者看到的就是一个小灯在两个位置之间"跳来跳去"的画面，而不是两盏灯分别点亮和熄灭的画面。这是因为观察者的眼睛出现了视觉暂留现象。当一盏灯点亮时，这个画面会在观察者的视觉中停留短暂的时间，此时另一盏灯点亮，就会在视觉上将两盏灯混合为一盏灯，感觉像前一盏灯移到了另一盏灯的位置。因此，在制作一组只有细小差别并具有连续性的画面时，往往第一张画面还没有从受众的视觉里消失，下一张画面就在受众的视觉中显现出来。这种连续变化的画面便能让受众感受到流畅的动画效果。

5.1.2　动画的分类

随着技术的发展和人们审美观念的变化，动画的类型也在不断演变和丰富。这里主要根据动画的视觉空间将动画分为二维动画和三维动画两种主要形式。

1. 二维动画

二维动画又称为平面动画，泛指在二维平面上生成的动画表现形式。虽然大多数二维动画是通过传统手绘的形式来表现的，但随着计算机技术的普及，也可以使用计算机软件来制作二维动画。二维动画运用传统动画的概念，通过平面上物体的运动或变形来实现动画的过程，能够直观地表现事物的特点和情感，具有强烈的表现力和灵活性，且制作周期相对较短。因此，二维动画在电视动画、网络动画、广告动画和游戏开发等多个领域有广泛的应用。图5-2所示为二维动画广告效果。

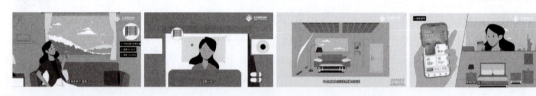

图5-2

2. 三维动画

三维动画又称为3D动画，是一种在三维空间中模拟真实场景和实物的动画表现形式，主要是通过计算机三维软件进行建模、动画制作和渲染等步骤生成，使画面更具立体和真实的效果，视觉效果比较新颖、震撼。三维动画在医学、教育、军事、娱乐、广告等多个领域都有广泛应用。图5-3所示为某品牌的三维动画形象广告。

图5-3

5.1.3　常用的动画制作软件

目前，制作二维动画的常用软件有Animate（其前身为Flash）、GIF Animator等，制作三维动画的常用软件有3ds Max、Maya、Cinema 4D、Blender等。本章主要介绍Animate和Cinema 4D，它们能够满足当前市场中绝大多数的动画制作需求。

1. Animate

Animate是由Adobe公司推出的专业二维动画制作软件，以其在二维动画制作领域的强大功能而闻名，包括绘图、矢量动画、交互式动画和网页设计等。Animate提供了丰富的绘图和动画工具，使用户能够轻松创建各种类型的动画作品，从传统手绘风格到现代数字风格均可实现。用户在Animate中新建文件后，即可直接进入该软件的操作界面，如图5-4所示。

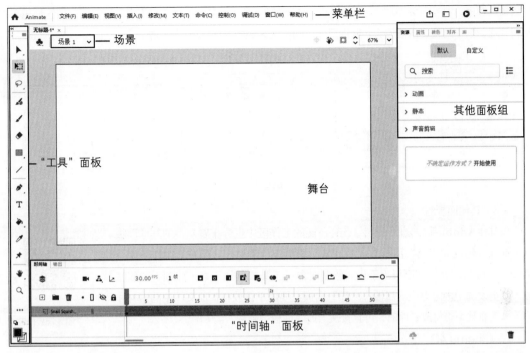

图5-4

（1）菜单栏

Animate的菜单栏包括文件、编辑、视图、插入、修改、文本、命令、控制、调试、窗口和帮助共11个菜单。单击某个菜单可以弹出相应的菜单命令。若菜单命令后面有▸图标，则表明其下还有子菜单。

（2）场景

在Animate中，图形的制作、编辑和动画的创作都必须在场景中进行，一个动画可以包括多个场景（其作用类似于Premiere中的序列文件和After Effects中的合成文件）。当制作的动画需要多个场景时，每个场景都会连接一个元件，其属性也从该元件中获得。同时，每个场景都拥有各自的图层和属性，并可以单独编辑。选择【插入】/【场景】命令可新建场景，或按【Shift+F2】组合键打开"场景"面板，在其中可以新建、复制和删除场景。选择【视图】/【转到】命令，可在弹出的子菜单中选择对应的命令以查看其他场景。

（3）舞台

Animate操作界面中间的矩形区域为舞台，舞台四周为粘贴板。只有舞台中的内容才能在动画中显示出来。舞台的默认颜色为白色，可以在"属性"面板中选择"文档"选项卡，单击"舞台"选项右侧的色块，在打开的调色区域中重新选择舞台颜色。

（4）"工具"面板

Animate"工具"面板中的工具主要用于绘制和编辑各种图形、查看动画效果、设置画笔笔触和填充颜色等。其中大部分工具与Illustrator和Photoshop中的对应工具的功能和使用方法基本一致，这里不做过多介绍。此外，部分工具也可以用于显示工作组中隐藏的工具。

（5）"时间轴"面板

使用Animate制作动画是通过在"时间轴"面板上编辑帧来实现的。"时间轴"面板主要用于控制动画的播放顺序，其左侧为图层区，该区域用于控制和管理动画中的图层；右侧为帧控制区，该区域用于控制和管理动画中的帧，由播放头、帧标尺、时间标尺等部分组成，如图5-5所示。

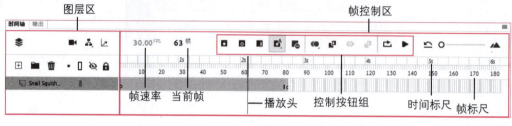

图5-5

（6）其他面板组

与其他Adobe系列软件一样，Animate的工作区中也分布着众多的其他面板。除了前面介绍的"工具"面板和"时间轴"面板较为常用外，还有"属性"面板和"库"面板。"属性"面板用于设置绘制对象、工具或其他元素（如帧）的属性参数，以更改选定内容对应的属性；"库"面板主要用于存放和管理文件中的素材和元件。当需要某个素材或元件时，可直接从"库"面板中调用。

资源链接：
"库"面板作用
详解

2. Cinema 4D

Cinema 4D是由Maxon Computer开发的一款强大的三维建模、动画和渲染软件，具有直观的界面和丰富的工具集，可以帮助用户轻松地进行三维建模、动画制作和渲染等操作。同时，它还具备强大的物理引擎和模拟功能，能够创建逼真的动态视觉效果。用户在Cinema 4D中新建一个项目文件后，可直接进入该软件的操作界面，如图5-6所示。

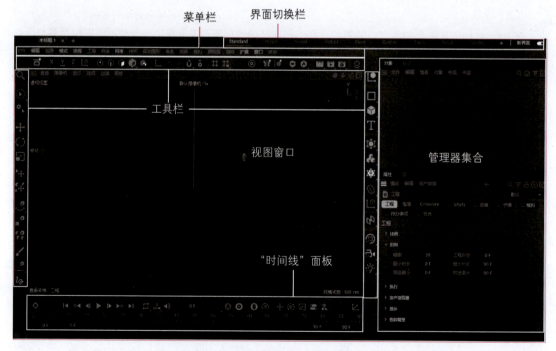

图5-6

（1）菜单栏

菜单栏基本涵盖了Cinema 4D中的大部分工具和命令，可以完成许多操作。例如，"创建"命令基本包含了右侧工具栏中的大部分工具；"模式"命令基本涵盖了顶部工具栏中的大部分工具。

（2）界面切换栏

界面切换栏主要用于切换不同的界面布局，方便用户快速选择适合当前项目的工作界面，其中standard（标准）是Cinema 4D的默认界面。

（3）工具栏

Cinema 4D中的工具种类繁多，分为3个工具栏，其中上方工具栏是标准工具栏，包含模型控制、视图控制等相关工具；左侧工具栏中的工具可以对场景中的对象进行移动、旋转和缩放等操作。需要注意的是，在不同的对象模式中，该工具栏中的工具类型会有所不同；右侧工具栏中的工具可以通过不同的工具按钮，创建出需要的对象，并编辑对象的不同形态。此外，Cinema 4D的工具栏与其他软件一样，若工具右下角有一个小三角图标▄，表示该工具位于工具组中。在该工具组上按住鼠标左键不放，可以显示该工具组中隐藏的工具。

（4）视图窗口

视图窗口是编辑与观察模型的主要区域，也是软件操作界面中占地面积最大的板块，默认为单独显示的透视图。切换不同的视图窗口可以在制作场景时更准确且快速地观察对象的位置。切换时，在视图窗口上单击鼠标滚轮，视图窗口会从默认的透视图切换为四视图，如图5-7所示。在相应的视图上再次单击鼠标滚轮，即可最大化显示该窗口（通过【F1】【F2】【F3】和【F4】键可快速切换四视图）。

图5-7

此外，在视图窗口中滑动鼠标滚轮，可以放大或缩小视图窗口中的对象；按住【Alt】键不放，按住鼠标滚轮进行拖动，可以平移视图窗口；按住【Alt】键不放，按住鼠标左键进行拖动，可以围绕选定的对象旋转视图窗口。通过移动、旋转和缩放视图窗口，可以更直观地观察视图窗口中的模型，进而进行后续的制作。

🔔 **提示**

通过视图窗口中的"摄像机"菜单，还可以在原有的视图上快速切换到除透视图和四视图外的其他视图，如等角视图、正角视图、鸟瞰视图等。

（5）"时间线"面板

"时间线"面板是控制动画效果的主要区域，具备播放动画、添加关键帧和控制动画速率等功能。

（6）管理器集合

管理器用于设置模型及模型场景的构成、属性、图层及预设库。Cinema 4D中的大多数工作都在管理器中完成。由于Cinema 4D的管理器非常多，这里仅介绍一些常用的管理器。需要注意的是，这里的管理器只是一个统称，并不是所有名称都是管理器，为了便于统一，所有管理器的名称均与"窗口"菜单中的名称一致。

- 对象管理器：对象管理器中会显示场景中所有创建的对象，并清晰地显示各对象之间的层级关系。对象管理器上方为操作对象的菜单，下方的结构树中列出了整个工程文件包含的对象内容（包括模型、材质、纹理、灯光及场景等）和建模结构顺序。

- 属性管理器：在属性管理器中可以调节创建对象的相关参数。图5-8所示为"立方体"的属性。

- 资产浏览器：资产浏览器左侧列出了模型、材质、灯光和贴图等日常制作中经常用到的资源文件。这些文件都存储在云端，选中合适的资源并从云端下载后，即可直接应用到场景中。

图5-8

- 材质管理器：材质管理器可以创建任何类型的材质。在建立模型后，材质管理器中不会显示任何材质的缩略图，需要通过材质管理器顶部的菜单来创建、编辑和管理材质等。

- 坐标管理器：坐标管理器允许用户以数字方式操控对象，可以精确控制对象的位置、旋转和缩放。

5.2
二维动画制作软件Animate

应用Animate制作二维动画的关键在于熟练使用元件、实例、帧和图层，并根据逐帧动画、补间动画、遮罩动画等动画类型的特点设计动态效果。此外，还需测试和导出动画，以确保动画能够在不同平台和设备上正常播放。

5.2.1 课堂案例——制作度假村外景展示动画

【制作要求】利用Animate结合提供的素材，为度假村制作外景展示动画，通过展示秀丽的外景吸引游客前来游玩。要求动态效果多样，并利用不同景别来充分展示度假村的外景风光。视觉效果需美观、流畅，总时长在15s以内。

【操作要点】拷贝与粘贴图层；调整图层堆叠顺序；插入帧、关键帧、姿势帧；新建与转换元件；创建引导动画、补间动画、骨骼动画、摄像头动画；测试和导出动画；创建和移动骨骼。参考效果如图5-9所示。

【素材位置】配套资源:\素材文件\第5章\课堂案例\"度假村素材"文件夹

【效果位置】配套资源:\效果文件\第5章\课堂案例\度假村外景展示动画.fla、度假村外景展示动画.swf

图5-9

具体操作如下。

视频教学:
制作度假村外景
展示动画

STEP 01 启动Animate，选择【文件】/【打开】命令，在打开的"打开"对话框中依次选择"素材1.fla、植物.fla、素材2.fla、素材3.fla"文件，单击 [打开(O)] 按钮。在"素材1.fla"文件中选择"图层_5""图层_6"图层，此时舞台中图层中的图形被选中，水平向下拖动鼠标，将其移至蓝色背景的下方区域。

STEP 02 单击"新建图层"按钮 新建"图层_7"图层（保持选中状态不变），切换到"素材2.fla"文件中，按【Ctrl+A】组合键全选所有图形，按【Ctrl+C】组合键复制，再切换到"素材1.fla"文件中，按【Ctrl+V】组合键粘贴，并调整其位置。将"图层_7"图层中的图形拖动到云朵图形下方，以调整舞台中图形的堆叠顺序。

STEP 03 选择【窗口】/【库】命令，打开"库"面板，在名称下方的空白区域中单击鼠标右键，在弹出的快捷菜单中选择"新建元件"命令，打开"创建新元件"对话框，设置名称为"植物"，类型为"图形"，单击 [确定] 按钮进入元件编辑窗口。

STEP 04 切换到"植物.fla"文件中，选择所有图层，单击鼠标右键，在弹出的快捷菜单中选择"拷贝图层"命令。然后，切换回"素材1.fla"文件，选择"图层_1"图层，单击鼠标右键，在弹出的快捷菜单中选择"粘贴图层"命令。

STEP 05 选择"骨骼工具" ，将鼠标指针移至植物根部的半椭圆图形处，按住鼠标左键不放，然后向左侧拖动鼠标，在其与最左侧叶片之间添加第1个骨骼，如图5-10所示。接着，从底部的骨骼控制点向左侧的第2个叶片处拖动鼠标，添加第2个骨骼。按照相同的方法为其余的叶片添加骨骼，效果如图5-11所示。此时，该元件中所有图层的关键帧都合并在"骨架_5"图层中，如图5-12所示。

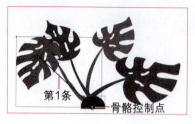

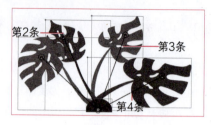

图5-10   图5-11   图5-12

STEP 06 在第20帧处单击鼠标右键，在弹出的快捷菜单中选择"插入姿势"命令。然后使用"选择工具"▶分别单击每一个骨骼，并将其向左移动，使其呈现如图5-13所示的效果。在第40帧和第60帧处也插入姿势，并移动骨骼，使其最终呈现如图5-14所示的效果。

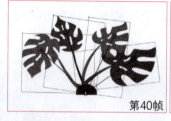

图5-13   图5-14

STEP 07 单击←按钮返回主场景，选择"图层_5"图层，将"植物"图形元件从"库"面板拖动到舞台中创建实例。

STEP 08 按照与步骤3和步骤4相同的方法，创建一个"主建筑"图形元件，并将"素材3.fla"文件中的所有图层拷贝到该元件的编辑窗口内。然后返回主场景，单击"新建图层"按钮⊞新建"图层_8"图层，选中该图层，将"主建筑"图形元件拖动到舞台中创建实例。

STEP 09 使用"选择工具"▶调整"植物""主建筑"实例及"图层_2"图层中云朵图形的位置，再调整图层的堆叠顺序，如图5-15所示，舞台中图形的位置如图5-16所示。

图5-15   图5-16

STEP 10 全选所有图层的第240帧，按【F5】键插入帧。单击"添加摄像头"按钮▣创建"Camera"图层，选择第1帧，选择【窗口】/【属性】命令，打开"属性"面板，单击"工具"选项卡，设置X为"27"，Y为"－130"，缩放为"83%"，如图5-17所示。

STEP 11 在"Camera"图层的第71帧处单击鼠标右键，在弹出的快捷菜单中选择"插入关键帧"命令，然后在"属性"面板的"工具"选项卡中设置X为"365"，Y为"－109"，缩放为"102%"，舞台如图5-18所示。

图5-17

图5-18

STEP 12 按照与步骤11相同的方法，在"Camera"图层的第192帧处插入关键帧，然后设置X为"-292"，Y为"29"，缩放为"90%"，舞台如图5-19所示；在第240帧处插入关键帧，然后设置X为"2"，Y为"72"，缩放为"90%"，舞台如图5-20所示。

图5-19

图5-20

STEP 13 依次选择"Camera"图层的第2、第72和第193帧，单击鼠标右键，在弹出的快捷菜单中选择"创建传统补间"命令，在该图层的4个关键帧之间创建传统补间动画，使舞台中的画面能够自然移动。

STEP 14 将播放头移至第1帧，选择舞台中的帆船图形，按【F8】键打开"转换为元件"对话框，设置名称为"帆船"，类型为"图形"，单击 确定 按钮。双击该图形进入元件编辑窗口，选择"图层_1"图层，单击鼠标右键，在弹出的快捷菜单中选择"添加传统运动引导层"命令。选择"铅笔工具" ✎ ，在"属性"面板的"工具"选项卡中设置铅笔模式为"平滑"，笔触为"#000000"，笔触大小为"1"，在舞台中绘制一条曲线。选择所有图层的第240帧，按【F5】键插入帧。

STEP 15 保持播放头在第1帧，选择帆船图形，按照与步骤14相同的方法将其转换为"帆船1"图形元件。在第1帧中将该元件移至图5-21所示的位置。在第240帧处单击鼠标右键，在弹出的快捷菜单中选择"插入关键帧"命令，然后将其移至图5-22所示的位置。单击第239帧，在弹出的快捷菜单中选择"创建传统补间"命令。接着在第114帧处插入关键帧，并将其移至图5-23所示的位置。

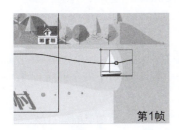

第1帧

图5-21

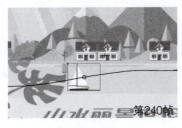

第240帧

图5-22

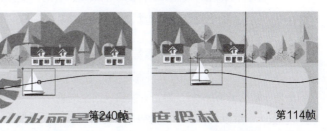

第114帧

图5-23

STEP 16 单击 ← 按钮返回主场景,将播放头移至第1帧,选择热气球图形。按照步骤14相同的方法,将其转换为"热气球"图形元件,并在元件编辑窗口中添加引导层和绘制引导线。按照步骤15相同的方法制作热气球引导动画,如图5-24所示。

图5-24

STEP 17 单击 ← 按钮返回主场景,保持播放头在第1帧的状态,选择3个飞鸟图形,并按照步骤14中相同的方法将其转换为"飞鸟"图形元件,并在元件编辑窗口中再将其转换为"飞鸟1"图形元件,然后在240帧处插入关键帧,并使用"任意变形工具" ⌧缩小第1帧的飞鸟,然后创建传统补间动画,接着在第122帧处插入关键帧,并向左移动飞鸟位置,如图5-25所示。

图5-25

STEP 18 按【Ctrl+Enter】组合键测试动画时,发现存在动画结束较为突兀、缺乏缓冲画面,帆船位置靠下不太美观,植物占据画面时间较长且根部不够美观等问题。

知识拓展　　在Animate中制作完动画后,为了降低动画播放时的出错率,并审视动画效果是否符合要求,需要先测试动画。如果效果令人满意,则可以导出动画,若感觉动画还需优化,可先调整动画,再测试调整后的效果。测试动画的方法是:选择【控制】/【测试】命令,或按【Ctrl+Enter】组合键,若当前文件为ActionScript 3.0平台类型,则会打开一个窗口,在其中播放制作的动画效果;若当前文件为HTML5 Canvas平台类型,则会在默认浏览器中播放制作的动画效果。

STEP 19 全选所有图层,在第288帧处按【F5】键插入帧,然后分别在"库"面板中双击"帆船""热气球""飞鸟"图形元件图标 △,选择所有图层最后一帧的前一帧,不断按【F5】键插入帧,直到最后一帧位于第288帧。单击 ← 按钮返回主场景。

STEP 20 继续优化画面显示效果,选择"摄像头工具" ▣,选择"Camera"图层的第71帧,在"属性"面板中设置X为"438",Y为"95",缩放为"122%";选择"Camera"图层的第240帧,在"属性"面板中设置X为"–30"，Y为"26"，缩放为"88%"。预览效果如图5-26所示。

图5-26

STEP 21 按【Ctrl+Shift+S】组合键打开"另存为"对话框，设置保存位置后，设置文件名称为"度假村外景展示动画"，单击 保存(S) 按钮。按【Ctrl+Alt+Shift+S】组合键打开"导出影片"对话框，设置与动画文件一致的保存位置，选择文件保存类型为"SWF影片（*.swf）"，单击 保存(S) 按钮。

行业知识

由于动画制作是一项综合性较强的技术，因此，无论是制作二维动画还是三维动画，除了需要熟练运用软件，还需要对以下设计知识有所了解，才能制作出高质量的动画作品。

1. 分镜设计：分镜设计是在动画制作过程中，将故事细分为不同镜头的过程，包括确定镜头内容（如场景布局、角色位置、动作表达）、角度、视角和相机移动等，以更好地表现故事情节和物体动态。

2. 动作设计：动作设计是指在动画制作中，设计和表现物体的动作和动作序列的过程，包括物体的姿势、动作流畅性、速度、力度等方面，从而使物体的行为更加生动、自然，能够传达出准确的信息或情感，从而增强作品的表现力和吸引力。

3. 场景设计：场景设计是在动画制作过程中，设计和构建各种场景或背景的过程，包括确定场景的布局、透视、细节和氛围等方面，以便为故事情节提供必要的背景环境，为角色的活动提供场所。场景设计不仅涉及自然风景和建筑物，还包括室内外环境、道具和氛围等元素。

5.2.2 认识帧与图层

在使用Animate制作动画时，所有元素都需要放置在特定的帧和图层上。因此，使用Animate制作动画的基础是能够灵活运用帧和图层。

1. 帧

帧是Animate在"时间轴"面板帧控制区的一个个方块，用于放置图形、文字等内容，连续更改帧中的内容便可以产生动画。关键帧是动画中的一个重要概念，它指的是角色或物体在运动变化中关键动作所在的那一帧。在Animate中，常见的帧有空白关键帧、关键帧和普通帧（简称帧）3种类型，如图5-27所示。在空白关键帧中添加内容后，该帧将变为关键帧，而普通帧则是延续前一个关键帧或空白关键帧中的内容，即本身不具备独立的内容。

图5-27

（1）创建帧

创建新图层后，新图层的第1帧将自动设置为空白关键帧。若需要在其他位置创建帧，则在其上单击鼠标右键，在弹出的快捷菜单中选择"插入帧""插入关键帧""插入空白关键帧"命令，或者在"时间轴"面板右侧的按钮组中单击相应按钮进行创建。

（2）选择和删除帧

若需要选择单个帧，只需将鼠标指针移至所要选择的帧位置上，再单击鼠标左键；若需要选择多个连续的帧，则单击选择帧范围的第1帧，按住鼠标左键不放并拖曳鼠标框选需要选择的帧；若需要选择多个不连续的帧，则单击选择其中一帧，然后按住【Ctrl】键的同时单击选择其他帧；若需要选择所有帧，则单击选择其中一帧，然后单击鼠标右键，在弹出的快捷菜单中选择"选择所有帧"命令，或按【Ctrl＋Alt＋A】组合键。

选择帧后，单击鼠标右键，在弹出的快捷菜单中选择"删除帧"命令，或按【Shift＋F5】组合键即可删除所选帧。

2. 图层

图层位于"时间轴"面板中，该面板左侧为图层控制区，如图5-28所示，各按钮的名称已标注其功能。此外，图层的选择、拷贝、剪贴与粘贴，以及调整图层堆叠顺序等操作与Photoshop中的基本一致，本文不做过多介绍。

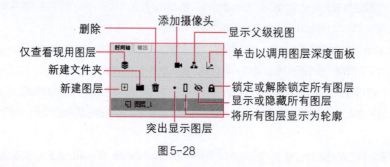

图5-28

资源链接：
图层控制区按钮
作用详解

5.2.3　认识元件与实例

使用Animate制作动画时，应用动态效果的元素通常需要标识为元件或实例，否则将无法正确运行。元件是由多个独立的元素和动画合并而成的整体，每个元件都有单独的时间轴、舞台和多个图层。而实例是指存于舞台上或另一个元件内部的元件副本，可以视为元件在舞台上的具体体现。

1. 创建元件和实例

在Animate中，元件具有图形 ♦、影片剪辑 ⌗ 和按钮 ⬤ 3种类型。它们的产生有两种途径，一种是直接新建元件和实例，另一种是通过转换来创建。

（1）直接新建元件和实例

在"库"面板中单击鼠标右键，在弹出的快捷菜单中选择"新建元件"命令，打开"创建新元件"对话框。设置元件名称和类型后，单击 确定 按钮，如图5-29所示，打开元件编辑窗口（该窗口是一个空白的场景），在该场景的舞台中添加元件内容。新建的元件将被放置在"库"面板中，将元

资源链接：
不同类型元件功
能详解

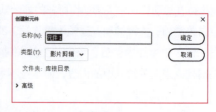

图5-29

件从"库"面板中拖动到舞台上，便可创建该元件的实例。

（2）通过转换创建元件和实例

在舞台中选择素材后，单击鼠标右键，在弹出的快捷菜单中选择"转换为元件"命令，打开"转换为元件"对话框。设置元件名称和类型，单击 确定 按钮。此时，在舞台中的素材被标识为实例，而转换后的元件则处于"库"面板中。

2. 编辑元件和实例

编辑元件内容需要在"库"面板中双击元件类型图标，或双击舞台中的该元件实例，以重新进入该元件的编辑窗口，再调整其内容。需要注意的是，修改元件内容也将对基于该元件创建的实例内容造成影响。

编辑元件类型需要在"库"面板中选择需要修改的元件，单击鼠标右键，在弹出的快捷菜单中选择"属性"命令，打开"元件属性"对话框，在"类型"下拉列表中选择元件类型后，单击 确定 按钮。

5.2.4 创建逐帧动画

逐帧动画是由多个连续的帧组成，通过改变每帧的内容所形成的一种动画类型，如图5-30所示。常见的动态表情、GIF图、定格动画大多属于逐帧动画。

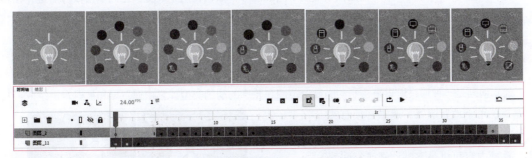

图5-30

在Animate中，创建逐帧动画的方法有以下4种。

- 转换为逐帧动画：选择要转换为逐帧动画的帧，然后单击鼠标右键，在弹出的快捷菜单中选择"转换为逐帧动画"命令，再在弹出的子菜单中选择所需命令，将选定的帧转换为逐帧动画。
- 逐帧制作：新建多个空白关键帧，然后在每个空白关键帧上添加变化的内容。
- 导入GIF动画文件：将GIF动画文件导入到舞台后，Animate会自动将GIF动画文件中的每张静态图像转换为关键帧，从而形成逐帧动画。
- 导入具有连续编号的图像素材：使用"导入到舞台"命令选择具有连续编号的图像素材，可将剩余连续编号的图像素材一同导入，并且Animate会自动按照图像素材的顺序依次将其转换为关键帧，从而形成逐帧动画。

5.2.5 创建补间动画

补间动画（广义）是一种通过指定对象的起始状态和结束状态，由动画制作软件（如Animate）自动生成中间状态的动画类型。补间动画（广义）可进一步分为补间动画（狭义）、传统补间动画和形状补间动画3种形式。

1. 补间动画（狭义）

补间动画是通过为不同帧中的对象属性指定不同的值来创建的。在关键帧中放置元件，然后单击鼠标右键，在弹出的快捷菜单中选择"创建补间动画"命令，再多次插入带有属性的关键帧，即可基于该元件制作一个补间动画。

2. 传统补间动画

传统补间动画又称运动渐变动画，其原理是通过不同性质的关键帧，使对象产生缩放、不透明度、色彩、旋转等方面的动画效果。

在动画的开始关键帧和结束关键帧中放入同一个元件，在两个关键帧之间单击鼠标右键，在弹出的快捷菜单中选择"创建传统补间"命令，然后调整两个关键帧中对象的大小和旋转等属性，即可基于该元件制作一个传统补间动画。

3. 形状补间动画

形状补间动画是通过矢量图形的形状变化，实现从一个图形过渡到另一个图形的渐变过程。该动画与补间动画和传统补间动画的区别在于，形状补间动画不需要将素材转换为元件，只需保证素材为矢量图形。

在动画的开始关键帧和结束关键帧中绘制不同的图形，然后在两个关键帧之间单击鼠标右键，在弹出的快捷菜单中选择"创建形状补间"命令，即可基于这两个图形制作一个形状补间动画。

5.2.6　创建遮罩动画

遮罩动画是一种通过遮罩来控制动画显示范围和轮廓的动画类型。它由遮罩层和被遮罩层组成，其中遮罩层用于放置遮罩，遮罩必须有实心填充内容；被遮罩层用于放置动画内容，动画内容可以是逐帧动画或补间动画，如图5-31所示。此外，还可以为遮罩层中的遮罩制作补间动画，使遮罩动画更具创意。

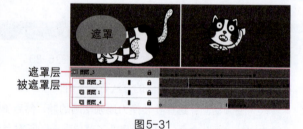

图5-31

创建遮罩动画的前提是设置遮罩层和被遮罩层，可先选择需要作为遮罩层的图层，再单击鼠标右键，在弹出的快捷菜单中选择"遮罩层"命令。这样，该图层将自动转换为遮罩层，并且其下方的图层将自动转换为被遮罩层。同时，Animate会自动锁定转换后的遮罩层和被遮罩层。需要注意的是，遮罩动画中的遮罩层只能有一个，而被遮罩层可以有多个，若需要新增被遮罩层，直接将其他图层拖动到遮罩层下方，便可将该图层转换为被遮罩层。

5.2.7　创建引导动画

引导动画是一种动画对象沿着引导线移动的动画类型。它由引导层和被引导层两个图层组成，其中，引导层中的内容为引导线，且在最终发布时不会显示出来；被引导层用于放置动画对象，对象的动画类型一般是传统补间动画，如图5-32所示。

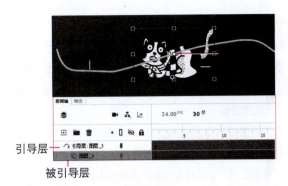

创建引导动画的前提是创建引导层和被引导层。首先，选择要成为被引导层的图层，再单击鼠标右键，在弹出的快捷菜单中选择"添加传统运动引导层"命令。这样，就可为该图层创建一个引导层，并将该图层转换为被引导层。此时，创建的引导层没有内容，需要用户使用"铅笔工具" ✎、"钢笔工具" ✐ 等可以绘制笔触的工具来绘制引导线。接着，在被引导层中的开始关键帧和结束关键帧两处，将动画对象分别放置在引导线的两端，并确保动画对象的中心点要牢牢吸附在引导线上。最后，为两处关键帧创建传统补间动画，即可完成一个引导动画。

需要注意的是，绘制的引导线应从头到尾连续且不封闭，转折不宜过多，不宜出现交叉或重叠的情况，以免Animate无法准确判断动画对象的运动路径。

5.2.8 创建摄像头动画

摄像头动画是一种通过模拟虚拟摄像头来移动展示舞台画面的动画类型。这种动画不仅可以近距离放大感兴趣的画面，还可以缩小画面以查看更大范围的效果，从而实现画面景别的切换。

创建摄像头动画需要先确保在当前文档的"文档设置"对话框中已单击选中"使用高级图层功能"复选框，开启高级图层功能。然后，在工具箱中选择"摄像头工具" ◼，或"时间轴"面板中单击"添加摄像头"按钮 ◼，此时，"时间轴"面板中出现名称为"Camera"的摄像头图层，表示已经成功添加摄像头，并且舞台与粘贴板分界线的颜色由黑色变为蓝色，表示舞台已成为摄像头，分界线成为摄像头的边框。舞台下方将出现摄像头控件，如图5-33所示。

此时，选择【窗口】/【属性】命令，打开"属性"面板，单击该面板的"工具"选项卡。在"摄像机设置"栏（见图5-34）中，可设置摄像头的显示范围。其中，"X""Y"参数用于设置摄像头在水平和垂直方向的位置；"缩放"参数用于设置摄像头中画面的显示比例；"旋转"参数用于设置摄像头中画面的旋转角度；↺ 按钮用于重置设置。

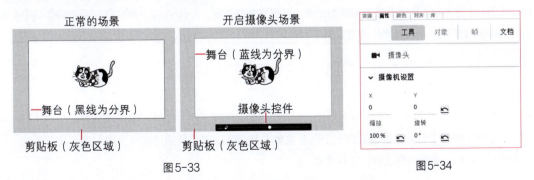

图5-33　　　　　　　　　　图5-34

通过在"Camera"图层上不断创建关键帧，调整每个关键帧对应的摄像头设置，并在这些关键帧之间创建传统补间动画，即可制作一个摄像头动画。

5.2.9　创建骨骼动画

骨骼动画也称为反向运动，是利用骨骼关节结构对一个对象或彼此相关的一组对象进行处理的动画类型。制作骨骼动画首先需要创建骨骼，然后通过插入姿势帧并调整骨骼来实现动态效果。

1. 创建骨骼

添加骨骼的对象通常为元件（或实例）和矢量图。选择"骨骼工具" ✐，从要作为骨架根部或头部的对象处拖动鼠标到其他对象，此时两个对象之间会显示一条连接线，开始拖动处会出现骨骼控制点。继续使用"骨骼工具" ✐从骨骼控制点拖动鼠标到下一个对象，即可再添加一个骨骼。

需要注意的是，为不同类型的对象添加骨骼的方法虽然相同，但造成的后果却有差异。为元件（或实例）绑骨时，骨骼连接的两个元件（或实例）所在的图层将合并为一个骨骼图层，如图5-35所示；为矢量图绑骨时，骨骼连接的两个矢量图所在的关键帧将合并到骨骼图层中，原图层仍然存在，但原关键帧所在的位置将只有空白关键帧，如图5-36所示。

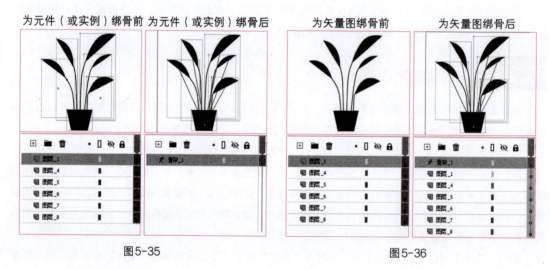

为元件（或实例）绑骨前　为元件（或实例）绑骨后　　　为矢量图绑骨前　　　　　为矢量图绑骨后

图5-35　　　　　　　　　　　　　　　图5-36

2. 制作动态效果

在制作动态效果时，可以在帧的位置处单击鼠标右键，并在弹出的快捷菜单中选择"插入姿势"命令，以此方法插入多个姿势帧。然后，使用"移动工具" ▶单击选中骨骼，直接拖动鼠标即可移动骨骼；按住【Ctrl】键不放并拖动骨骼所关联的元件，可调整骨骼长度，Animate会自动根据两个姿势帧中骨骼的形态添加过渡效果，从而产生动态效果。

5.2.10　课堂案例——制作电子菜单交互动画

【制作要求】为某中餐馆制作一个电子菜单交互动画，要求能通过菜单页中的按钮实现不同菜单页的切换，菜单画面美观，布局合理。

【操作要点】新建按钮元件；设置实例名称；在"动作"面板中输入脚本语言；使用"代码片断"面板。参考效果如图5-37所示。

【素材位置】配套资源：\素材文件\第5章\课堂案例\"交互动画素材"文件夹

【效果位置】配套资源：\效果文件\第5章\课堂案例\电子菜单交互动画.fla、电子菜单交互动画.swf

图5-37

具体操作如下。

STEP 01 新建一个宽为"1440像素"，高为"810像素"，帧速率为"24"，平台类型选择"ActionScript 3.0"的动画文件。导入"菜单1背景.jpg、餐馆名称.png、厨师.png"素材到舞台。调整大小和位置后，选择厨师图像素材，将其转换为名称为"厨师"的影片剪辑元件，双击该元件进入元件编辑窗口。

视频教学：
制作电子菜单交互动画

STEP 02 在第15帧处插入一个帧，将播放头移至第1帧处，新建2个图层，打开"特效.fla"文件，将其中的特效图像依次复制并粘贴到新图层上，如图5-38所示。返回主场景，在第2帧处插入空白关键帧，导入"菜单2背景.jpg"素材到舞台，调整大小和位置。接着，将"库"面板中的"餐馆名称.png"素材和"厨师"元件拖动到舞台中，并调整其大小和位置。

STEP 03 新建名称为"菜名"的图层，在第2帧处插入空白关键帧，使用"矩形工具" ■绘制2个等大、填充为"#D0020E"的矩形。打开"菜单.txt"素材，选择"文本工具" T，设置字体为"微软雅黑"，填充为"#7F4B22"，在矩形中和下方输入面条类的文本。

STEP 04 选择品类文本及其对应的价格文本，按【Ctrl+G】组合键组合图形。然后选择第一列的组合图形，单击鼠标右键，在弹出的快捷菜单中选择【对齐】/【左对齐】命令，再按照相同的方法左对齐第2列文本。效果如图5-39所示。

图5-38

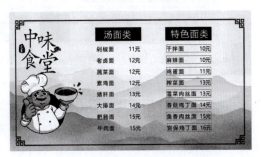

图5-39

STEP 05 在"图层_1"图层的第4帧处插入普通帧，在"菜名"图层的第3帧处插入关键帧。选择两列文本，按【Ctrl+B】组合键分离组合，根据"菜单.txt"素材中盖饭和炒饭类的内容，使用"文本工具"T修改文本，如果修改文本后导致文本无法左对齐，可以按照与步骤4相同的方法进行调整，效果如图5-40所示。

STEP 06 在"菜名"图层的第4帧处插入关键帧，根据"菜单.txt"素材中热菜和凉菜类中的内容，使用文本工具T修改文本。效果如图5-41所示。

图5-40

图5-41

STEP 07 新建"按钮"图层，使用"矩形工具"■在该图层的第1帧绘制一个笔触为"#000000"，填充为"#C92B1D"，笔触大小为"3"的正方形，再将其转换为名称为"下一页"的按钮元件的实例。双击按钮实例，进入元件编辑窗口，在第2~4帧分别插入关键帧，依次调整笔触和填充为同色，顺序为"#7D3731、#5AC91D、#FFCC00"，新建图层，使用"多角星形工具"●在该图层的第1帧绘制一个三角形（需在"属性"面板的"工具"选项卡中设置边数为"3"），在第4帧插入帧，效果如图5-42所示。

STEP 08 返回主场景，选择"库"面板的"下一页"元件，单击鼠标右键，在弹出的快捷菜单中选择"直接复制"命令，打开"直接复制元件"对话框，设置名称为"上一页"，单击 确定 按钮。双击"上一页"元件的●图标，进入元件编辑窗口，选择三角形，单击鼠标右键，在弹出的快捷菜单中选择【变形】/【水平翻转】命令，调整位置，此时该元件的效果如图5-43所示。

STEP 09 返回主场景，按照与步骤8相同的方法，复制一个名称为"首页"的按钮元件，并进入该元件的编辑窗口，删除三角形，导入"店铺首页.png"素材到舞台，调整大小和位置，效果如图5-44所示。

图5-42

图5-43

图5-44

STEP 10 返回主场景，在"按钮"图层的第2帧处插入空白关键帧，将"库"面板中创建的3个按钮元件一同拖动到舞台上，一起调整大小、位置和方向，效果如图5-45所示。

STEP 11 选择"按钮"图层第2帧中的"下一页"实例，按【Ctrl+C】组合键复制。将播放头移至第1帧，删除该帧中的"下一页"实例后，按【Ctrl+Shift+V】组合键粘贴到当前位置，使其与其他帧中的"下一页"实例保持一致的形态和位置，增强画面的整体性，效果如图5-46所示。

图5-45   图5-46

STEP 12 选择"下一页"实例,在"属性"面板的"对象"选项卡中设置实例名称为"tz1",如图5-47所示。将播放头移至第2帧,按照与步骤1相同的方法,设置"上一页"实例的实例名称为"tz2","首页"实例的实例名称为"tz3","下一页"实例的实例名称仍为"tz1"。在"按钮"图层的第3帧和第4帧处插入关键帧,并删除第4帧的"下一页"实例,此时"时间轴"面板如图5-48所示。

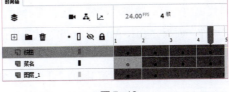

图5-47   图5-48

STEP 13 将播放头移至第1帧处,选择"图层_1"图层,按【F9】键打开"动作"面板。在脚本编辑窗口中输入"stop(); //暂停播放",如图5-49所示,使播放动画时画面停留在第1帧,不会自动播放其他帧。

图5-49

STEP 14 选择"按钮"图层第1帧的"下一页"实例,单击"动作"面板中的"代码片断"按钮，打开"代码片断"面板,依次展开"ActionScript""时间轴导航"文件夹,双击"单击以转到下一帧并停止"选项。此时,"动作"面板中会出现代码,如图5-50所示,并且"时间轴"面板中会自动新建"Actions"图层。

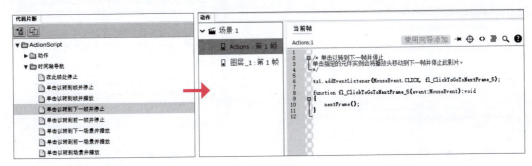

图5-50

STEP 15 选择"按钮"图层第2帧的"上一页"实例，双击"代码片断"面板"时间轴导航"文件夹里的"单击以转到帧并停止"选项，再将"动作"面板"gotoAndStop(5)"代码中的"5"改为"1"，如图5-51所示，使单击该按钮即可跳转到菜单的首页页面。

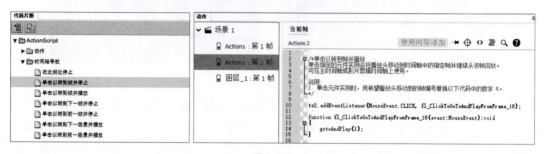

图5-51

STEP 16 选择"按钮"图层第2帧的"首页"实例，按照与步骤5相同的方法添加代码，使该按钮能够跳转到菜单的首页。选择"按钮"图层第2帧的"下一页"实例，按照与步骤15相同的方法添加代码，将"动作"面板"gotoAndStop(5)"代码中的"5"改为"3"，以指定该按钮能够跳转到下一页面。

STEP 17 选择"按钮"图层第3帧的"上一页"实例，按照与步骤15相同的方法添加代码，将"动作"面板"gotoAndStop(5)"代码中的"5"改为"2"。选择"按钮"图层第3帧的"首页"实例，按照与步骤15相同的方法添加代码，将"动作"面板"gotoAndStop(5)"代码中的"5"改为"1"。选择"按钮"图层第3帧的"下一页"实例，按照与步骤15相同的方法添加代码，将"动作"面板"gotoAndStop(5)"代码中的"5"改为"4"，如图5-52所示。

STEP 18 选择"按钮"图层第4帧的"上一页"实例，按照与步骤15相同的方法添加代码，将"动作"面板"gotoAndStop(5)"代码中的"5"改为"3"；选择"按钮"图层第3帧的"首页"实例，按照与步骤15相同的方法添加代码，将"动作"面板"gotoAndStop(5)"代码中的"5"改为"1"，此时"动作"面板的最终效果如图5-53所示。

图5-52

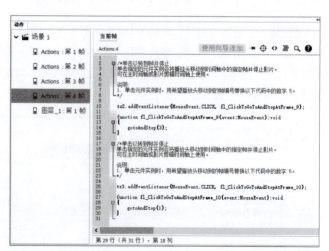

图5-53

STEP 19 按【Ctrl+Enter】组合键测试动画。效果预览无误后，按【Ctrl+S】组合键保存文件，设置文件名称为"电子菜单交互动画"，再按【Ctrl+Alt+Shift+S】组合键导出同名的SWF格式文件。

5.2.11 认识脚本语言

交互动画的核心在于为动画文件中的元素添加脚本语言，也就是代码。添加脚本语言的类型与动画文件平台的类型相关。表5-1所示为Animate支持的平台类型，以及各平台类型的适用环境和运行环境。

表5-1 Animate 动画平台类型的适用环境和运行环境

Animate 动画的平台类型	适用环境	运行环境
HTML5 Canvas	适用于制作网页中使用的动画	跨平台、支持 HTML5 的浏览器
ActionScript 3.0	常用类型，适用于大多数领域	跨平台、FlashPlayer
AIR for Desktop	适用于多媒体应用程序	Windows 操作系统，需安装
AIR for Android	适用于多媒体应用程序	Android 操作系统，需安装
AIR for iOS	适用于多媒体应用程序	iOS 操作系统，需安装

在Animate中通用的脚本语言只有ActionScript与JavaScript两类。它们都是基于对象和事件驱动，并具有相对安全性。

- ActionScript：常用于ActionScript 3.0、AIR for Desktop、AIR for iOS或AIR for Android平台类型的文件中。ActionScript提供了一系列命令，可以让动画响应用户的行为，例如使用这些命令播放声音、跳转到指定的关键帧、计算数值等。
- JavaScript：常用于HTML5 Canvas平台类型的文件中，可以使Web页面响应用户的操作。

5.2.12 认识"动作"面板

制作交互动画离不开"动作"面板，通过该面板可以为互动对象添加由脚本语言组成的命令集，以引导影片或外部应用程序执行任务。选择【窗口】/【动作】命令，或按【F9】键，可打开如图5-54所示的"动作"面板。该面板由脚本导航器、使用向导添加、工具栏和脚本编辑窗口4部分组成。

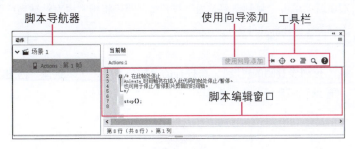

图5-54

- 脚本导航器：用于显示当前文件中哪些帧添加了脚本语言，用户可通过脚本导航器在这些帧之间来回切换。
- 使用向导添加：用于通过一个简单易用的向导添加动作，而不是通过编写脚本语言来操作，仅可用于HTML5 Canvas文件类型。

- 工具栏：固定脚本◄用于将脚本编辑窗口中的各个脚本固定为标签，并相应地移动它们；插入实例路径和名称⊕用于插入实例的路径或实例的名称；代码片断‹›用于打开"代码片断"面板；代码格式▤用于将输入的代码按照一定的格式书写；查找🔍用于查找或替换脚本语言；帮助❷用于打开"帮助"面板。

- 脚本编辑窗口：是编辑脚本语言的主要区域。将鼠标指针移至脚本编辑窗口，单击鼠标左键，将插入鼠标光标，然后直接输入脚本语言。

使用"动作"面板添加脚本语言时，需要先选择一个关键帧，然后在脚本编辑窗口中输入脚本语言。该帧上方将出现一个◨符号。当动画播放到该帧时，Animate将运行该帧中的程序。

5.2.13 认识"代码片断"面板

"代码片断"面板中放置一些常用的脚本语言，可以有效降低手动编写脚本语言的复杂性。

选择某帧，选择【窗口】/【代码片断】命令，打开"代码片断"面板，其中有"ActionScript""HTML5 Canvas"两个选项组，如图5-55所示，单击对应的选项组，在打开的下拉列表中双击对应的脚本语言选项，可直接将该脚本语言添加到"动作"面板中，并且帧所在图层的上方将会新建一个名为"Actions"图层，同时"Actions"图层相应帧的上方也会出现一个◨符号。

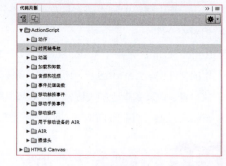

图5-55

"代码片断"面板中的其他参数作用如下。

1. 添加到当前帧

选择脚本语言选项后，单击"添加到当前帧"按钮▣，可为当前帧中的对象添加对应的脚本语言。需要注意的是，若帧中的对象不是元件实例，则单击该按钮时，Animate将自动把该对象转换为影片剪辑元件；若帧中的对象没有实例名称，则单击该按钮时，Animate将自动为该对象添加一个实例名称。

2. 复制到剪贴板

选择脚本语言选项后，单击"复制到剪贴板"按钮▣，即可将脚本语言粘贴到剪贴板上，此功能常用于将预设的脚本语言转移到外部文件中。

3. 设置代码

单击"选项"❋下拉列表右侧的按钮，在打开的下拉列表中，可以选择"创建新代码片段""编辑代码片段 XML""删除代码片段"等选项。

三维动画制作软件Cinema 4D

Cinema 4D不仅是一个功能强大的三维建模软件，还可以利用粒子、动力学和关键帧制作丰富的动画效果。

5.3.1　课堂案例——制作活动场景三维动画

【制作要求】某商场准备为七夕节活动打造一个活动场景。为了更直观地展现出活动现场的布置，需要使用Cinema 4D制作一个活动场景三维动画，要求从场景的模型搭建、材质贴图、光影效果到动画展现，都尽量营造出浪漫、温馨的氛围，且具有创意性。

【操作要点】创建基础内置模型（包括立方体、球体、圆柱、圆锥、立体文字）；手绘样条并建立模型；使用生成器、变形器以及多边形编辑方式编辑模型；为模型添加材质、灯光和摄像机；创建关键帧动画；运用粒子发射器；运用动力学标签和力场。参考效果如图5-56所示。

【素材位置】配套资源:\素材文件\第5章\课堂案例\心形气球.c4d

【效果位置】配套资源:\效果文件\第5章\课堂案例\活动场景三维动画.c4d、活动场景三维动画.mp4

图5-56

具体操作如下。

STEP 01 启动Cinema 4D，进入其工作界面。为便于后续操作，需要更改模型的显示效果。选择视图窗口的"显示"菜单，在打开的下拉列表中选择"光影着色（线条）"命令，如图5-57所示，使视图窗口中既显示光影，又显示模型分段线。

STEP 02 长按"立方体"工具，在弹出的面板中选择"平面"工具，创建一个平面，再按【Ctrl+C】组合键复制，按【Ctrl+V】组合键在原位置复制平面，按【R】键切换到"旋转"工具，按住【Shift】键不放，按住鼠标左键拖动红色的X轴旋转90°，如图5-58所示。

视频教学:
制作活动场景三维动画

🔔 **提示**

若要快速、随意地调整模型尺寸,可以选择"移动"工具，然后单击并拖动模型中相应坐标轴上的黄色小圆点。或按【T】键激活"缩放"工具，拖动相应的轴也能缩放对象。

STEP 03 按【Ctrl+B】组合键，在打开的"渲染设置"对话框中调整输出的宽度和高度分别为"1920"和"1080"，然后关闭该对话框。按住【Alt】键的同时拖动鼠标，调整视图窗口的视角为平视角度。选择"移动"工具，并调整复制平面模型的坐标轴参数。按【T】键切换为"缩放"工具，调整平面大小（具体大小不做要求，可根据实际需求自行调整），使视图中间的安全框完全显示，如图5-59所示。

知识
拓展 安全框是视图中的安全线，位于安全框内的对象在进行视图渲染时不会被裁剪掉。如果不便于识别，可以在属性管理器中单击"模式"菜单，然后选择"视图设置"选项，再选择"安全框"选项卡。在其中可以设置安全框的颜色和不透明度，或关闭安全框。此外，还可以在"渲染设置"对话框中调整输出的高度、宽度可以调整安全框的大小。

图5-57

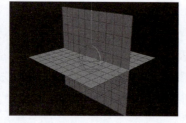
图5-58

图5-59

STEP 04 选择"立方体"工具，创建一个立方体模型。在属性管理器中调整立方体的尺寸，并选中"圆角"复选框，如图5-60所示。

STEP 05 选择"克隆"工具，创建克隆生成器。然后在对象管理器中按住鼠标左键，将立方体向上移动至克隆生成器右侧。当出现向下箭头时，释放鼠标左键，使其成为克隆生成器的子层级（或在按住【Alt】键的同时选择"克隆"工具，此时立方体会自动成为克隆生成器的子层级），如图5-61所示。

STEP 06 在对象管理器中选择克隆生成器，并在属性管理器中选择"对象"选项卡。调整X轴和Y轴上的数量参数和尺寸参数，使立方体紧密相连并覆盖整个背景，调整克隆生成器的坐标位置，使生成的立方体与步骤2中复制的平面距离较近，效果如图5-62所示。

图5-60

图5-61

图5-62

STEP 07 在透视图中移动视图以寻找最终渲染的合适角度。选择右侧工具栏中的"摄像机"工具，新建一个摄像机。在对象管理器中的"摄像机"对象右侧单击按钮，开启摄像机视角。创建的摄像机对象在进入摄像机视角后会随着视图窗口的调整而发生相应改变。因此，需要在对象管理器中选中"摄像机"对象，然后单击鼠标右键，选择【装配标签】/【保护】选项，为摄像机添加"保护"标签，以锁定摄像机视角。

🔔 **提示**

锁定摄像机视角后，视图窗口无法随意变换。用户可以在"摄像机"对象右侧单击按钮，关闭摄像机视角，或在视图窗口顶部的摄像机图标处单击鼠标左键，并在弹出的快捷菜单中选择切换为"默认摄像机"。

STEP 08 选中克隆生成器，选择"随机"工具，将随机效果器添加到克隆生成器中，此时画面中的立方体会无序位移。在属性管理器中单击"参数"选项卡，按照图5-63所示的参数进行调整，使立方体仅在Z轴上随机排列。

STEP 09 长按"立方体"工具，在弹出的面板中选择"圆柱体"工具，创建一个圆柱体，然后调整圆柱体的大小和位置，如图5-64所示。

STEP 10 切换到正视图，选择模型，按住【Ctrl】键不放，在Y轴上向上拖动鼠标复制一个模型，并将复制模型的高度缩短、半径变长。然后使用相同的方法再复制出一个圆柱体，如图5-65所示。

图5-63

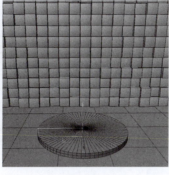

图5-64

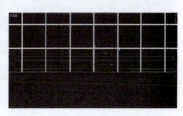

图5-65

STEP 11 在属性管理器中为所有圆柱体添加半径为"5"的圆角。复制中间的圆柱体，调整复制后的圆柱体的高度分段为"1"，略微缩小半径并增加高度。然后在按住【Alt】键的同时选择"晶格"工具，为其添加"晶格"生成器。设置晶格对象的圆柱半径和球体半径均为"3cm"，以制作出小柱子装饰。在透视视图中查看效果，如图5-66所示。

STEP 12 略微增加中间圆柱体的高度，以便添加装饰。选择"球体"工具，创建球体模型，并在属性管理器中设置半径为"14cm"，分段为"40"。调整位置如图5-67所示。然后按住【Alt】键的同时选择"克隆"工具。

STEP 13 选择中间的圆柱体，在右侧工具栏中单击"转为可编辑对象"按钮（或直接按【C】键），将其转为可编辑对象。单击"边"按钮进入边模式，双击选择圆柱体上方的边缘线条，如图5-68所示。然后选择【网格】/【提取样条】命令将选中的线条提取出来。

图5-66

图5-67

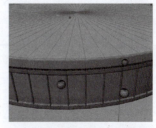

图5-68

STEP 14 在对象管理器中选择球体的"克隆"对象。在属性管理器中设置模式为"对象"，单击"对象"选项后的按钮，将鼠标指针移动到对象管理器中上一步骤提取的样条上，如图5-69所示。然后调整数量为"220"，使球体刚好围绕圆柱体一圈。

STEP 15 单击"模型"按钮▣进入模型模式，将提取的样条向下移动，可以在顶视图中查看其合适位置，如图5-70所示。

STEP 16 按住【Shift】键不放，在对象管理器中选择底座相关的模型对象，按【Alt+G】组合键打组，此时会新建一个空白对象组。双击对象组名称，修改名称为"底座"。

STEP 17 创建礼盒模型。选择"矩形"工具▣，创建一个矩形样条。在对象管理器中调整平面为"XZ"，单击选中"圆角"复选框。按住【Alt】键不放，在工具栏中选择"挤压"工具▣，此时形成一个圆角矩形模型，调整其角度、大小和位置，如图5-71所示。

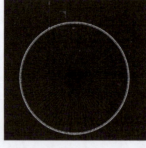
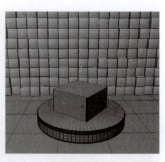

图5-69　　　　　　　　　　图5-70　　　　　　　　　　图5-71

STEP 18 在挤压对象的属性管理器中选择"封盖"选项卡，单击选中"独立斜角控制"复选框，设置"起点倒角"栏中的倒角外形尺寸为"8cm"，分段为"8"，"终点倒角"栏中的倒角外形尺寸为"1cm"，分段为"3"，使盒子外缘更圆滑，然后在对象管理器中修改对象名称为"盒身"。

STEP 19 选择盒身对象，按住【Ctrl】键不放并使用"移动工具"▣沿着Y轴正方向拖动，复制盒盖部分，并修改对象名称为"盒盖"。将盒盖的高度缩短，设置其封盖参数与"盒身"对象的封盖参数相反，调整盒盖的位置使其与盒身相连接。

STEP 20 再次创建两个矩形对象，第1个矩形对象是作为礼盒丝带的扫描路径，其尺寸需要正好框住礼盒，同时圆角也匹配礼盒圆角，第2个矩形对象是丝带的横截面。选择"扫描"工具▣，创建扫描对象，将创建的第2个和第1个矩形对象依次拖入扫描对象的子级，扫描出丝带模型。调整矩形对象的参数，使丝带刚好贴合礼盒，如图5-72所示。

STEP 21 复制扫描出的丝带，并调整其位置，效果如图5-73所示。按【F4】键切换到正视图，在左侧工具栏中选择"样条画笔"工具▣，在正视图中绘制出礼盒的绑花路径（由于场景中的线条比较多，不便于观察路径，可以在顶部工具栏中单击"视窗独显"按钮▣，单独显示路径对象），如图5-74所示。

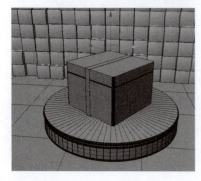
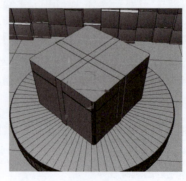

图5-72　　　　　　　　　　图5-73　　　　　　　　　　图5-74

STEP 22 再次创建矩形对象作为绑花的横截面路径，然后创建扫描对象，并将这两个对象作为扫描对象的子层级，返回透视窗口，取消独显，把扫描的绑花对象移动到礼盒顶端，如图5-75所示。选择绑花的样条对象，在属性管理器中设置角度为"0°"，使绑花的路径更平滑。

STEP 23 按【L】键启动轴心模式，调整绑花轴心的位置（如果轴心位置无误则不用调整），如图5-76所示。创建克隆对象，把扫描对象拖入克隆对象的子级，调整克隆对象的参数，如图5-77所示。

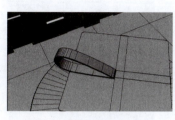
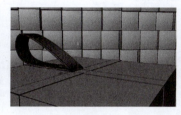

图5-75　　　　　　　　　　图5-76　　　　　　　　　　图5-77

STEP 24 关闭轴心模式，使用"移动工具"调整克隆的绑花至礼盒上方中心位置，然后将绑花和丝带对象编组，并修改组名称为"丝带"，将盒盖、盒身和丝带全部编组，修改组名称为"礼盒"。

STEP 25 使用相同的方法制作出不同尺寸、圆角、样式的礼盒，并在空礼盒中添加一些球体装饰，如图5-78所示。在制作空礼盒时，需将创建好的实心礼盒转换为可编辑对象。在上方工具栏中单击"多边形"按钮进入面模式，将礼盒中不需要的面直接删除。

STEP 26 制作气球。先创建一个球体对象，设置半径为"300cm"，分段为"40"，然后，在球体对象的子级中创建锥化对象（选择"锥化"工具），在属性管理器中单击匹配到父级按钮，将强度调整为"42%"，使球体变形，然后将球体旋转180°。

STEP 27 使用"圆锥体"工具和"圆环面"工具创建圆锥和圆环，缩小尺寸后将其移动到气球底部，制作出气球嘴的效果，如图5-79所示。将创建的气球和气球嘴编组，并修改组名称。

STEP 28 复制多个气球模型，并调整它们至不同的大小和位置，效果如图5-80所示。

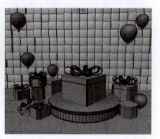

图5-78　　　　　　　　　　图5-79　　　　　　　　　　图5-80

STEP 29 选择"文本"工具，创建一个立体文字。在属性管理器中输入文字，并调整文字属性，如图5-81所示，选择"封盖"选项卡，设置尺寸为"10"，文字效果如图5-82所示。

STEP 30 在顶视图中选择文字，按住【Ctrl】键不放，将文字向背景墙拖动复制。然后在文本对象的"封盖"选项卡中单击选中"外侧倒角"复选框，设置圆角尺寸为"30"，使文字更有层次。此时，模型搭建已经基本完成。

STEP 31 打开"渲染设置"对话框，选择渲染器为"标准"，单击 ▆▆效果▆▆ 按钮，在打开的下拉列表中选择"全局光照"选项，然后关闭对话框。

STEP 32 单击"材质管理器"按钮▇打开面板，选择"天空"工具▇，添加天空对象。然后按【Shift+F8】组合键打开资产管理器，在管理器中选择图5-83所示的HDRI材质，将其拖动到材质管理器中，并将该材质赋予天空对象，作为场景整体的环境光。

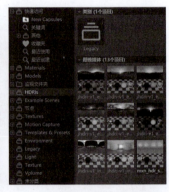

图5-81	图5-82	图5-83

STEP 33 按【Shift+R】组合键渲染场景。在打开的"图像查看器"对话框中查看预览灯光效果，如图5-84所示。发现画面的亮度较低，且缺少明显的投影，因此需要添加额外的灯光。

STEP 34 长按"灯光"工具▇，在打开的面板中选择"区域光"工具▇，在场景中创建一盏灯光，然后结合正视图拖动区域光四周的小黄点，使光照效果基本覆盖整个场景。结合左视图和顶视图，调整灯光的位置，使其位于场景正前方，并结合透视图及时查看光照效果，如图5-85所示。

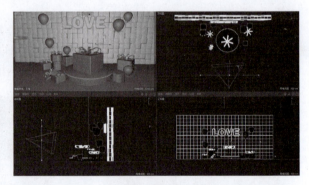

图5-84	图5-85

STEP 35 单击顶部工具栏中的"渲染活动视图"按钮▇（或按【Ctrl+R】组合键）以快速查看效果，发现光线较亮。此时，可以选择灯光对象，在属性管理器中设置该灯光的强度为"80%"。

STEP 36 单击"材质管理器"按钮▇，在弹出的面板的空白处双击鼠标左键以新建一个默认材质球。双击材质球，打开"材质编辑器"对话框，在"颜色"复选框中设置颜色如图5-103所示。然后，将该材质球拖动到视图窗口中的背景墙和地板中，即可预览效果，如图5-87所示。

STEP 37 选择并复制粘贴步骤36新建的材质球，打开"材质编辑器"对话框，选中"反射"复选框，单击 ▆移除▆ 按钮，删除默认高光，单击 ▆添加▆ 按钮，在打开的列表中选择"GGX"选项，为新建的"层

1"添加GGX反射，设置反射参数为"9%"，如图5-88所示，将该材质应用到地板中。

图5-86 图5-87 图5-88

STEP 38 复制地板应用的材质球，修改参数如图5-89所示，然后将该材质应用到场景中间的圆柱体上。新建一个默认材质球，打开"材质编辑器"对话框，在材质球下方修改材质名称为"金属"。在"颜色"栏中设置颜色如图5-90所示，选择"反射"复选框，添加GGX反射，设置菲涅耳为"导体"，预置为"金"，如图5-91所示。

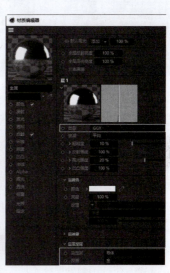

图5-89 图5-90 图5-91

STEP 39 拖动金属材质球到对象管理器中的"底座"对象组上，这样材质就会应用到整个底座模型；然后将该材质球应用到文字底纹中。

STEP 40 新建一个材质球，并打开"材质编辑器"对话框。在"颜色"栏中设置颜色参数为"H 303°、S 55%、V 96%"。单击选中"透明"复选框，设置颜色与上图一致，折射率预设为"塑料（PET）"。单击选中"反射"复选框，选择"透明度"选项卡，设置粗糙度为"0%"，高光强度为"100%"，选择"默认高光"选项卡，设置参数如图5-92所示。

STEP 41 在对象管理器中选择不相邻的3个气球组，在材质管理器中选择上一步创建的材质球，单击鼠标右键，在弹出的快捷菜单中选择"应用"选项。为了让画面效果更丰富，可以再复制一个材质球，修改颜色为"黄色"，再应用到其他气球中。

STEP 42 创建颜色为"H 356°、S 75%、V 83%"的红色材质球，单击选中"反射"复选框，移除默认高光，添加GGX反射，设置反射参数为"9%"，粗糙度为"18%"，然后将该材质应用到画面中间大礼盒的盒盖上。复制红色材质球，修改颜色为"H 3°、S 43%、V 98%"，将该材质球应用到绑花部分。

STEP 43 再次复制第1个红色材质球，在"颜色"选项卡中单击"纹理"选项后的■按钮，选择【表面】/【棋盘】选项，单击新增的棋盘图样，在打开的面板中选择"着色器"选项卡，分别设置颜色1的颜色为"H 0°、S 48%、V 100%"，颜色2的颜色为"H 0°、S 63%、V 78%"，U频率为"10"，V频率为"0"，如图5-93所示。

STEP 44 将材质球7应用到中间大礼盒的盒身部分，在对象管理器中选中"盒身"模型后的材质图标■，在下方属性管理器中的"材质"标签中选择投射为"立方体"，设置长度U为"322%"，如图5-94所示，调整材质在模型上的投射和缩放程度。

图5-92   图5-93   图5-94

STEP 45 礼盒的材质大致相同，可以复制多个材质球，并修改颜色，然后分别应用到礼盒以及礼盒中的圆球上。再复制一个礼盒材质球，修改颜色为白色，然后应用到剩余的文本中。预览最终渲染效果，如图5-95所示。

STEP 46 制作动画效果。按【Ctrl+D】组合键在属性管理器中打开"工程"选项卡，在其中设置帧率为"25"，最大时长为"100F"（这里F代表帧，后文统一用帧表示）。

STEP 47 在对象管理器中选择中间的礼盒对象，在时间线面板中单击"自动关键帧"按钮■激活动画记录，按【F9】键添加关键帧（或单击"记录活动对象"按钮◉）。

STEP 48 在第10帧处继续添加关键帧，单击"转到上一关键帧"按钮◀返回第0帧。在属性管理器中选择"坐标"选项卡，设置S（缩放）参数均为"0"，再适当调整礼盒位置，如图5-96所示。

图5-95   图5-96

STEP 49 选择【窗口】/【"时间线窗口（函数曲线）"】命令，打开"时间线窗口（函数曲线）"对话框，单击选择曲线（绿色曲线表示礼盒的缩放动画曲线，蓝色曲线表示礼盒的位移动画曲线）上的关键帧，按住鼠标左键进行拖动，调整运动曲线，如图5-97所示。

STEP 50 在第18帧位置继续添加关键帧，在第30帧位置调整礼盒中盒盖的位置和角度，制作出打开礼盒的效果（注意删除盒身和盒盖中的实心面），如图5-98所示。再次单击"自动关键帧"按钮■。

STEP 51 选择【模拟】/【发射器】命令，在场景中创建一个粒子发射器，将发射器沿着红色轴旋转90°，在属性管理器的"发射器"选项卡中设置发射器大小。在正视图中查看效果，如图5-99所示。

图5-97

图5-98

图5-99

STEP 52 打开"心形气球.c4d"素材文件，将两个心形气球复制到打开礼盒下的地板模型下方，如图5-100所示。

STEP 53 在对象管理器中，将两个心形气球放置于"发射器"的子层级，使其与发射器关联。选择发射器，在属性管理器的"粒子"选项卡中，设置图5-101所示的参数。

STEP 54 在对象管理器中选择发射器，单击鼠标右键，在弹出的快捷菜单中选择【子弹标签】/【刚体】选项；选择打开的礼盒，单击鼠标右键，在弹出的快捷菜单中选择【子弹标签】/【碰撞体】选项。

STEP 55 按【F8】键预览动画，发现由于受到重力影响，心形气球在飘飞一段时间后会下落。此时可按【Ctrl+D】组合键，在属性管理器中选择"子弹"选项卡，设置重力为"0cm"。

STEP 56 选择【模拟】/【力场】/【风力】命令，添加一个风力控制器，将控制器移动到礼盒底部，并调整该控制器的角度，使风扇前的箭头指向气球，为心形气球添加一个从下往上吹动的力。在属性控制器中设置速度为"50cm"，紊流为"50%"。

STEP 57 按【F8键】模拟动力学动画，观察动画效果是否合适。然后，单击发射器对象中的"刚体"图标■，在"缓存"选项卡中单击 全部烘焙 按钮烘焙关键帧。

STEP 58 按【Ctrl+Shift+S】组合键，打开"保存文件"对话框，设置文件名称为"活动场景三维动画.Cinema 4D"，选择文件保存位置，单击 保存(S) 按钮保存源文件。

STEP 59 按【Ctrl+B】组合键打开"渲染设置"面板，在"输出"选项卡中选择帧范围为"全部帧"，如图5-102所示，在"保存"选项卡中设置渲染文件的保存路径和名称，格式为"MP4"，在"抗锯齿"选项卡中设置最小级别为"2×2"，最大级别为"4×4"，然后关闭对话框。

STEP 60 按【Shift+R】组合键渲染场景，在"图像查看器"对话框中观察渲染效果。

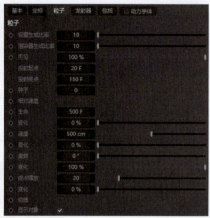

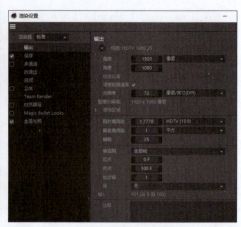

图5-100   图5-101   图5-102

5.3.2 创建和编辑三维模型

建模是三维动画制作中最基础且重要的环节。Cinema 4D的建模方法主要有内置模型建模和样条建模两种，这两种方法相辅相成，可以创建出绝大多数的模型类型。此外，还可以利用生成器、变形器、效果器等工具，或通过编辑模型的点、线、面来使三维模型达到预期效果。

1. 内置模型建模

内置模型是指系统预先定义好的模型。通过单击相应的创建工具，或选择【创建】/【网格】命令下的子命令来创建这些模型。

（1）创建基础模型

长按右侧工具栏中的"立方体"工具■，在弹出的面板中可以看到Cinema 4D内置的基础建模工具，如图5-103所示。选择相应工具，即可创建基础模型，例如常见的基础几何对象（如立方体、圆锥、圆柱、球体等）、几何平面对象（如圆盘、平面、多边形等）、人形、地形对象等。大部分三维模型都可以从这些基础模型演变而来。创建模型后，只需调整属性管理器中的参数即可更改其形状。图5-104所示为选择"立方体"工具■后创建的立方体模型，图5-105所示为属性管理器中立方体模型的默认参数。

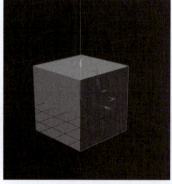

图5-103   图5-104   图5-105

（2）创建文本模型

长按"文本样条"工具▉，在弹出的面板中可以看到"文本"工具▉，单击该工具即可直接创建立体的文本模型，如图5-106所示。创建文本模型后，可以在属性管理器中的"对象"和"封盖"两个选项卡中编辑文本模型，如图5-107所示。

在"对象"选项卡中，"深度"选项用于设置文本模型的厚度；"细分数"选项用于控制文本模型的分段数量，分段数越多，文本模型的细节越丰富，但同时也会增加计算量和渲染时间。在"文本样条"文本框中可以输入需要生成文本模型的内容；"高度"选项用于设置文本模型的大小，数值越大，文本模型越大。其他选项主要控制文本的字体类型、对齐方式、水平和垂直间距等。

默认情况下，在"封盖"选项卡中创建的文本模型是封闭状态的。取消选中"起点封盖"和"终点封盖"复选框，文本模型会变为镂空效果；"倒角外形"选项用于设置挤压模型的倒角效果；"尺寸"选项用于控制倒角的大小。

图5-106

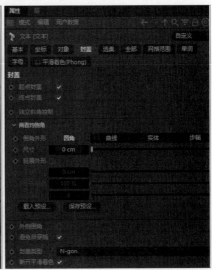
图5-107

2. 样条建模

样条是Cinema 4D自带的二维图形。可以通过单击相应的创建工具，或选择【创建】/【样条】命令下的子命令来创建样条，然后利用创建的样条线生成所需的三维模型。

（1）创建内置样条

长按"矩形"工具▉，在打开的面板中可以看到Cinema 4D中常用的内置样条工具，如图5-108所示。选择相应工具后，即可创建特定的二维图形。创建图形后，可以在属性管理器中修改参数以改变图形形状，或将图形转为可编辑样条线。其具体操作方法为：选中需要转换的二维图形，然后在右侧工具栏中单击"转为可编辑对象"按钮▉（或直接按【C】键）。需要注意的是，转换后的图形将无法在属性管理器中调整参数，只能在顶部工具栏中单击"点"按钮▉，进入点模式，通过编辑点来更改样条的形状。图5-109所示为编辑前后的矩形图形。此外，选择"文本样条"工具▉可以在场景中生成文字样条，如图5-110所示。

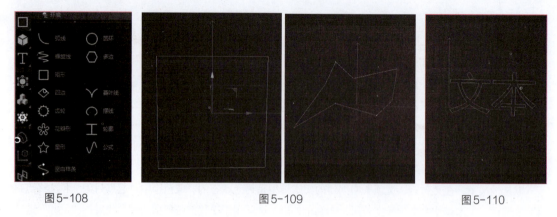

图5-108   图5-109   图5-110

（2）手绘样条

如果要绘制更复杂的二维图形，可以选择左侧工具栏中的"样条画笔"工具█、"草绘"工具█、"样条弧线工具"工具█、"多边形画笔"工具█，然后在视图窗口中手动绘制样条。绘制后，可以利用"平滑样条"工具█减少样条上的点，使样条更平滑，也可以利用"创建点"工具█增加样条上的点，通过调整点的位置来改变样条的形状。需要注意的是，使用手绘样条工具绘制图形时，将自动切换为点模式，且绘制的图形将自动进入可编辑状态，无需转换即可编辑样条中的点。

> **知识拓展**
>
> 除了通过手绘样条的形式创建任意形状的样条外，Cinema 4D 还支持导入在 Illustrator 中绘制的矢量图形，为三维模型带来更多的可能性，同时也能有效提高工作效率。具体操作方法如下：在 Cinema 4D 中选择【文件】/【合并对象】命令，在打开的"加载文件"对话框中双击选择 AI 格式的文件（或直接将该文件拖入 Cinema 4D），在弹出的"Adobe Illustrator 导入"对话框中可以设置导入图形的缩放比例，最后单击 确定 按钮。

编辑样条中的点时，可以在点模式下使用"移动"工具█选中需要编辑的点。单击鼠标右键，弹出的列表中会显示所有可用的编辑点命令，如图5-111所示。

图5-111

当编辑后的样条达到预期的基本样式后，可以使用一个将二维图形转换为三维模型的生成器（在右侧工具栏中长按"细分曲面"工具█，在打开的面板中可以看到各种生成器，如图5-112所示）或选择【创建】/【生成器】命令，在弹出的子菜单中选择相应命令，将样条线转换为三维模型，需要注意的是，并非所有生成器都具备这一功能，常用的主要有挤压、旋转、放样和扫描等。图5-113所示为利用挤压生成器将星形样条转换为星形模型前后的效果。另外，在使用生成器时，生成器通常需要作为对象的父层级，如图5-114所示。

父层级

子层级

图5-112 图5-113 图5-114

3．编辑模型

编辑模型是在原有内置模型或样条模型的基础上进行变换，主要有以下4种方式。

（1）生成器编辑

生成器不仅能用于样条中，还可以用于内置模型中，以生成一些复杂的三维模型。如图5-115所示，利用晶格生成器可以将宝石模型变成镂空形态。此外，除了前面提到的生成器外，在右侧工具栏中长按"体积生成"工具█和"克隆"工具█，在打开的面板中看到一些特殊的生成器（其中紫色图标的工具也可以作为变形器来使用），如图5-116所示。

（2）变形器编辑

变形器通常用于改变三维模型的形态，以实现扭曲、倾斜和旋转等效果。在右侧工具栏中长按"弯曲"工具█，在打开的面板中可以看到各种变形器，如图5-117所示。也可以选择【创建】/【变形器】命令，在弹出的子菜单中选择相应命令。此外，在使用变形器时，变形器通常需要作为对象的子层级或平级。

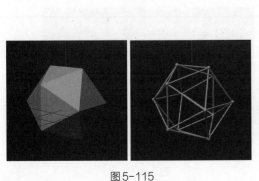

图5-115 图5-116 图5-117

（3）效果器和域编辑

效果器和域属于辅助工具，不能单独作用于模型，需要配合生成器或变形器才能实现效果。在右侧工具栏中长按"简易"工具█和"线性域"工具█，在打开的面板中可以看到常见的效果器和域（效果器为紫色图标，域为洋红色图标），如图5-118所示。效果器常与运动图形配合使用，能够让对象呈现不同的形态变化；域可以理解为一个衰减区域，区域内的对象会受到工具的作用，区域外的对象则不受影响。

（4）多边形编辑

多边形编辑指编辑和调整模型的点、线和多边形，从而制作出较为复杂的模型。操作时，将模型转换为可编辑对象，在顶部工具栏中单击"点"按钮█、"边"按钮█、"多边形"按钮█，分别进入点模式、边模式和面模式，然后在对应的模式下进行操作。图5-119所示为在不同模式下对立方体的编辑操作。

图5-118　　　　　　　　　　　　　　　　图5-119

5.3.3　使用材质、灯光和摄像机

材质、灯光和摄像机是三维动画制作过程中的重要组成部分，直接影响最终呈现的效果。

1. 使用材质

材质，即材料的质地，在Cinema 4D中可以理解为对象实际外观的表现形式，如玻璃、金属、纺织品、木材等。要使用材质，首先需要创建材质，然后根据需要调整材质效果，最后将调整好的材质应用到模型上。

（1）创建材质

单击顶部工具栏中的"材质管理器"按钮█，此时视图窗口右侧会弹出材质面板，在其中可以创建新的材质。例如，选择【创建】/【新的默认材质】命令（或按【Ctrl+N】组合键）；也可以双击材质面板，或单击材质面板的"新的默认材质"按钮█，都可以自动创建新的默认材质。

以上方法都是创建的默认材质，而长按材质面板的"新的默认材质"按钮█，或在材质面板中选择"创建"命令，则可在弹出的菜单中创建系统预置的其他类型材质，如图5-120所示。

此外，还可以通过"另存材质"命令或"另

图5-120

存全部材质"命令，将所选材质或所有材质保存为外部文件，以便应用到其他模型或场景中。使用已保存的材质或通过互联网下载的其他外部材质时，可以通过"加载材质"命令打开，从而节省重新设置材质的过程，极大提升作品制作的效率和质量。

（2）编辑材质

新建的默认材质大多无法满足需求，因此需要编辑材质。双击新创建的材质球，打开"材质编辑器"对话框。该编辑器分为两部分，左侧为材质预览区和材质选项，右侧为选项属性，如图5-121所示。下面介绍常用的几种选项。

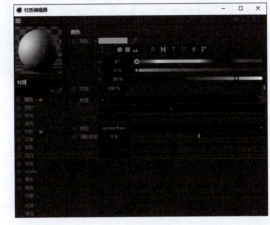

资源链接：
材质编辑器详解

图5-121

- 颜色："颜色"选项用于设置材质的固有色。固有色可以是颜色，也可以是软件内部自带的纹理贴图或外部贴图等。

- 漫射：漫射是指光线投射在粗糙表面上的光向各个方向反射的现象。"漫射"选项用于设置物体反射光线的强弱。当物体的颜色相同时，漫射的强弱差异直接影响材质的效果。

- 发光："发光"选项用于使材质产生自发光效果，但不能作为光源。在右侧的属性面板中，可以修改发光的颜色、亮度等。

- 透明："透明"选项通常用于制作玻璃材质、水材质、SSS材质（Sub-Surface Scattering，次表面散射材质，也称为3S材质）等。

- 反射：反射是材质必备的属性，因为任何材质都会带有一定的反射效果。"反射"选项用于控制物体表面的反射强度，可以通过添加纹理贴图或效果来调节反射的强度和内容。

- 凹凸："凹凸"选项可以载入外部的灰度贴图，然后根据贴图的黑白信息，按照"黑凹白凸"的原理形成视觉上的凹凸纹理，从而在模型表面生成带凹凸特征的立体纹理效果，但不会影响模型的结构。

- Alpha："Alpha"选项可以按照"黑透白不透"的原则（即趋于黑色的部分镂空，趋于白色的部分保持不变），通过载入灰度贴图形成镂空效果。

- 置换："置换"选项与"凹凸"选项类似，都是用于在材质上形成凹凸纹理。不同的是"置换"选项会直接改变模型的形状和结构，生成真实的凹凸效果。

（3）应用材质

创建好的材质可以直接应用到需要的模型上，其方法主要有以下两种。

- 在材质面板中选择已创建的材质球，并将其拖至视图窗口中需要赋予材质的模型上，或者拖动材质到对象管理器中的对象选项上。

- 在对象管理器中选中需要应用材质的模型，在材质面板中选择材质球，然后在材质球上单击鼠标右键，在弹出的快捷菜单中选择"应用"选项，或直接单击材质面板中的"应用"按钮 ↗ 。

2．使用灯光

灯光是呈现三维效果中非常重要的一部分，它不仅可以满足场景基本的照明需求，还能通过模拟真实世界的光线来调整整个场景的基调和氛围。在右侧工具栏中长按"灯光"工具 ，在打开的面板中可以看到Cinema 4D自带的各种灯光工具，如图5-122所示。

选择相应的工具即可为场景添加灯光。同时，视图窗口中不仅会出现相应的灯光控制图标，还可以实时观察到灯光的照射效果。如果对灯光效果不满意，可以在视图窗口中移动灯光图标的位置，以确定合适的灯光照射方向和阴影角度，然后在属性管理器中调整灯光属性。

资源链接：
不同类型灯光
详解

图5-122

除了使用灯光工具进行照明外，还可以使用HDRI（High Dynamic Range Imaging，高动态范围成像，简称HDRI或HDR）材质球作为场景的灯光。HDRI材质主要通过自带亮度属性的贴图进行照明，可以在不添加任何灯光的情况下照亮整个场景，通常添加在"天空"对象上。其具体操作方法为：选择"天空"工具 ，创建"天空"对象，在资产浏览器中选择"HDRIs"选项卡，在右侧可以查看Cinema 4D自带的多种HDRI材质，将这些材质拖动到材质管理器中，形成一个材质球，然后可以将HDRI材质球应用到"天空"对象上，模拟物理现实环境下的天空，为场景提供环境光。

3．使用摄像机

在Cinema 4D中操作时，可以看到视图窗口的透视视图上方有一个"默认摄像机"提示。它是Cinema 4D建立的一台虚拟摄像机，用于定格并记录画面，以及确定渲染画面的大小和渲染区域。然而，默认摄像机在制作动画时存在一定局限性，也不便于在调整三维模型的同时实时预览画面的最终构图效果。因此，此时需要使用Cinema 4D提供的其他摄像机。

在视图窗口中找到合适的视角后，长按"摄像机"工具 ，在打开的面板（见图5-123）中选择相应的摄像机工具，即可创建摄像机。在属性管理器的"对象"和"物理"选项卡中，可以调整摄像机的基本参数，如图5-124所示（不同摄像机的参数可能有所不同，这里以基础"摄像机"工具 为例）。还可以通过这些参数的关键帧制作摄像机动画。

资源链接：
不同类型摄像机
详解

图5-123

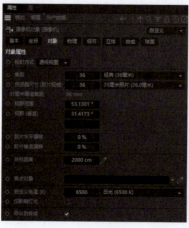
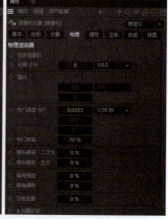

图5-124

5.3.4 创建基础动画

在Cinema 4D中，可以通过"时间线"面板制作一些基础的动画效果，再利用时间线窗口对动画进行编辑，使动画效果更符合实际需求。

1. 认识"时间线"面板

"时间线"面板是Cinema 4D中创建基础动画的主要区域，如图5-125所示。

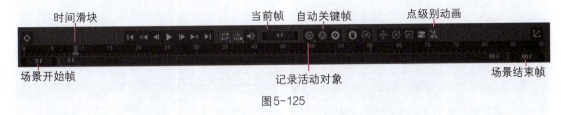

图5-125

"场景开始帧"表示场景的第一帧，默认为"0"。与之相对的是"场景结束帧"，表示场景的最后一帧。修改场景结束帧的数值会更改时间线的长度。"当前帧"显示时间滑块所在的帧数，在输入框中输入数值以立即跳转到该帧的位置。

"记录活动对象"按钮 用于记录选择对象的位置、旋转、缩放和点级别关键帧；"自动关键帧"按钮 （或按【Ctrl+F9】组合键）用于自动记录选择对象的关键帧。单击该按钮后，按钮将变为 状态，同时视图窗口的边缘会出现红色框，表示正在记录关键帧。

单击"开、关点层级动画记录"按钮 ，按钮变为 状态，表示已经开启点级别动画。此时，可以在点模式、边模式和面模式下为可编辑对象制作动画，通常用于制作变形动画。图5-126所示为开启点级别动画后，在多边形模式下，通过调整对象左侧的边，制作出逐渐变形的效果。

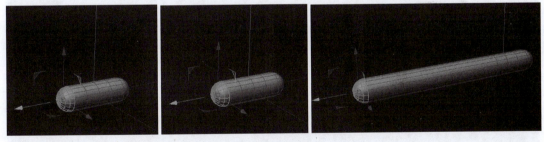

图5-126

制作基础动画时，通常的做法是选择对象后，通过为对象的位置、缩放和旋转属性添加关键帧，制作出位移、缩放和旋转动画。下面以一个简单的位移动画为例，讲解制作方法。

首先，选中对象，然后单击"自动关键帧"按钮 。在动画起始位置，单击"记录活动对象"按钮 记录初始的关键帧，在时间线上就能看到关键帧下方出现一个灰色标记。接下来，移动时间滑块到动画结束位置，调整对象位置，可以看到在动画结束位置自动生成了一个关键帧。最后，需要单击"自动关键帧"按钮 将其关闭，以免误操作影响最终效果。

此外，在制作动画时，也可以不使用单击"自动关键帧"按钮 ，但是需要在操作对象后，再次单击"记录活动对象"按钮 手动记录关键帧。

除了在"时间线"面板中创建关键帧，还可以在属性管理器中创建关键帧，以实现更加复杂的动画效果。在对象管理器中选择相应选项卡（如基本、坐标、对象等）后，会看到一些参数前出现灰色的菱形按钮◇，表示该参数可以用于制作动画。单击灰色菱形按钮后，按钮呈现红色◆，代表参数开启动画记录的状态。如图5-127所示，为"样条约束"对象的"起点"参数添加不同数值的关键帧后，可以制作出来的生长动画。

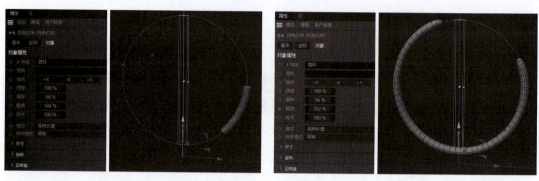

图5-127

2．认识时间线窗口

时间线窗口是制作动画时经常使用的一个编辑器。使用时间线窗口可以快速调节速度曲线，从而控制物体的运动状态。选择【窗口】/【时间线（函数曲线）】命令（或按【Shift+Alt+F3】组合键），可以打开如图5-128所示的时间线窗口。

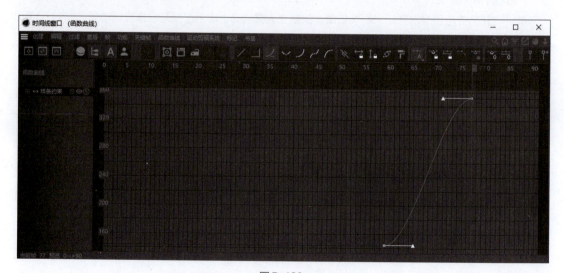

图5-128

时间线窗口的主要功能是调节运动曲线的斜率，以此掌控动画的节奏。不同的曲线走势会产生不同的运动效果。当曲线斜率恒定时，表示匀速运动；当曲线斜率逐渐增加时，表示加速运动；当曲线斜率逐渐减小时，表示减速运动。

5.3.5 运用动力学标签

Cinema 4D提供了动力学模拟工具，可以快速生成物体之间真实的物理作用效果，如碰撞、重力和摩擦力等，从而避免手动设置关键帧的繁琐步骤。使用动力学首先需要为对象添加动力学标签，此时对象便具备了动力学属性，可以参与动力学计算。在对象管理器中选中对象并单击鼠标右键，在弹出的快捷菜单中选择"子弹标签"命令。子菜单中列出了制作动力学的各项标签，如图5-129所示，其中刚体、柔体和碰撞体是需要重点掌握的动力学标签，可以模拟碰撞和反弹等常见效果。

图5-129

1. 刚体

刚体是指不能变形的物体，即在任何力的作用下，赋予"刚体"标签的对象在模拟动力学动画时不会因碰撞而产生形变。选中需要成为刚体的对象，然后在"子弹标签"命令的子菜单中选择"刚体"选项，即可为该对象赋予"刚体"标签◎，如图5-130所示。为立方体对象赋予"刚体"标签后，按【F8】键播放，可以看到立方体自然下落，如图5-131所示。

选择"刚体"标签◎后，在属性管理器中，通过"动力学""碰撞""质量""力"选项卡中设置初始形态、反弹、摩擦力、质量和力等参数，可以控制刚体对象的动力学效果，如图5-132所示。

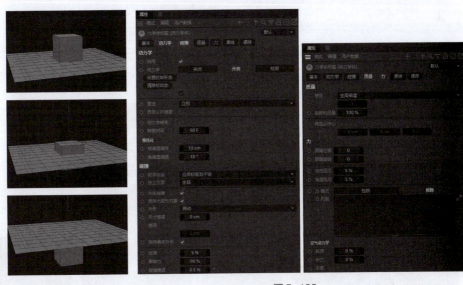

图5-130   图5-131   图5-132

> 🔔 **提示**
>
> 　　对象在添加"刚体"标签后会自然下落，是因为受到了重力的影响。此时，可按【Ctrl+D】组合键，在属性管理器的"子弹"选项卡中修改重力数值（默认数值为"1000cm"，），当重力数值为"0cm"时，对象将会进入失重状态。

2. 柔体

柔体与刚体相对，即在力的作用下，赋予"柔体"标签对象在模拟动力学动画时，会因碰撞而产生物体的形变，如气球、皮球等。选中需要成为柔体的对象，然后在"子弹标签"命令的子菜单中选择"柔体"选项，即可为该对象赋予"柔体"标签■。选中"柔体"标签■后，在属性管理器中可看到其中的选项卡与"刚体"标签基本一致，只需要单独调整"柔体"选项卡中的参数，如图5-133所示。

3. 碰撞体

按照前面所讲的方法为对象赋予"刚体"和"柔体"标签后，对象会直接穿过平面自然下落，没有与平面产生碰撞交互。这是因为平面只是普通对象，而不是具备动力学属性的对象。因此，需要为平面赋予"碰撞体"标签 ▦ （操作方法与刚体和柔体相同），如图5-134所示。赋予了"碰撞体"标签 ▦ 的对象本身不会产生任何运动，但与其他动力学对象（如刚体和柔体）接触时会产生反弹和摩擦，形成不同的动力学效果，如图5-135所示。当柔体（球体）对象下落到碰撞体（平面对象）上时会发生形变。

选中"碰撞体"标签 ▦ ，在属性管理器的"碰撞"选项卡中可以设置其属性，该选项中的参数与"刚体"标签 ◉ 中的"碰撞"选项卡参数一致。

另外，模拟动力学动画后，为了方便观察，可以烘焙调试好的动画。系统将自动计算当前动力学对象的动画效果，并保存到内部缓存中。烘焙完成后再预览，才可以观察到真实的运动效果，并且在最终渲染时不需要实时计算这些信息，从而提高渲染速度和效率。

烘焙动力学动画的操作方法为：在对象管理器中选择动力学对象的相应标签，在属性管理器中选择"缓存"选项卡，如图5-136所示。在其中单击 烘焙对象 按钮可以烘焙选中对象的动力学动画。如果场景中存在多个动力学对象，则单击 全部烘焙 按钮会烘焙所有对象的动力学动画。如果烘焙完成后需要修改动力学动画，需要先单击 清除对象缓存 或 清空全部缓存 按钮。

图5-133　　　　图5-134　　　　图5-135　　　　图5-136

知识拓展

除了"子弹"标签外，"模拟"标签组中的各种标签也很常用，可以用于模拟不同类型的布料效果。例如，"布料"标签可以模拟现实中各种质地的布料，如毛巾、旗帜、窗帘等；"绳子"标签可以模拟绳索类对象的悬挂效果；"碰撞体"标签用于模拟布料碰撞的对象，这些标签的使用方法大致相同，只需添加相应标签后，在属性管理器中修改合适的参数。

5.3.6 运用粒子和力场

粒子可以模拟密集对象群的运动，从而形成复杂的动画效果。Cinema 4D中的粒子通过发射器生成，而发射出来的粒子可以根据需要添加不同的力场，使其产生不同的运动效果。

1. 粒子发射器

发射器可以将粒子发射到场景空间中。选择【模拟】/【发射器】命令，即可创建粒子发射器。粒子发射器默认是一个绿色的矩形框。播放动画时，粒子发射器将发射出粒子，发射的粒子形态默认是一个个绿色的小长条，如图5-137所示。

选中视图窗口中的发射器后，可以在属性管理器的"粒子"选项卡中设置粒子的相关属性参数，如发射粒子的数量、发射粒子的时间和停止发射时间、粒子的生命（粒子存在的时间）、粒子的速度等，如图5-138所示。在"发射器"选项卡中可调节发射器的类型、发射器的大小（粒子发射的范围），以及调整粒子发射的角度，如图5-139所示。

资源链接：
"粒子"选项卡
详解

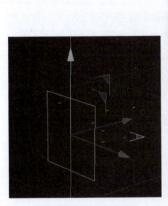

图5-137　　　　　　　图5-138　　　　　　　图5-139

与动力学标签一样，当场景中有多个粒子发射器或粒子发射状态较复杂时，在模拟完粒子效果后，还需要进行粒子的烘焙操作，以减轻计算机的运行压力，避免在预览动画时出现卡顿的情况。其具体操作方法如下：选择【模拟】/【烘焙粒子】命令，打开"烘焙粒子"对话框，如图5-140所示。该对话框中的"起点"和"终点"用于设定烘焙粒子的起始帧数和结束帧数；"每帧采样"用于设置粒子采样的质量，"烘焙全部"用于设置烘焙帧的频率。

需要注意的是，对于简单的场景，可以不用烘焙粒子发射器的整个粒子运动状态。

图5-140

知识拓展　　为了模拟出丰富的效果，在 Cinema 4D 中也可以安装一些外部插件粒子系统，如 X-Particles、TurbulenceFD、RealFlow、Topcoat 等，它们比自带的粒子系统更加强大。尤其是 X-Particles 粒子插件，可以轻松创建出火、烟和水等复杂的粒子效果，模拟出逼真的布料、烟雾、火焰、流体、颗粒和动态等。安装时按照插件的安装指南，将插件文件导入 Cinema 4D 后，启动软件以激活插件即可使用。

2．力场

当粒子发射器产生粒子后，可以使用力场使简单运动的粒子生成复杂的运动轨迹。选择【模拟】/【力场】命令，可以查看所有力场类型，如图5-141所示。

（1）吸引场

吸引场可以对粒子产生吸引或排斥的效果。创建吸引场后，在属性管理器中调整"强度"数值可以控制粒子的吸引或排斥力度。当"强度"数值为正值时，粒子表现为吸引状态；当"强度"数值为负值时，粒子表现为排斥状态。

（2）偏转场

创建偏转场后，视图窗口中会出现一个紫色的矩形框（不可渲

图5-141

染）。矩形框的范围即为偏转场的范围，当粒子触碰到矩形框后，会产生反弹效果。在属性管理器中可以控制矩形框的大小及反弹强度。

（3）破坏场

创建破坏场后，视图窗口中会出现立方体控制器。当粒子运动到控制器的范围内时会消失。在属性管理器中调整破坏场的"随机特性"数值，可以让部分粒子不在控制器内消失，形成随机的消失效果。该数值越大，存活的粒子越多；"尺寸"参数可以调整立方体控制器的大小。

（4）域力场

域力场可以将域作为力场，结合各种域自定义很多复杂的力场环境，从而设计出更可控的动画。创建域力场后，视图窗口中会出现一个立方体空间，可以更加直观地查看空间内力的分布。在属性管理器中，可以调节域力场的强度，并添加各种域对象等。

（5）摩擦场

创建摩擦场后，视图窗口中会出现一个坐标轴。当运动的粒子到达该坐标轴时，粒子在摩擦力的作用下运动速度减慢，逐渐停滞并呈现聚集状态。在属性管理器中，通过调整"强度"数值可以控制摩擦力的大小，数值越大，粒子速度减慢的效果越明显；"角度强度"数值可以控制粒子在旋转上的速度变化。

（6）重力场

创建重力场后，视图窗口中会出现一个向下箭头的控制器。发射出来的粒子在重力的作用下会向下落。在属性管理器中调整重力场的"加速度"数值，可以控制重力的大小。

（7）旋转

旋转可以使粒子产生一个角速度，形成旋转的效果。创建"旋转"力场后，在属性管理器中，通过调整"角速度"数值，可以调节粒子旋转的速度。

（8）湍流

湍流可以使粒子在运动过程中进行无规则运动。创建"湍流"力场后，在属性管理器中，通过调整"强度"数值，可以控制湍流的大小。

（9）风力

风力可以改变粒子运动的方向。创建"风力"力场后，视图窗口中会出现一个风扇叶片的形状。在属性管理器中调整"速度"数值，可以控制风力的大小；默认情况下风力的大小均匀不变，调整"紊流"数值，可以控制粒子被驱使的紊流的强度。

5.3.7 动画渲染和输出

动画渲染和输出是三维动画制作的最后一个环节。渲染用于预览动画的最终效果，而输出则将文件保存为便于观看的格式。

1. 渲染

Cinema 4D自带"Redshift""标准""物理"3种渲染器。在渲染之前，可以按【Ctrl+B】组合键打开"渲染设置"对话框。在"渲染器"下拉列表中，根据需要选择合适的渲染器（如果没有特殊需求，可以直接使用默认的"标准"渲染器），如图5-142所示。

> **知识拓展**
>
> Cinema 4D 自带的"标准"渲染器简单好用，但渲染速度较慢。"物理"渲染器与"标准"渲染器的用法基本相同，但"物理"渲染器还可以设置景深和运动模糊的效果。Redshift 渲染器原本是一款插件渲染器，在 R26 版本中被作为 Cinema 4D 的内置渲染器，相比于其他两个渲染器来说，Redshift 渲染器的渲染效果比较好，而且速度也更快。需要注意的是，Redshift 渲染器需要单独付费购买，切换到 Redshift 渲染器，Cinema 4D 会同时切换摄像机、灯光、材质和环境系统，而"标准""物理"渲染器中默认的这些工具无法在 Redshift 渲染器中使用。

选择渲染器后，在Cinema 4D操作界面中选择"渲染"命令，可以看到Cinema 4D提供的专门用于渲染的命令，如图5-143所示；或者，可以在顶部工具栏中找到与渲染相关的工具组🖼️，根据需求选择相应的命令或工具即可进行渲染，比较常用的是"渲染活动视图"命令，或选择"渲染活动视图"工具🖼️，渲染当前视图窗口。若要渲染当前场景的动画，可按【Alt+B】组合键（或选择"创建动画预览"工具📹），打开图5-144所示的对话框。在对话框中设置预览动画的参数，然后单击📕按钮开始预览渲染的动画。

2. 输出

在"渲染设置"对话框中选择渲染器后，对话框右侧会显示与该渲染器相关的输出设置，如图5-145所示。

图5-142

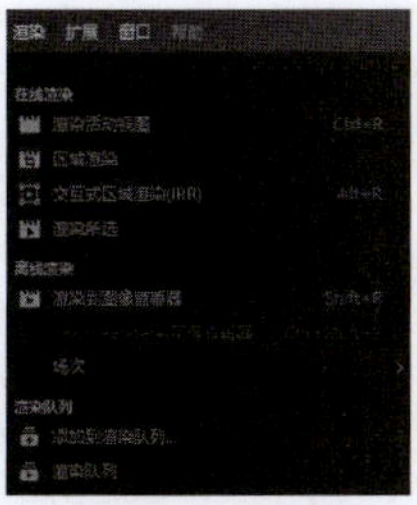

图5-143

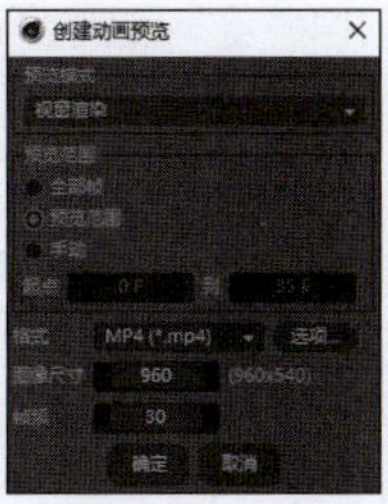

图5-144

图5-145

"标准"和"物理"渲染器是Cinema 4D自带的免费渲染器，参数简单易用，且"物理"渲染器与"标准"渲染器的界面基本相同，只是多了"物理"选项卡。因此，这里主要以"标准"渲染器为例介绍"渲染设置"对话框中常用的选项，以及"物理"渲染器中的"物理"选项卡。

（1）输出

"输出"选项用于设置输出文件的尺寸、分辨率以及渲染帧的范围。需要注意的是，如果只是渲染单帧图片，则需要在"帧范围"下拉列表中选择"当前帧"选项，如果要渲染动画的序列帧，则选择"全部帧""预览范围"或"手动"选项（在"起点"和"终点"数值框中手动输入帧范围的起始和结束位置）。

（2）保存

"保存"选项用于设置渲染文件的保存路径、格式和名称，文件渲染完成后会自动保存。

（3）抗锯齿

"抗锯齿"选项用于控制模型边缘的锯齿，使模型的边缘更加圆滑细腻。需要注意的是，该功能只有在"标准"渲染器中才能完全使用。通常将抗锯齿类型设置为"最佳"，以使图像的边缘有较好的过渡效果，其他参数设置保持不变。

（4）材质覆写

"材质覆写"选项用于为场景整体添加一个材质，但不改变场景中模型本身的材质。将材质拖动到"自定义材质"下拉列表中，就可以将该材质覆盖整个场景。

（5）物理

切换到"物理"渲染器时，会自动添加"物理"选项卡，单击选中"景深"和"运动模糊"复选框后，可以配合摄像机渲染出相应的效果，但同时渲染时间也会相应延长。

将以上常用的基础渲染参数设置好之后，还可以添加一些特殊渲染效果以进一步提高渲染质量。单击左下角的 ▨效果▨ 按钮，打开图5-146所示的下拉菜单。在其中选择相应选项后，"渲染设置"对话框中会显示该效果的参数设置面板，图5-147所示为添加"全局光照"效果后的面板。"全局光照"效果在Cinema 4D中较为常用，可以模拟真实世界的光线反弹现象，使渲染画面更接近真实的光影关系。但使用该效果会占用大量内存，渲染速度也会相应减慢。

所有参数设置完成后，按【Shift+R】组合键即可渲染输出场景，同时会打开"图像查看器"对话框，如图5-148所示。在其中可以查看逐帧渲染的图像，如果对图像色调不满意，可在该对话框右侧选择"滤镜"选项卡，在其中可简单调节图像的亮度、对比度、曝光等，然后单击左上角的 ▨ 按钮重新保存。

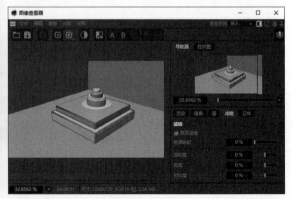

图5-146　　　　　　　图5-147　　　　　　　　　　　　　　图5-148

除了 Cinema 4D 自带的渲染器外，市面上常见的外置插件类渲染器都可以适配 Cinema 4D，如 Octane Render、Arnold、V-Ray 等渲染器，可以适用于不同的场景和需求。特别是 Octane Render 渲染器，其在材质表现和渲染速度方面都优于默认渲染器，而且有实时显示渲染预览功能，是目前较为主流的 Cinema 4D 渲染器。

5.4 综合实训

5.4.1 制作"智慧城市"宣传动画

为鼓励市民积极参与智慧城市建设，某市政府计划制作一部以"智慧城市"为主题的宣传动画。该动画旨在向市民展示智慧城市的美好愿景，激发市民的兴趣，并鼓励市民积极参与，贡献自己的智慧与力量，共同建设更加宜居、便利的城市环境。表5-1所示为制作"智慧城市"宣传动画的任务单，任务单中明确了实训背景、制作要求和设计思路。

表 5-1 制作"智慧城市"宣传动画任务单

实训背景	使用 Animate 为某市政府制作一部"智慧城市"宣传动画，用于号召市民参与到建设智慧城市中来
文件要求	尺寸为 1280 像素 ×720 像素，帧速率为 24FPS，平台类型为 ActionScript 3.0，时长为 3 秒左右
数量要求	2 个，SWF 格式和 FLA 格式文件各一个
制作要求	1. 视觉 动画类型多样且流畅，主题突出，视觉效果引人入胜 2. 风格 动画画面与智慧城市联系紧密，具有科技元素和未来感，可适当夸张地想象智慧城市的场景，展示出超现实的元素
设计思路	1. 开场动画设计 使用遮罩动画作为开场，逐渐展示整个画面。为了避免效果过于单调，可以为画面制作从上到下移动的传统补间动画。通过这两个动态效果的并行设计，丰富视觉效果 2. 结尾动画设计 在动画的结尾处，制作飞行器的飞行动态效果，并使飞行器落脚在主题文本旁边，以引导市民的视线关注动画主题，从而达到宣传目的 3. 衔接动画设计 为了使整个动画效果连贯自然，在开场和结尾动画之间，可以利用风力发电机的图形制作一个扇叶旋转的小动画，同时使该图形位于画面底部，使画面顶部的结束动画效果更加稳定，避免视觉上的重心失衡

续 表

参考效果	
	"智慧城市"宣传动画
素材位置	配套资源:\素材文件\第5章\综合实训\"智慧城市素材"文件夹
效果位置	配套资源:\效果文件\第5章\综合实训\"智慧城市"宣传动画.fla、"智慧城市"宣传动画.swf

本实训的操作提示如下。

STEP 01 启动Animate，新建一个符合要求的文件，再导入所有素材到"库"面板，导入AI格式的文件时，会出现名称为"将'素材文件名.ai'导入到库"的对话框，设置将图层转化为"Animate图层"，其余参数保持默认设置。

STEP 02 在"库"面板中依次新建"蓝天""标题文本""云朵""宣传语""城市""飞行器"图形元件和"风力发电机"影片剪辑元件，并将同名素材移至这些元件中。

STEP 03 进入"风力发电机"影片剪辑元件编辑窗口，在第50帧处插入帧。选择并剪切所有扇叶图形，新建图层并粘贴图形；选择并剪切机芯图形，新建图层并粘贴图形，形成扇叶被机身和机芯夹在中间的形态。将扇叶转换为元件，在第50帧插入关键帧并旋转图像，再创建传统补间动画。选择第49帧，打开"属性"面板，单击"帧"选项卡，在"补间"栏中将旋转设置为"顺时针"，以制作出顺时针转动的动态效果，如图5-149所示。

STEP 04 进入"飞行器"元件编辑窗口，在第75帧处插入帧。为"图层_1"图层添加引导层，然后在引导层中绘制引导线。将飞行器图形转换为元件，在"图层_2"图层的第14、27、30帧处插入关键帧，并调整实例位置和旋转方向，接着在所有关键帧之间创建传统补间动画，如图5-150所示。

视频教学:
"智慧城市"
宣传动画

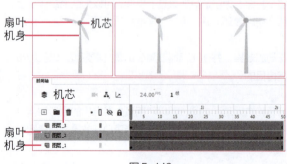

图5-149

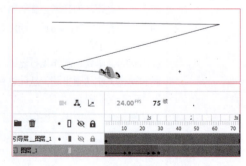

图5-150

STEP 05 在主场景的第85帧处插入帧，然后不断新建图层以放置各个元件和素材，并将每个图层命名为与帧内容相同的名称。将云朵所在的图层置于图层顶部，并将其转换为遮罩层。复制4次风力发电机图层，然后调整画面中所有元素的位置和大小。

STEP 06 在除飞行器图层以外的所有图层的第40帧处插入关键帧，并在这些图层的第1~第10帧间创建传统补间动画。将飞行器图层的第1帧移至第40帧，然后选择所有被遮罩层的第1帧画面，将其向上移动；选择遮罩层的第1帧内容，并将其缩小。

STEP 07 测试动画，效果满意后保存文件并输出动画。

5.4.2 制作电商场景宣传动画

随着网络购物的兴起，家居网店的市场竞争日益激烈。为了扩大品牌曝光度，提高店铺流量和转化率，从而增加销量和收益，某家居网店参与了电商平台的"618"大型营销活动，并准备制作一个电商场景宣传动画，以此推广店铺。需使用Cinema 4D制作宣传动画的片头部分，以动画的形式展示活动主题。表5-2所示为制作电商场景宣传动画的任务单，任务单明确给出了实训背景、制作要求和设计思路。

表 5-2　制作电商场景宣传动画任务单

实训背景	为某家居网店制作一个电商场景宣传动画，用于吸引更多的消费者，提升网店的知名度和转化率
文件要求	尺寸为 1280 像素 ×720 像素，帧速率为 30FPS，时长为 4 秒左右
数量要求	2 个，C4D 格式和 MP4 格式文件各一个
制作要求	1. 动画类型 以关键帧动画为主，其他动画类型为辅，流畅自然地展现动画主题 2. 风格 采用卡通风格和自然和谐的色彩搭配，营造出和谐、美观，且视觉效果柔和的画面，避免因色彩过分刺激导致观者视觉疲劳
设计思路	1. 模型搭建 在模型搭建阶段，应尽可能地创建出结构准确、比例适当且效果美观的三维模型。整体模型可以考虑使用常见的内置模型来搭建，例如圆柱体和立方体；对于比较复杂的模型，可以结合生成器和效果器来完成 2. 材质贴图和灯光 为了让三维模型看起来更加真实和生动，可考虑为模型贴上相应的纹理、颜色，如在模型中添加大理石材质，使其更加精致和细腻，最后，还要为场景添加合适的灯光效果，以照亮整个三维场景 3. 动画设计 由于这只是制作宣传动画的一部分，需要考虑动画的整体时长和观众的观看体验。因此，在制作动画时，应尽量保持动画节奏紧凑。此外，还可以利用粒子发射器在场景中添加一些背景动画，如喷洒装饰元素，以增强场景的活跃度和趣味性，提高动画的表现力，同时吸引观众的注意力

续 表

参考效果	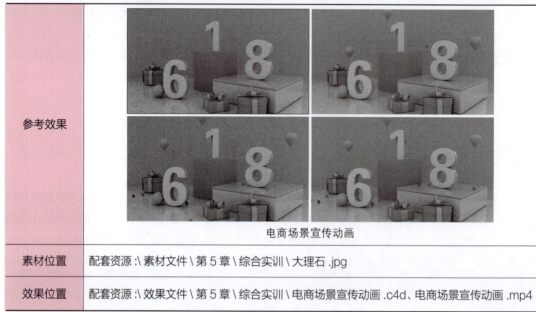
	电商场景宣传动画
素材位置	配套资源:\素材文件\第 5 章\综合实训\大理石 .jpg
效果位置	配套资源:\效果文件\第 5 章\综合实训\电商场景宣传动画 .c4d、电商场景宣传动画 .mp4

本实训的操作提示如下。

STEP 01 在Cinema 4D中新建文件，单击"平面"按钮 ，创建平面模型。复制该模型对象，并将复制的对象旋转90度，分别作为地面和背景。单击"摄像机"按钮 ，新建摄像机。在对象管理器中的"摄像机"对象右侧单击 图标，开启摄像机视角，调整画面视角，并锁定摄像机对象。

STEP 02 单击"圆柱体"按钮 ，创建一个圆柱体，然后在"对象"选项卡和"封顶"选项中调整圆柱体的参数，在透视图和右视图中调整圆柱体的位置和角度。

STEP 03 单击"立方体"按钮 ，创建立方体模型，调整合适的参数，然后调整立方体的位置和角度。

STEP 04 复制一个立方体，将复制的立方体缩短。在透视图中调整立方体的位置，效果如图5-151所示。再次创建一个圆柱体，并将其放置在立方体旁边。

STEP 05 单击"文本"按钮 ，创建立体文字。修改文字属性，复制文字，并在"对象"选项卡中再次修改复制文字的属性，然后调整两个文字的位置和角度，效果如图5-152所示。

STEP 06 复制两组文字，修改文字内容，并调整文字的位置和角度，效果如图5-153所示。

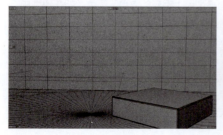
图 5-151

图 5-152

图 5-153

STEP 07 新建两个圆柱体作为圆形礼盒，调整至合适大小。然后，利用矩形样条线和"样条约束"按钮 ∞ 制作出礼盒上的丝带。使用"样条画笔"工具 ♪ 和"扫描"工具 ♪ 制作出礼盒上的单个绑带样式，通过复制粘贴操作完成整个圆形礼盒的效果。

STEP 08 创建一个立方体，将其转换为可编辑对象。进入面模式，使用"循环选择"工具 ⊡ 选择立方体中心的面。单击鼠标右键，在弹出的快捷菜单中选择"分裂"选项。将分裂出来的面通过"挤压"操作制作出厚度，复制该面并旋转90度。

STEP 09 将圆形礼盒上的绑带样式复制到方形礼盒上，并调整角度，完成方形礼盒的制作。然后，利用"晶格"工具 ⚁ 制作出圆柱体背后的装饰，并绘制球体作为装饰。

STEP 10 创建球体，利用"锥化"按钮 ⬡ 制作出大致的气球形状；使用圆锥对象和圆环对象制作出气球嘴；利用螺旋对象和圆环对象，以及"扫描"工具 ♪ 制作出气球绳子。将气球、气球嘴和绳子全部编组，组名称为"气球"。然后复制两组气球，并调整至合适位置，完成模型的搭建，如图5-154所示。

STEP 11 单击"材质管理器"按钮 ⬡ ，在弹出的面板中创建不同的材质球，并将材质应用到不同模型中，如图5-155所示。

图5-154   图5-155

STEP 12 添加天空对象，并为其添加HDRI材质，用作场景整体的环境光。将总时长调整为150帧，开启自动关键帧功能，并利用位置属性的关键帧依次制作气球飞升的运动效果。

STEP 13 新建一个粒子发射器，调整发射器至合适的大小和位置。新建4个球体作为粒子发射器的子层级，并为球体添加不同颜色的材质，为部分模型添加不同的动力学标签。

STEP 14 在"渲染设置"对话框中设置渲染参数，预览效果，确认无误后按【Ctrl+S】组合键保存工程文件，并导出为MP4格式的视频文件。

5.5 课后练习

练习 1 制作篮球比赛宣传动画

【制作要求】使用Animate结合提供的素材，为某大学篮球社制作一个篮球比赛宣传动画，用于吸引学生们前来观看。要求文件大小为640像素×900像素，帧速率为24FPS，时长在6秒左右，平台类型为ActionScript3.0，动态形式丰富，画面美观，信息清晰，主题突出。

【操作提示】新建文件，导入所有素材到"库"面板；新建图层，并添加背景图素材到舞台；通过新建"投篮动画"影片剪辑元件、传统补间动画和引导动画原理，在该元件内部和主场景中制作投篮动态效果；通过新建图层、遮罩动画和形状补间动画原理制作切换画面的动态效果；通过新建图层、创建"口号"图形元件和补间动画原理制作动态效果，以展示动画主题；通过新建图层和"信息"图形元件，以及逐帧动画原理制作比赛信息出现的动态效果，参考效果如图5-156所示。

【素材位置】配套资源:\素材文件\第5章\课后练习\"篮球比赛宣传素材"文件夹

【效果位置】配套资源:\效果文件\第5章\课后练习\篮球比赛宣传动画.fla、篮球比赛宣传动画.swf

图5-156

练习 2 制作卡通便利店动画

【制作要求】使用Cinema 4D制作一个卡通便利店动画效果，将便利店的外观以生动、直观的形式展现出来，并通过卡通动画的形式，增加画面的趣味性和吸引力。要求文件大小为1280像素×720像素，帧速率为25FPS，时长约为4秒。

【操作提示】搭建平面、立方体、圆柱体、圆锥体等模型；手绘样条并建模；编辑模型；创建文字模型；为模型添加材质和灯光；为模型制作关键帧动画，并调整运动曲线；利用"颤动"效果器为部分模型制作颤动效果；利用动力学标签模拟物理作用效果。参考效果如图5-157所示。

【效果位置】配套资源:\效果文件\第5章\课后练习\卡通便利店动画.c4d、卡通便利店动画.mp4

 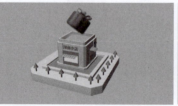 

图5-157

第6章 AI辅助工具

多媒体技术已经显著改变了信息传播的方式，极大地丰富了人们的视觉和听觉体验。然而，随着科技的飞速发展，传统的多媒体制作方式已无法满足日益增长的需求。此时，AI辅助工具的出现为多媒体技术注入了新的活力，推动了多媒体行业的进一步发展。利用这些AI辅助工具，用户不仅能够更高效地完成多媒体制作任务，还能提升作品的质量和创新性。

📖 学习要点

◎ 熟悉常用的AI辅助工具。
◎ 掌握文心一格、图可丽、讯飞智作和腾讯智影的使用方法。

◈ 素养目标

◎ 认识和了解常用的AI辅助工具，将其运用在多媒体制作中。
◎ 积极探索多种AI辅助工具的结合使用。

◈ 扫码阅读

案例欣赏

课前预习

6.1 AI图像绘制工具——文心一格

AI图像绘制是指利用人工智能技术辅助进行图像设计。目前，已经有许多AI图像绘制工具，可以根据用户提供的文字描述或参考图片，自动生成符合要求的图像，从而大大提高了图形设计的效率和便捷性。文心一格是百度基于文心大模型技术推出的生成式对话产品，能够为用户带来便捷、高效的AI艺术和创意辅助体验。

6.1.1 课堂案例——绘制中国风古诗插画

【制作要求】某出版社准备出版一本古诗书籍，需要大量插画。为了提升效率，设计人员决定尝试应用AI技术绘制书籍中的插画。要求利用《春晓》这首古诗进行创作，且绘制的插画需要体现出古诗所表现的悠远深厚、亲近自然的意境。

【操作要点】进入"文心一格"官方网站；利用AI创作功能生成插画；利用AI编辑功能编辑插画。参考效果如图6-1所示。

【效果位置】配套资源:\效果文件\第6章\课堂案例\古诗插画.png

图6-1

具体操作如下。

STEP 01 进入"文心一格"官方网站，登录账号后，在主界面中单击 立即创作 按钮，进入创作界面。单击左侧"AI创作"选项中的"推荐"选项卡，在文本框中输入与《春晓》这首古诗相关的提示词语，例如"古代诗人春日醒来，阳光透过窗帘洒在他脸上。他坐在床边，外面花园景色明亮温暖。插画风格，中国风，明亮色调，微笑，温暖阳光，明亮光线，绿色调，长焦，春光，和谐。画面中心，长焦镜头，绿色植物，绚烂花朵，沐浴阳光，和煦微笑，轻柔色调，传统服饰，清晨氛围"等（具体词语这里不作要求，可以根据古诗提炼），然后选择画面类型为"中国风"，比例为"横图"，如图6-2所示，单击 立即生成 按钮。

视频教学:
绘制中国风古诗插画

STEP 02 稍等片刻，在创作界面中间将显示生成的插画效果，如图6-3所示。

图6-2   图6-3

STEP 03 发现第4张图与描述内容更符合，可以在此基础上进一步优化效果。单击第4张图使其放大显示，然后单击图像下方的 作为参考图 按钮，在界面左侧继续调整参数，如图6-4所示。

STEP 04 再次单击 立即生成 按钮，生成的插画效果如图6-5所示。

图6-4   图6-5

STEP 05 这时生成的第2张图效果更佳。直接单击该图，将其放大显示，发现左侧超出门框外的部分花朵效果较为虚假，需要将其去除。将鼠标指针移动至图像下方的 作为参考图 按钮上，在打开的下拉列表中选择"涂抹消除"选项，然后涂抹左侧的花瓣，如图6-6所示。

STEP 06 在创作界面左侧单击 [立即生成 20 加分] 按钮生成处理后的图像，效果如图6-7所示。

图6-6

图6-7

STEP 07 效果满意后，在创作界面右侧单击"下载"按钮 下载图像。

行业知识

随着数字化、网络化和智能化的深入发展，AI技术将在医疗、教育、交通、娱乐等多个领域和行业中发挥越来越重要的作用。然而，随着AI技术的不断发展和应用，也引发了一些关于法律法规、伦理和行业准则等方面的问题和争议。因此，在使用AI技术时，用户必须严格遵守《中华人民共和国网络安全法》等相关法律，包括但不限于数据保护、隐私政策和网络安全等方面。此外，严禁利用AI技术生成涉及政治人物、色情、恐怖等违反法律法规，损害社会公共利益甚至可能引发社会不稳定的不良内容。

6.1.2 AI创作

AI创作是文心一格的一项关键功能。登录账号后，可在主界面单击 [立即创作] 按钮，可进入文心一格的创作界面，并看到左侧的"AI创作"栏下方有5种模式，如图6-8所示。

1. 推荐

"推荐"模式是比较简单的文生图模式，平台通过AI技术将输入的文字描述转换为图像。此模式适合那些希望快速生成符合个人想象的图像的用户。使用该模式时，只需在输入框中输入提示词，然后在"画面类型"选项区中选择合适的风格，如图6-9所示。接着在"比例"选项区中选择生成的作品版式，并在"数量"选项区中选择生成的作品数量，然后单击 [立即生成] 按钮。

2. 自定义

图6-8

"自定义"模式是文生图模式和图生图模式的结合体。在使用该模式时，不仅可以输入提示词和选择生成的作品数量，还可以进行其他自定义设置，如图6-10所示。

● 选择AI画师：不同的AI画师可以生成不同风格的画面效果，可根据需求选择。

● 上传参考图：系统可以基于参考图生成作品。单击 [■] 按钮，打开"打开"对话框，在其中选择要上传的图片，完成后单击 [打开(O)] 按钮，或者，可以单击"我的模板"或"作品库"超链接，在打开的对话框中选择已在文心一格中创作的作品作为参考图。

- 尺寸：可根据需要选择合适的比例和尺寸，默认比例为"1：1"，尺寸为"1024×1024"。
- 画面风格：可根据提供的风格进行创作，例如水彩画、油画、动漫等。单击文本框，其中列出了不同风格的常见提示词，单击即可添加。如果不需要添加提示词，可直接手动输入文字。此外，"修饰词""艺术家""不希望出现的内容"3个选项的使用方法与"画面风格"一致。

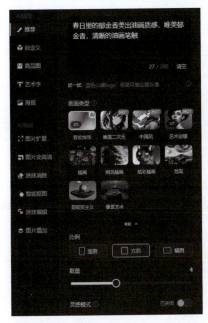

图6-9　　　　　　　　　　　　　　　　图6-10

3. 商品图

"商品图"模式能够智能识别并分离出商品主体，并利用AI技术创造出不同场景和氛围的商品图。选择该模式后，在"上传参考图"选项区单击■按钮，上传一张商品图片作为参考图。在参考图中选择需要抠取的主体，单击◉确定按钮将自动抠图。接下来，在"上传参考图"选项区下方选择生成商品图的比例和数量。在"场景"选项区中既可以选择"推荐模板"选项卡中推荐的场景，如图6-11所示，也可以在"自定义生成"选项卡中输入场景提示词以自动生成场景，如图6-12所示。

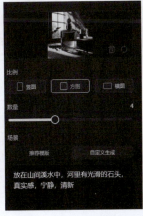

图6-11　　　　　　　　　　　　　　　　图6-12

4. 艺术字/海报

"艺术字"模式能够生成充满艺术感的文字，使作品的展示更加美观。该模式仅支持1~5个汉字，或者单次一个字母，且不能同时使用中英文。"海报"模式可以生成海报效果。这两种模式的使用方法与前面的模式大致相同，只需选择相应模式后，在右侧输入文字提示词，并设置相关参数（例如选择生成数量、比例、影响比重、字体布局、排版布局等），最后单击 [立即生成] 按钮。

6.1.3 AI 编辑

除了AI创作外，文心一格还支持对生成作品（也可以是外部作品）进行二次编辑。进入文心一格的创作界面后，可以看到左侧的"AI编辑"栏下方有6个功能，如图6-13所示。

1. 图片扩展

"图片扩展"功能（功能选项卡见图6-14）支持图片向四周，向上、下、左、右各个方向扩展延伸，并自动生成扩展出来的部分，确保图像整体和谐与自然，同时还可以一键转换为方图。图6-15所示为图片扩展前后的对比效果。

2. 图片变高清

"图片变高清"功能不仅支持放大图像尺寸、提升图像分辨率，一键生成高清、超高清图像，使画面细节更清晰，还可以自定义分辨率，如图6-16所示。

图6-13

图6-14   图6-15   图6-16

3. 涂抹消除

"涂抹消除"功能可以去除图像中不理想的部分，系统将针对被涂抹的区域进行自动修复和优化。

4. 智能抠图

"智能抠图"功能支持一键抠图，并生成无损透明背景图，同时可为抠图的对象更换多种颜色的背景。

5. 涂抹编辑

"涂抹编辑"功能支持对生成的图像细节进行二次编辑，可用于图像修复和图像修饰。操作时，只需涂抹待修复或修饰的区域，然后在文本框中输入需要重新生成内容的提示词，系统将按照提示词自动重新绘制（如果没有输入提示词，将自动对涂抹区域进行修复）涂抹区域。

6. 图片叠加

"图片叠加"功能支持多张图像风格特征的融合，能够快速实现图像风格迁移、主体与场景融合、多角色特点融合等创意。在使用该功能时，需要先上传希望叠加融合的参考图，然后调整基础图和叠加图对图像的影响程度，还可以在文本框中输入生成图像的提示词，系统将根据这些文本信息进行叠加融合，使生成的图像更加可控。

AI图像编辑工具——图可丽

图可丽是一款集智能图像处理功能于一体的AI工具，包含抠图、图像修复、视频动漫化、风格迁移等多种功能，可满足不同用户的需求。

6.2.1 课堂案例——制作行李箱商品图

【制作要求】某网店为其热销商品——行李箱拍摄了一张白底图。需要使用AI图像编辑工具，将其制作成一张效果美观的商品图，以节省人力、物力和时间成本。要求将行李箱商品图置于风景优美的户外场景中，以展示行李箱的使用情境。此外，还要确保场景的真实性和美观性，以提升商品图的吸引力，从而增加消费者的购买意愿。

【操作要点】进入"图可丽"官方网站，利用"AI背景更换"功能更换行李箱白底图的背景；使用"美化/自动曝光"功能美化行李箱商品图；利用"人脸变清晰"功能使行李箱商品图更清晰。参考效果如图6-17所示。

【素材位置】配套资源:\素材文件\第6章\课堂案例\行李箱素材.png

【效果位置】配套资源:\效果文件\第6章\课堂案例\行李箱商品图.png

图6-17

具体操作如下。

STEP 01 进入"图可丽"官方网站，登录账号后，在主界面左上角的"产品"下拉列表中可看到图可丽提供的多个AI工具。选择"AI背景更换"工具，如图6-18所示。

STEP 02 进入相应的操作界面，将提供的行李箱图像素材拖动到该界面中，系统将自动完成抠图。然后，在右侧的文本框中输入具体的场景描述提示词，包括环境、画面元素、画质细节等内容，如图6-19所示。

视频教学：
制作行李箱商品图

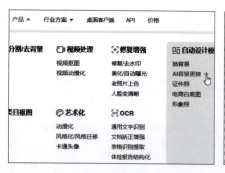

图6-18

图6-19

STEP 03 单击 生成 按钮，稍等片刻，操作界面下方将出现4张与所描述场景相融合的新图像，如图6-20所示。

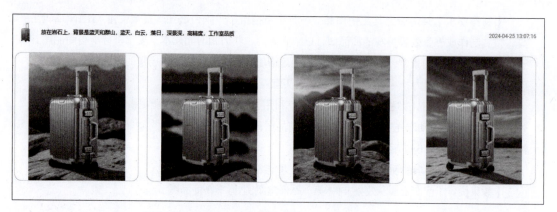

图6-20

STEP 04 将鼠标指针移动到效果较好的图像上（此处选择第3张），当出现"下载"按钮 时，单击该按钮以下载合成后的行李箱图像。

STEP 05 在界面左上角的"产品"下拉列表中，选择"美化/自动曝光"工具，进入相应的操作界面，将合成后的行李箱图像拖动到该界面中，并在该界面下方将自动美化图像，单击 下载 按钮，以下载美化后的行李箱图像，如图6-21所示。

STEP 06 在界面左上角的"产品"下拉列表中，选择"人脸变清晰"工具，进入相应的操作界面。将美化后的行李箱图像拖动到该界面中间以上传图像。此时，在该界面下方会自动修复上传的图像。单击修复完成后图像下方的 下载 按钮，并在下拉列表中单击最大尺寸右侧的 下载 按钮，如图6-22所示，下载变清晰后的行李箱图像。

图6-21

图6-22

6.2.2 图像抠图

图可丽的图像抠图功能非常全面，不仅提供"通用抠图"模式，还提供专门针对头部、物体、人像等对象进行抠图的模式，以满足多样化的抠图需求。在进行抠图操作时，可直接在"产品"下拉列表中选择相应的抠图工具，如图6-23所示。此外，单击图可丽官方网站主界面中间的一键抠图神器选项，将进入"通用抠图"界面，如图6-24所示。

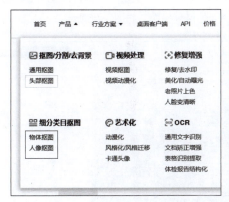

图6-23

图6-24

在"通用抠图"界面中，单击 电脑上传 按钮，打开"打开"对话框，在其中选择要抠取的图像，完成后单击 打开(O) 按钮；单击 手机上传 按钮将打开一个弹框，使用手机扫描弹框中的二维码，可上传手机中的图像。上传成功后，系统将自动进行抠图，如图6-25所示。

抠图完毕，单击 下载 按钮即可下载抠取的图像，如果还需要对抠取后的图像进行其他操作，例如添加纯色背景、图像背景，输入文字，添加贴纸等，可以单击 编辑 按钮，在打开的界面中对抠取后的图像进行进一步处理。

图6-25

6.2.3　智能图像修复

　　图可丽的"智能图像修复"功能主要包括两方面的操作：一是通过去除图像中的瑕疵、缺陷、痕迹以及遮挡部分，还有杂物、水印、日期、文字等不需要的元素来修复图像。操作时，在"产品"下拉列表中选择"修复/去水印"工具，在打开的界面中上传需要修复的图像后，将自动进入"修复"操作界面。在该界面的左侧，根据需求选择"涂抹修复"工具、"勾选修复"工具、"点击修复"工具，然后涂抹、框选或单击图片中需要消除的区域，即可完成图像的修复操作，如图6-26所示。

图6-26

　　二是通过增强图像清晰度的方法来修复低分辨率、效果模糊等低质量的图像。操作时，在"产品"下拉列表中选择"人脸变清晰"工具，打开界面后上传需要清晰化的图像，系统将自动完成清晰化图像的操作，如图6-27所示。

图6-27

6.2.4　图像一键美化

图可丽还提供了"图像一键美化"功能，可以自动调整图像的色调、亮度和对比度。操作时，在"产品"下拉列表中选择"美化/自动曝光"工具，在打开的界面中上传需要美化的图片，系统将自动完成图片的美化操作，如图6-28所示。

图6-28

6.2.5　图像自动设计和艺术化处理

在"图可丽"官方网站中，打开"产品"下拉列表。在"自动设计模板"选项区中，有8个自动设计工具，可用于图像自动设计；在"艺术化"选项区中，有3个艺术化处理工具，可用于图像艺术化处理，如图6-29所示。

1. 图像自动设计

进行图像自动设计时，最常用的是"AI背景更换"工具。该工具可以自动为主体选择合适的场景，并使主体物与场景高度融合，呈现精细的光影和投影效果，营造出更加逼真的视觉效果。

图6-29

选择该工具后，在界面中上传商品图像，系统将自动对带有背景的商品图进行抠图处理。如图6-30所示，分别单击图像右上角的 🖊️擦除 按钮和 ✂️尺寸 按钮，可在打开的对话框中重新调整抠图效果和尺寸。然后在图像右侧的文本框中输入希望生成的场景描述提示词（注意：提示词应尽量细致和具像化，这能大大提升图像质量），最后可以直接下载生成的图像。

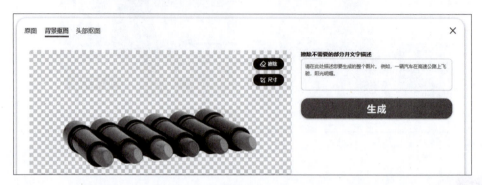

图6-30

2. 图像艺术化处理

图像艺术化处理是图可丽的一个特色功能，可以增强图像的艺术性。使用"动漫化"工具，可以将图像甚至视频转换为动漫风格，如图6-31所示；使用"风格化/风格迁移"工具，可以将世界著名艺术家的风格迁移到上传的图像中；使用"卡通头像"工具可以自动识别图像中的人脸，然后一键生成卡通风格的头像，如图6-32所示。

图6-31   图6-32

这3个工具的使用方法相对简单，选择相应的工具，进入操作界面后，上传需要处理的图像，系统将自动进行处理。

AI音频编辑工具——讯飞智作

讯飞智作作为科大讯飞旗下的配音产品，提供了合成配音、真人配音、音频采样、音频定制等一站式AI生成音频服务，足以满足用户的大多数需求。

6.3.1　课堂案例——生成卡通人物对话音频

【制作要求】使用AI技术为某幼儿动画中的人物对话片段生成音频。要求男女角色的音色区分鲜明，具有活泼、可爱的特征，节奏自然流畅，内容清晰，并配有背景音乐。

【操作要点】使用多人配音功能为不同人物使用不同音色的主播进行配音；使用背景音乐功能添加背景音乐，并确保人物对话音量大于背景音乐音量，使对话声音清晰。

【素材位置】配套资源:\素材文件\第6章\课堂案例\卡通人物对话.txt

【效果位置】配套资源:\效果文件\第6章\课堂案例\卡通对话音频.wav

具体操作如下。

STEP 01　进入"讯飞智作"官方网站并登录账号，在界面上方选择"讯飞配音"选项，进入配音操作界面。打开"卡通人物对话.txt"素材文件，选择并复制全部文字。然后，切换到操作界面，在文本框中粘贴文字，并删除文本框中的"女生""男生"文字，如图6-33所示。

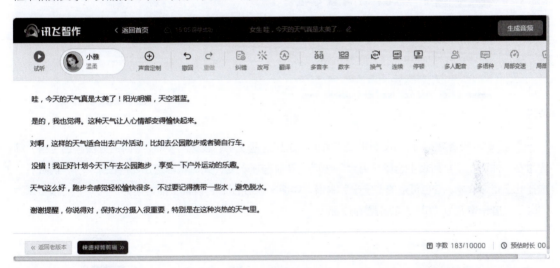

图6-33

STEP 02　此时，文本框中的第1、3、5段文字属于女生。首先，选中第1段文字，然后单击"多人配音"按钮，打开对话框。在"全部主播"选项卡的"性别"下拉列表中选择"女声"选项，在"年龄"下拉列表中选择"少儿"选项，在"风格"下拉列表中选择"呆萌可爱"选项，在"语种"下拉列表中选择"普通话"选项。此时，筛选出3位主播。

STEP 03　先选择左侧的主播，单击右侧主播头像上带有三角形图标的按钮试听该主播的音色，发现音调较高，有些刺耳。然后单击选择"小桃丸"主播进行试听，其音色更加可爱，设置图6-34所示的参数，再单击 按钮，使用该主播进行配音。

STEP 04　被选中的第1段文字前将出现如图6-35所示的效果，使用与步骤2相同的方法设置第3和第5段文字。

视频教学:
生成卡通人物对话音频

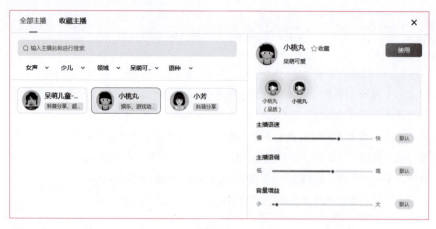

图6-34

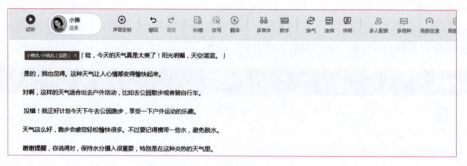

图6-35

STEP 05 剩余第2、4、6段文字属于男生。选择这些文字，按照与步骤2相同的方法筛选主播，筛选时在"性别"下拉列表中选择"男声"选项，其他选项不变，此时将筛选出5个主播，一一试听后，选择吐字较为清晰、音色可爱的"宁宁"主播，如图6-36所示，再设置主播语速为"70"，主播语调为"50"，音量增益为"5"，单击 按钮。

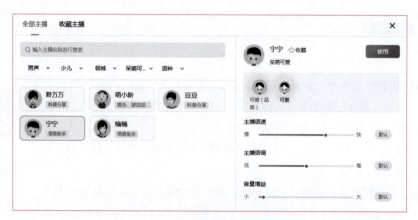

图6-36

STEP 06 单击"背景音乐"按钮，打开对话框。在"在线音乐"选项卡中选择"轻松欢乐音乐6（Nature Walk）"选项，将音乐音量设置为"20"，单击 按钮。

STEP 07　单击 生成高频 按钮，打开"作品命名"对话框，设置名称为"卡通人物对话"，模式为"wav"，单击 确认 按钮，打开"订单支付"对话框，再单击 去下载 按钮进入个人中心页面。

STEP 08　单击 ↓ 按钮，打开"新建下载任务"对话框，设置保存路径后，单击 下载 按钮即可将其下载到计算机中。

6.3.2　选择配音风格

讯飞智作支持多种语言和声音风格，如温柔甜美、成熟知性、稳重磁性等，可以满足多样化的使用需求，如制作有声阅读、新闻播报、纪录片、视频解说等。

进入"讯飞智作"官方网站并登录账号，依次选择"讯飞配音"选项区下方的"AI配音""主播列表"子选项，进入"主播列表"界面，如图6-37所示。在"全部风格"选项卡中选择不同的配音风格，筛选出符合要求的主播。单击主播头像，可以在打开的界面中试听主播声音，如图6-38所示。

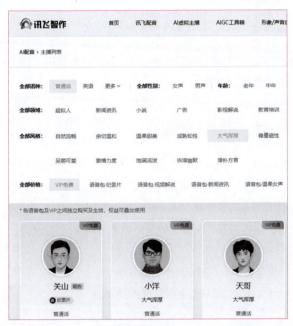

图6-37

图6-38

6.3.3　调整音频效果

试听主播声音后，如果对该主播满意，可单击主播头像下方的 使用 按钮，进入配音操作界面，单击该界面左侧的主播头像，在打开的对话框中可看到已经自动选择该主播，在右侧还可以对主播的语速、语调、音量等参数进行调整，使生成的音频更加符合需求。

返回配音操作界面，在文本框中输入文字，如图6-39所示。通过主播头像右侧的工具可以对输入的文字和音频效果进行处理，包括纠正错别字、改写文字内容、翻译文字、纠正多音字发音、选择数字的读法、语句之间的换气和停顿，以及调整语音局部的变调、变速、音量等，以确保音频质量。

音频效果处理结束后，单击 生成高频 按钮，将打开"作品命名"对话框，自行设置参数后，单击 确认 按钮，打开"订单支付"对话框，单击 [去下载] 按钮进入个人中心页面。在页面中单击文件名称右侧的 ↓ 按钮，打开"新建下载任务"对话框，设置保存路径后单击 [下载] 按钮即可将音频保存到计算机中。

图6-39

AI视频编辑工具——腾讯智影

腾讯智影是腾讯推出的一款云端智能视频编辑工具，无须下载即可通过浏览器访问和使用。该工具支持数字人播报、视频剪辑等功能，帮助用户更高效地进行视频编辑。

6.4.1 课堂案例——制作 AI 虚拟主播科普视频

【制作要求】借助AI工具为某公众号制作与企鹅相关的科普视频，为公众带来全新的视觉和听觉体验。要求在科普视频中添加虚拟主播，确保其表现自然流畅，同时保证视频内容准确易懂。

【操作要点】进入"腾讯智影"官方网站；并利用其"视频剪辑"功能来剪辑视频和添加数字人。可以参考效果如图6-40所示。

【素材位置】配套资源:\素材文件\第6章\课堂案例\"企鹅素材"文件夹

【效果位置】配套资源:\效果文件\第6章\课堂案例\AI虚拟主播科普视频.mp4

图6-40

具体操作如下。

STEP 01 进入"腾讯智影"官方网站并登录账号，在首页界面中间的"智能小工具"选项卡中选择"智能转比例"工具。打开的界面中单击 本地上传 按钮，打开"打开"对话框，选择"企鹅1.mp4"视频素材，单击 打开(O) 按钮。

STEP 02 上传视频成功后，在"选择画面比例"选项区中单击选中"9∶16"单选项，单击 确定 按钮。等待转换成功后，单击 保存在我的资源 按钮将转换后的视频保存在资源库中，便于剪辑视频。保存成功后，单击 剪辑 按钮，如图6-41所示。

STEP 03 此时直接进入视频剪辑界面，在预览框左下角单击 比例 16:9 按钮，在打开的列表中选择"9∶16"选项，如图6-42所示。

STEP 04 在界面左侧选择"我的资源"工具 ▶，打开"当前使用"选项卡，将其他素材文件拖动到其中，如图6-43所示。

图6-41

图6-42

图6-43

STEP 05 在"当前使用"选项卡中，单击"标题背景.png"素材上方的"添加到轨道"按钮 ＋，将其导入轨道中，调整缩放为"100%"，如图6-44所示。将该素材的位置调整到视频画面的最上方。

STEP 06 在左侧选择"数字人库"工具 ，在打开的选项卡中，选择一个数字人并添加到轨道。在"数字人编辑"子选项卡中的"配音"子选项卡空白处，单击鼠标左键，打开"数字人文本配音"对话框，输入"文案.txt"素材中的文本内容，试听无误后，单击 保存并生成音频 按钮。

STEP 07 此时返回视频编辑界面，可在自动打开的"配音"选项卡中单击 提取字幕 按钮，如图6-45所示。

STEP 08 选择字幕轨道，在自动打开的"字幕编辑"选项卡中，将字号设置为"18"。继续将"企鹅.png"素材导入轨道中，依次调整该素材，以及字幕、数字人的大小和位置，效果如图6-46所示。

图6-44

图6-45

图6-46

STEP 09 添加"背景音乐.mp3"音频素材到轨道中，并将所有轨道中的素材时长统一调整为与数字人素材的时长一致。选择视频素材，在"编辑"选项卡中调整亮度、对比度和饱和度参数，如图6-47所示。选择音频素材，在打开的"编辑"选项卡中调整淡入时间和淡出时间均为"1s"。

STEP 10 在视频编辑界面上方单击 合成 按钮，打开"合成设置"对话框，输入名称后单击 合成 按钮，如图6-48所示。

图6-47   图6-48

6.4.2 数字人播报

数字人播报是一种基于人工智能的语音合成技术，通过计算机技术模拟真实人类的发声和表情，为观众提供更加自然、真实的语音解说效果。腾讯智影提供的数字人播报功能为用户带来高效、真实的语音和视频播报体验。

进入"腾讯智影"官方网站，在首页界面选择"数字人播报"选项，即可进入数字人播报编辑界面，如图6-49所示。

图6-49

在数字人播报编辑界面的左侧，用户可以选择合适的模板直接应用，并可修改相应内容；也可以通过"数字人""背景""在线素材"等选项卡自定义设计播报界面，例如更换数字人或背景，添加音乐、贴纸和文字，以及修改播报内容和字幕样式。

如果对预置的数字人不满意，可以在界面左侧选择"数字人"选项卡，然后在"照片播报"选项卡中选择"照片主播"选项。目前默认提供8个预设的人像照片播报，也可以选择上传个人照片，将其作为主播，生成专属的数字人形象，如图6-50所示；或者选择"AI绘制主播"选项，在文本框中输入人像关键词，生成独一无二的虚拟主播形象，如图6-51所示。

此外，在"腾讯智影"官方网站的首页界面中，还有"数字人专区"选项卡，其中包含大量丰富的数字人预置形象，如图6-52所示。

图6-50   图6-51   图6-52

6.4.3 视频剪辑

腾讯智影提供了专业且易用的视频剪辑功能，不仅支持视频多轨道剪辑，还具备添加特效与转场、对视频进行变速、倒放、镜像等基础功能，同时提供录制功能，可以通过录音、录屏、录像操作快速生成素材。此外，腾讯智影的视频剪辑功能结合了强大的AI创作能力，包含文字配音、字幕识别、数字人播报等功能。用户在选择数字人形象后，输入文字或添加语音音频，即可生成数字人播报视频。

进入"腾讯智影"官方网站，在首页界面中单击选择"视频剪辑"选项，即可进入视频剪辑界面。界面左侧包含丰富的视频编辑工具，如图6-53所示。操作时，用户只需先上传素材，然后将其添加到轨道中进行应用。在轨道中选择素材后，还会打开相应的选项卡，用户可以在其中对素材进行编辑，并添加动画效果。

通过左侧的工具可以为素材添加在线素材、在线音频、数字人、贴纸、花字、字幕、转场、滤镜、特效等。操作方法较为简单，也可以直接使用模板库中的视频进行编辑，以快速、高效地完成视频编辑操作。

图6-53

作为一款智能视频编辑工具，除了前面提到的两大功能外，腾讯智影还提供了智能转换视频比例（可以实现智能横竖屏转换）、文本配音（将文字直接转化为语音，提供近百种仿真声线）、字幕识别（上传视频或音频后，系统自动生成字幕）、格式转换（支持市面上常见的视频、音频或图片格式之间的相互转换）、智能抹除（自动去除视频中的水印或字幕）等功能，使视频编辑更加灵活多样。使用时，只需访问"腾讯智影"官方网站，在首页界面中间的"智能小工具"栏中即可看到提供的多个工具，直接选择工具，然后进入相应的界面进行操作即可。

知识拓展

　　本章介绍的 AI 辅助工具，其功能多样化。例如，文心一格同时具备绘制和编辑图像的功能；图可丽不仅能够编辑图像，还可以生成图像；讯飞智作除了生成音频外，还具备 AI 虚拟主播的功能，能够生成各种数字人视频；腾讯智影不仅可以编辑视频，还能实现文字配音、智能变声，甚至进行 AI 绘画等操作。

6.5 综合实训

6.5.1　制作"保护原始森林"公益海报

　　某环保组织的人员在深入原始森林保护区考察后，深刻认识到原始森林的保护和重建是一项长期且重要的任务。于是，他们提议由环保组织发起一个名为"保护原始森林"的公益活动，呼吁更多人参与其中，为保护原始森林贡献一份力量。针对这一活动，环保组织计划利用其人员分散在各地的优势，在各地人流量较大的区域张贴公益海报，以便更好地宣传该活动。表6-1所示为"保护原始森林"公益海报的制作任务单，任务单中明确列出了实训背景、制作要求、设计思路和参考效果等内容。

表6-1 制作"保护原始森林"公益海报任务单

实训背景	运用 AI 工具为"保护原始森林"公益活动制作一个海报，以呼吁更多的人参与进来
尺寸要求	50 厘米 ×70 厘米，分辨率为 300 像素 / 英寸，CMYK 颜色模式
制作要求	1. 图像设计 图像主体以树木、森林为主，与海报主题相契合。同时，还要风格新颖独特，具有创意性的视觉效果 2. 颜色 背景颜色可以采用不同饱和度的绿色，以丰富画面，使海报呈现出清新明亮的特点；文字颜色统一采用白色，与画面色彩产生对比 3. 文字内容 海报主题为"保护原始森林"，其他文字内容详见"森林益处 .txt"素材
设计思路	使用 AI 图像绘制工具绘制海报主体并进行编辑，然后在 Photoshop 中调色和添加文案
参考效果	<div align="center">参考效果</div>
素材位置	配套资源 :\ 素材文件 \ 第 6 章 \ 综合实训 \ 森林益处 .txt
效果位置	配套资源 :\ 效果文件 \ 第 6 章 \ 综合实训 \ "保护原始森林"公益海报 .psd、海报 .png

本实训的操作提示如下。

STEP 01 进入"文心一格"官方网站的"AI创作"界面，在左侧选择"海报"选项卡，选择海报的布局为"竖版9:16""中心布局"。在"海报主体"文本框中输入提示词："树木，茂密森林"。在"海报背景"文本框中输入提示词："原始森林，超高清细节，迷雾，晨雾中的唯美风景，渐进式的色彩变化，从墨绿色、深绿色到浅绿色、白色，有着强烈的视觉冲击力，天然美感，自然之美"。然后单击

视频教学：
制作"保护原始森林"公益海报

立即生成按钮生成海报背景。

STEP 02 生成海报后，选择一张更符合需求的海报图。在"AI编辑"界面将海报变得更加高清，以便于印刷。接着，涂抹去除海报中不需要的部分。最后，进入Photoshop调整海报的大小、亮度与对比度、色调等，并添加提供的文案信息，完成整个海报的制作。

6.5.2 制作图书推荐视频

随着科技的进步和互联网的普及，数字人技术逐渐成为内容创作和营销的新手段。某图书出版企业发现了数字人技术的潜力，计划利用数字人制作一个图书推荐视频，以数字人为主角，向观众展示图书的内容、特点和价值，从而吸引更多的年轻读者，提高图书的知名度和销量。表6-2所示为图书推荐视频制作任务单，任务单提供了明确的实训背景、制作要求、设计思路和参考效果等内容。

表6-2 制作图书推荐视频任务单

实训背景	运用 AI 工具为某图书出版企业制作图书推荐视频，通过数字人技术增加视频的互动性和趣味性
尺寸要求	1080 像素 ×1920 像素
数量要求	1 个格式为 MP4 的视频文件
制作要求	1. 选择合适的数字人形象 根据图书内容可知图书的受众群体是儿童，因此需选择一个与图书风格相适配的数字人形象 2. 注重内容的质量和趣味性 确保视频内容丰富、结构清晰，能够在短时间内有效传达图书的信息和卖点
设计思路	利用 AI 音频编辑工具生成音频文件，然后在 AI 视频编辑工具中加入提供的视频素材和生成的音频文件，并融入数字人形象，最终完成视频合成
参考效果	<div align="center">参考效果</div>
素材位置	配套资源 :\素材文件 \ 第 6 章 \ 综合实训 \ 图书推荐文案 .txt、图书展示 .mp4
效果位置	配套资源 :\效果文件 \ 第 6 章 \ 综合实训 \ 图书推荐音频 .mp3、图书推荐视频 .srt、图书推荐视频 .mp4

本实训的操作提示如下。

STEP 01 进入"讯飞智作"官方网站，将"图书推荐文案.txt"素材中的文字粘贴到文本框中，然后选择合适的主播（这里所选主播为聆小琬）。返回配音操作界面，将鼠标光标定位在"全裸背"和"+"文字之间，单击"换气"按钮🔄，试听音频。确认无误后，将音频导出为MP3格式音频和SRT格式字幕文件。

视频教学：
制作图书推荐
视频

STEP 02 进入"腾讯智影"官方网站首页，选择"数字人播报"选项。在编辑界面左侧，选择"我的资源"选项，上传"图书展示.mp4"视频素材和生成的语音音频文件。

STEP 03 调整视频素材的缩放为"100%"，在编辑界面左侧选择"数字人"选项卡，并从中选择合适的数字人形象。将数字人移动到画面的右侧，然后在右侧的"数字人编辑"选项卡中更改数字人的服装。之后选择"返回内容编辑"文字超链接。

STEP 04 在右侧的"播报内容"选项卡中单击 🔘 使用音频驱动播报 按钮，在左侧的"我的资源"选项中选择上传的语音音频文件。选择视频素材，通过单击"切割"按钮 ▮▮ 对其进行剪辑，使视频素材的时长与数字人语音素材的时长一致。在编辑界面顶部单击 合成视频 按钮以合成视频。

STEP 05 返回首页界面，选择"我的资源"选项卡。在合成视频中单击 ✄ 按钮以进入视频剪辑界面。选择"字幕编辑"工具 A，并在打开的选项卡中上传导出的SRT格式字幕文件，为视频添加字幕。

STEP 06 为所有字幕添加花字效果和"打字机1"进场动画，最后合成视频。

6.6 课后练习

练习 1 制作榨汁机商品图

【制作要求】为某商家制作一款榨汁机商品图。要求利用提供的白底图进行制作，将榨汁机放置在厨房、餐桌等实际使用场景中。商品图中的光线、阴影、色彩等需尽量自然。

【操作提示】可以使用文心一格的AI创作功能或图可丽的AI背景更换功能来完成操作。参考效果如图6-54所示。

【素材位置】配套资源:\素材文件\第6章\课后练习\榨汁机.png

【效果位置】配套资源:\效果文件\第6章\课后练习\榨汁机商品图.png

图6-54

练习 2 制作 AI 虚拟主播栏目播报视频

【制作要求】为《人与自然》栏目制作一个AI虚拟主播播报视频。需要利用提供的文字资料为视频添加文案和配音音频，并选择与栏目内容相适配的AI虚拟主播形象。同时，还要在视频中添加音乐。

【操作提示】可以使用讯飞智作或腾讯智影进行配音工作，利用腾讯智影的数字人播报功能添加虚拟主播形象和字幕，并对视频进行简单编辑。参考效果如图6-55所示。

【素材位置】配套资源:\素材文件\第6章\课后练习\视频素材.mp4、背景音乐.mp3、字幕.txt

【效果位置】配套资源:\效果文件\第6章\课后练习\旁白语音.mp3、AI虚拟主播栏目播报视频.mp4

图6-55

第**7**章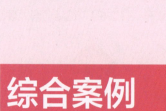

本章将综合运用Illustrator、Photoshop、Audition、Premiere、After Effects和Cinema 4D的各项功能，以及多种AI工具，完成4个商业案例的制作，包括宣传海报、品牌介绍音频、教程视频和三维宣传动画。通过这些案例，帮助读者进一步巩固前面所学的相关知识，熟练掌握各种软件的使用方法，并积累实战经验。

📖 **学习要点**

◎ 掌握使用Illustrator、Photoshop和图可丽制作宣传海报的方法。
◎ 掌握使用Audition和讯飞智作编辑品牌介绍音频的方法。
◎ 掌握使用Premiere、After Effects和腾讯智影编辑视频的方法。
◎ 掌握使用Cinema 4D制作三维宣传动画的方法。

◆ **素养目标**

◎ 注重商业作品的品质和细节，精心把控每一环节，体现专业性。
◎ 积极探索在多媒体作品创作中多种软件和AI工具的结合应用。

◈ **扫码阅读**

案例欣赏

课前预习

制作甜品宣传海报

　　"草莓甜品屋"是一家专注于研发和销售甜品的特色品牌。自创立以来，凭借其独特的口感、丰富的口味、精美的外观，以及对原材料的严格筛选，"草莓甜品屋"赢得了广大甜品爱好者的喜爱，为消费者带来独特的甜品体验。随着甜品市场的不断发展，越来越多的品牌加入了这个竞争激烈的市场。为了保持竞争优势，"草莓甜品屋"决定推出新品——草莓冰淇淋，以吸引更多消费者的关注和喜爱。同时，品牌希望通过宣传海报的设计，进一步提升品牌知名度和美誉度。

　　本案例要求以提供的"冰淇淋"素材图像为主进行设计，海报的尺寸为"1080像素×1920像素"，便于在手机上查看。海报风格偏年轻化，具有时尚感，色彩靓丽，符合大众审美。此外，还需要在海报中展示品牌名称"草莓甜品屋"和品牌标志，以便消费者能够迅速识别品牌。

7.1.1　构思海报制作思路

　　为更好地完成本案例的制作，在制作时可以从以下3个方面进行构思设计。本案例的参考效果如图7-1所示。

1. 图像设计

　　根据制作要求，将新品冰淇淋素材图像作为画面主体。可以使用AI工具抠取冰淇淋图像，并对其进行调色处理，以展示其细腻的质地和诱人的色泽，同时强调冰淇淋造型的立体感和层次感。图像背景可考虑选择简洁的渐变背景，避免复杂背景干扰视线。为了丰富图像内容，可以利用Illustrator绘制简洁明了的装饰元素，最后添加提供的品牌标志和二维码素材。

2. 布局设计

　　为了突出产品主体，可以采用中心布局的方式，将抠取后的冰淇淋图像置于海报的中心位置，形成视觉焦点。此外，还可以在海报中适当加入留白，避免过于拥挤和杂乱。

3. 色彩设计

　　以淡粉色为主色调，粉色代表草莓的甜美，以淡绿色和白色作为辅助色，营造出温馨、甜美的氛围。此外，为了让文字信息更突出，可以采用颜色较深的颜色作为点缀色，丰富整体色彩层次。

　　【素材位置】配套资源:\素材文件\第7章\冰淇淋.jpg、二维码.png、品牌标志.ai

　　【效果位置】配套资源:\效果文件\第7章\冰淇淋.png、甜品宣传海报.psd

图7-1

7.1.2 制作海报背景

本例主要采用Photoshop进行制作，首先需要新建文件，然后制作符合要求的海报背景，具体操作如下。

STEP 01 启动Photoshop，新建规格符合要求，名称为"甜品宣传海报"的图像文件。

STEP 02 选择"渐变工具" ▣，然后编辑渐变颜色如图7-2所示，其中左侧色标颜色为"#d4e0a7"，右侧色标颜色为"#fdbed8"，中间色标颜色为"#ffffff"。

视频教学：
制作海报背景

STEP 03 在图像中从左下角向右上角拖曳鼠标，呈对角线填充渐变颜色。

STEP 04 新建两个填充均为"#ffffff"的矩形，其中较小矩形的描边颜色为"#fdbed8"，粗细为"3像素"，圆角大小为"30"。然后为大矩形添加"投影"图层样式，效果如图7-3所示。

STEP 05 新建图层，选择"渐变工具" ▣，在工具属性栏中勾选"反向"复选框，选择渐变类型为"径向渐变"，渐变颜色从左到右依次为"#ffffff""#fdbed8""#fdbed8"。

STEP 06 选择新建的图层，按【Ctrl+Alt+G】组合键创建剪贴蒙版。将鼠标指针放在小矩形中心，然后向下拖动鼠标至小矩形的下边缘，效果如图7-4所示。

图7-2

图7-3

图7-4

7.1.3 利用图可丽抠取甜品图像

为了提高工作效率，可以使用"图可丽"来抠取甜品图像，具体操作如下。

STEP 01 进入"图可丽"官方网站，单击主界面中央的"一键抠图神器"选项，进入"通用抠图"界面。

STEP 02 在界面中央点击 ▣ 电脑上传 按钮，打开"打开"对话框，在其中选择"冰淇淋.jpg"素材，单击 打开(O) 按钮。

视频教学：
利用图可丽抠取
甜品图像

STEP 03 稍等片刻，系统将自动完成抠图。抠图完成后，单击 ▣ 土 下载 ▣ 按钮即可下载抠取的甜品图像。

7.1.4　制作装饰元素

为了丰富海报效果，可以添加一些装饰元素，可以使用Illustrator进行制作，具体操作如下。

STEP 01 启动Illustrator，新建宽度为"500px"，高度为"500px"的文件。选择"椭圆工具" ◎ ，按住【Shift】键不放，在其中绘制一个填充色为"#000000"的圆形。

STEP 02 选择【效果】/【扭曲和变换】/【收缩和膨胀】命令，打开"收缩和膨胀"对话框，设置参数为"-80%"，单击 确定 按钮。

STEP 03 选择变形后的图形，然后按【Ctrl+C】组合键复制该图形。

视频教学：
制作装饰元素

7.1.5　合成最终海报效果

接下来需要将抠取的甜品图像和制作的装饰元素放置到"甜品宣传海报"文件中，合成最终的海报效果，具体操作如下。

STEP 01 返回Photoshop，按【Ctrl+V】组合键粘贴变形图形，再复制多个图形作为装饰，并调整到合适的位置。

STEP 02 将在图可丽中抠好的甜品图像拖动到"甜品宣传海报"文件中，调整大小和位置，并使用"橡皮擦工具" ◢ 擦除多余部分。

视频教学：
合成最终海报
效果

STEP 03 新建"自然饱和度"调整图层，设置自然饱和度为"+28"，饱和度为"+8"，并创建剪贴蒙版。使用相同的方法继续创建"亮度/对比度"调整图层，设置亮度为"26"，对比度为"27"，然后创建剪贴蒙版。

STEP 04 输入文字信息并编辑，添加二维码和品牌标志素材。最后，绘制一个填充色为"#000000"的矩形，作为文字下方的装饰线条，完成整个海报的制作。

7.2
制作甜品品牌介绍音频

近期，"草莓甜品屋"新开了一家门店。为了让更多消费者快速了解该品牌并吸引消费者，草莓甜品屋决定制作一个符合品牌形象的介绍音频。该音频将在门店内循环播放，通过听觉媒介向广大消费者传递品牌的理念和产品特色，突出展示品牌的独特性和优势，让消费者在轻松愉悦的氛围中了解品牌并产生购买欲望，为品牌的传播和推广提供有力支持。

本案例要求音频口齿清晰、无错误读音、内容精准，整体音量恰当，语速适中、节奏流畅，且音色能准确传达文字所表达的情感，具有温暖、亲切的特点。此外，还可以在音频中适当添加与语音内容相适配的背景音乐和音效，以提升沉浸感。

7.2.1 构思音频制作思路

为更好地完成本案例的制作，在制作过程中可以从以下两个方面进行构思。

1. 采集素材

通过AI工具将"品牌介绍.txt"素材中的文字转化为语音，这不仅能有效保证语音内容的准确性，还可以满足音色的要求。同时，通过互联网收集轻快、活泼风格的背景音乐和进食时的音效。

2. 编辑构思

在Audition中统一导入所有音频文件，并依次进行处理。例如，利用分割功能使背景音乐的时长与语音时长保持一致；利用淡化处理功能使背景音乐的开始和结束部分的播放效果更加自然；利用移动功能使音效出现在合适的位置。

【素材位置】配套资源:\素材文件\第7章\"甜品品牌音频素材"文件夹

【效果位置】配套资源:\效果文件\第7章\甜品品牌介绍音频.wav、品牌语音.mp3、"甜品品牌介绍音频"文件夹

音频效果：背景音乐	音频效果：品牌语音	音频效果：音效	音频效果：甜品品牌介绍音频

7.2.2 使用讯飞智作配音

为了快速生成配音内容并缩短制作周期，可以选择使用讯飞智作配音，具体操作如下。

视频教学：使用讯飞智作配音

STEP 01 进入"讯飞智作"官方网站并登录账号，在界面上方选择"讯飞配音"选项，进入配音操作界面。在界面上方单击默认的文件名称，将其修改为"品牌语音"。

STEP 02 打开"品牌介绍.txt"素材文件，选择并复制全部文字，切换到操作界面，在文本框中粘贴文字。单击左上角的主播头像，在打开的页面中试听主播声音。此处可以参考图7-5所示的主播声音，选择符合需求的声音。

图7-5

STEP 03 单击主播头像下方的 使用 按钮，可使用该配音角色。返回配音操作界面，单击左上角的试听按钮 ▶，确认内容无误后，下载格式为"MP3"的音频文件。

7.2.3　添加音频素材

接下来需要将生成的语音素材，以及收集的其他音效素材都添加到Audition中，便于后续编辑，具体操作如下。

STEP 01 启动Audition，按【Ctrl+N】组合键，新建一个名称为"甜品品牌介绍音频"，采样率为"441000"，位深度为"32"，混合为"立体声"的多轨会话。

视频教学：
添加音频素材

STEP 02 选择【多轨】/【插入文件】命令，打开"导入文件"对话框，选择"甜品品牌音频素材"文件夹中的音频素材，以及讯飞智作生成的"品牌语音.mp3"音频文件，单击 打开(O) 按钮。

STEP 03 在弹出的提示框中，选择"将每个文件放置在各自的轨道上"单选项，单击 确定 按钮，继续在弹出的提示框中单击 确定 按钮，然后按【Shift＋E】组合键删除空白轨道。

7.2.4　编辑音频并导出

在Audition中编辑语音、背景音乐和音效的音频文件，以更好地满足案例需求，并导出文件。具体操作如下。

STEP 01 试听音频，发现轨道1中的背景音乐声音较大，影响了语音的听觉体验，而轨道2中的品牌语音声音较小，导致听众难以听清人声。可设置轨道1中音量为"-12"，轨道2中音量为"8"，使人声更加突出。

视频教学：
编辑音频并导出

STEP 02 选择轨道3中的音效素材，将其拖动到0:08.773处，使音效在介绍甜品时出现。将时间线定位到0:17.424（语音音频结束位置），选择轨道1中的背景音乐，按【Ctrl+K】组合键沿播放指示器分割背景音乐，并删除播放指示器右侧的音频。

STEP 03 拖动轨道1音频的"淡入"控制柄█和"淡出"控制柄█，使背景音乐的开始和结束效果更加自然。选择【文件】/【导出】/【多轨混音】/【整个会话】命令，打开"导出多轨混音"对话框，设置名称为"甜品品牌介绍音频"，格式为"WAV"，然后单击 确定 按钮。

7.3

制作甜品制作视频教程

为了进一步提升品牌知名度和美誉度，并吸引更多消费者，"草莓甜品屋"决定推出一系列甜品制作视频教程，通过品牌官方账号在短视频平台上发布。这些教程不仅可以展示品牌专业的甜品制作技艺和独特的品牌特色，还能与消费者建立更紧密的联系，增强品牌忠诚度。同时，教程的发布也能为品牌带来了更多的曝光机会，吸引更多的潜在消费者。目前，品牌已经拍摄了一款甜品——草莓蛋挞的制作视频素材，需要对该视频素材进行精心编辑，并将其作为后续其他短视频作品的模板，以统一所有教程视频的风格。

本案例要求视频尺寸为1080像素×1920像素，时长在27秒左右，视频节奏应紧凑、内容连贯，确保视频内容不会让观众感到冗长，以及在视频添加配音以及字幕，易于观众理解。另外，还需要在视频开头和结尾处加入品牌名称或标志，以强化品牌印象。

7.3.1　构思视频制作思路

为了更好地完成本案例的制作，在制作时可以从以下3个方面进行构思设计。

1. 创作视频文案

为了迅速理解需求并缩短创作时间，可以利用文心一言来创作视频文案，并对生成的文案进行合理优化，使其更加贴合视频的整体风格与视频画面。最后，利用AI工具为生成的视频文案进行自动配音，以形成更符合视频风格的配音内容。

> **知识拓展**
>
> 文心一言是百度推出的一个生成式AI工具，不仅能够与人对话互动、回答问题，还能够根据给定的写作要求生成指定内容。在视频创作方面，文心一言可用于辅助创作视频文案、提供创意灵感、写作和优化视频脚本，以及获取视频制作思路等。

2. 视频编辑

在Premiere中，根据配音内容添加对应的字幕，帮助观众更好地理解制作过程。由于视频素材较长且不符合需求，可以利用Premiere的剪辑功能对视频素材进行剪辑，在剪辑过程中，需要确保视频画面与音频、字幕一一对应。此外，还可以在片尾制作品牌标志自然出现的动画效果，并对视频进行调色处理和添加视频效果，以增强画面的美观性。

3. 动效设计

为增强视觉效果，建议在After Effects中为片头和片尾增加文字，并制作动画效果。

本案例的参考效果如图7-6所示。

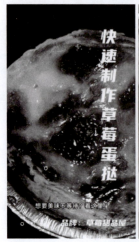

图7-6

【素材位置】配套资源:\素材文件\第7章\草莓蛋挞制作视频.mp4、背景音乐.mp3

【效果位置】配套资源:\效果文件\第7章\文案txt、视频旁白.mp3、甜品制作视频教程.prproj、甜品制作视频教程.aep、甜品制作视频教程.mp4

7.3.2 使用文心一言写作视频文案

在文心一言中描述出具体要求，包括视频时长、主题，画面的主要内容（这部分可以参考提供的视频素材进行总结）具体操作如下。

STEP 01 打开"文心一言"网页，单击左上角的"文心大模型"选项，新建一个AI对话。

STEP 02 在文本框中输入文字"写作一个视频文案，时长为27秒，主题为快速制作草莓蛋挞。画面内容为：在空气炸锅中放入蛋挞皮，然后加入草莓和葡萄干，再倒入蛋挞液，烘烤一段时间后完成草莓蛋挞的制作"。

STEP 03 按【Enter】键，文心一言将根据要求创作相应的视频文案。复制文案，并粘贴到新建的"视频文案.txt"文件中，进行细微的润色和修改，最终完成文案。

7.3.3 使用腾讯智影制作视频旁白

利用腾讯智影的"文本配音"功能将由文心一言生成的视频文案转录为视频旁白，并选择合适的主播声音，具体操作如下。

STEP 01 打开"腾讯智影"网页并登录。在界面中间选择"文本配音"选项，进入"文本配音"页面。将复制的文案粘贴到文本框中，如图7-7所示。

STEP 02 在界面左侧的"选择音色"选项卡中单击主播头像并试听主播声音。满意后，单击主播头像下方的 使用音色 按钮以使用该主播声音。在此步骤中，选择"谈巧语"主播，因为其声音比较符合需求。

STEP 03 在主界面右下角，单击 试听 按钮试听音频。确认无误后，单击 生成音频 按钮。然后打开"我的资源"页面，选择生成的音频选项，单击 按钮下载音频作为视频旁白，如图7-8所示。

视频教学：
使用腾讯智影制作视频旁白

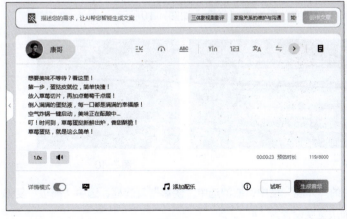

图7-7

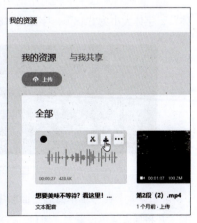

图7-8

7.3.4 将视频旁白转为字幕

接下来需要在Premiere中将视频旁白转换为字幕，并修改字幕中的错字和断句。具体操作如下。

STEP 01 启动Premiere，新建项目文件后导入提供的视频素材、背景音乐素材以及生成的视频旁白。

STEP 02 将"草莓蛋挞制作视频.mp4"视频素材拖动到"时间轴"面板中以新建序列文件，取消音视频链接，并删除自带的音频。

STEP 03 将"视频旁白.mp3"拖动到A1音频轨道，利用"文本"面板将"教程音频.mp3"素材转录为文本。随后，生成字幕，修改其中的错字和标点符号错误，并根据视频内容合并或拆分字幕。

视频教学：
将视频旁白转为
字幕

7.3.5 编辑视频素材

根据字幕内容，需要对视频素材进行剪辑，并优化视频画面和字幕样式，提高视频的美观性，具体操作如下。

STEP 01 首先制作一个视频片头，依次在00:00:49:09、00:00:52:13剪切视频素材。选择中间段素材，按住【Ctrl】键，将其移动到视频开头，删除移动后留下的空隙。

STEP 02 选择A1和C1轨道中的所有内容，将其向前移动到视频开头。然后，根据字幕内容依次剪辑视频素材，使音画同步。完成后的效果如图7-9所示。

视频教学：
编辑视频素材

STEP 03 将"背景音乐.mp3"素材拖动到A2轨道。将时间指示器移动到视频结束位置，按【Ctrl+K】组合键分割音频，删除分割后的后一段音频素材。然后在"效果控件"面板中降低音量。

STEP 04 在"效果"面板中打开"音频过渡"文件夹，将"交叉淡化"文件夹中的"恒定功率"音频效果拖动到A2轨道中音频的入点和出点处。

STEP 05 全选字幕轨道中的字幕，在"基本图形"面板中设置文字字体为"方正兰亭中粗黑简体"，字体大小为"48"，字距为"80"，垂直位置为"-160"，如图7-10所示。

图7-9   图7-10

STEP 06 在"基本图形"面板中的"外观"栏中，取消选中"阴影"复选框，选中"描边"复选框，并将描边颜色设置为"黑色"，描边宽度设置为"4"。

STEP 07 新建调整图层，将其拖动到V2轨道，拖动调整图层的出点与整个视频出点一致。将"效果面板"中的"Lumetri颜色"效果拖动到调整图层中，然后在"效果控件"面板中调整参数。

STEP 08 将"效果面板"中的"高斯模糊"效果拖动到调整图层中，然后使用"模糊度"属性的关键帧在视频末尾制作出逐渐模糊的效果。

STEP 09 将"品牌标志.ai"素材导入"项目"面板，然后拖动到"时间轴"面板的V3轨道中，并将其嵌套。双击进入嵌套序列，新建一个颜色为白色的颜色遮罩，将颜色遮罩移动到V2轨道，并为其应用"裁剪"视频效果，随后调整效果参数。

STEP 10 返回"蛋挞制作视频"序列文件，将嵌套序列的入点调整为00:00:24:21。使利用"缩放"关键帧创建标志从小变大的动画效果（变大的时间点为00:00:25:15，缩放值为"100%"），并调整标志的位置，使其位于画面中心偏上方。

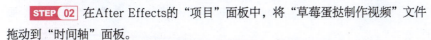

7.3.6　制作视频动效

最后需要在After Effects中为视频的片头和片尾添加文字，并制作动效，以丰富画面效果。具体操作如下。

STEP 01 启动After Effects进入其操作界面。将Premiere的"项目"面板中的"草莓蛋挞制作视频"序列文件拖动到After Effects的"项目"面板中。

STEP 02 在After Effects的"项目"面板中，将"草莓蛋挞制作视频"文件拖动到"时间轴"面板。

视频教学：
制作视频动效

STEP 03 在视频片头输入主题文字"快速制作草莓蛋挞"，并设置文字字体为"优设标题黑"，字体大小为"160"像素，然后将文字移动到视频画面的右侧。继续在视频片头输入品牌文字，并将文字移动到画面的右下角。

STEP 04 打开"效果和预设"面板，搜索"3D 位置解析"动画预设效果，并应用到主题文字中。然后调整主题文字的出点为0:00:03:03。将时间指示器移动到0:00:24:00，输入结束语文字"关注我 带你解锁更多甜品"，调整文字的入点为时间指示器位置，并为文字添加"下雨字符入"动画预设效果。

STEP 05 最后保存源文件，并导出名称为"甜品制作视频教程"，格式为"MP4"的视频文件。

7.4
制作甜品宣传三维动画

"草莓甜品屋"品牌自创立以来，一直秉持"用心做好每一款甜品"的理念，不断创新研发，推出了多款深受消费者喜爱的甜品，致力于为消费者带来高品质、美味的甜品体验。随着甜品市场的日益繁荣，消费者对甜品的选择也愈发多样化。"草莓甜品屋"为了吸引更多年轻消费者，决定制作一个以"草莓甜甜圈"为主题的三维动画进行产品宣传。这一举措不仅可以直观地传达产品信息，还能通过丰富多样的视觉效果吸引潜在消费者的注意力，帮助品牌在激烈的市场竞争中脱颖而出。目前，制作团队只需要制作"草莓甜甜圈"三维宣传动画中的一个草莓甜甜圈展示片段。

本案例的制作要求视频尺寸为720像素×1280像素，时长约3秒，画面明亮、色调饱和度较高，设置合适的光照环境，让甜甜圈看起来更有食欲。此外，还要为甜甜圈添加简单的动画效果，使展示片段更具吸引力。

7.4.1 构思动画制作思路

为更好地完成本案例的制作，可以从以下4个方面进行构思设计。

1. 画面展示

画面的主体应以甜甜圈为主，可以使用Cinema 4D的基本建模工具来构建甜甜圈的模型，包括独特的环形结构、表面果酱和彩色糖果等细节。对于复杂的细节，如甜甜圈表面较多的彩色糖果，可以使用克隆器来快速生成。

2. 色彩搭配

在甜甜圈的模型全部搭建完成后，可以为其添加不同的颜色。例如，草莓甜甜圈可以以淡粉色为主色调，背景则搭配淡蓝色，以营造甜美、诱人的氛围。同时，在草莓甜甜圈上方的彩色糖果中，可以适当加入白色、绿色、紫色、红色等色彩进行点缀。

3. 光源设计

为了增强甜甜圈的真实感和美观性，可以在Cinema 4D中为模型创建光源，并调整光源的位置、强度和阴影属性。

4. 动画展示

由于动画时长较短，可以制作两个相对简单的动画。首先，通过关键帧制作一个摄像机动画，使拍摄角度由远及近、从俯视转变为侧视。还可以调整摄像机的运动曲线，使画面的运动效果更加丰富。接着使用Cinema 4D的粒子系统或动力学系统来模拟复杂的动画，制作出各种彩色糖果缓慢洒落在甜甜圈上的动画效果。

本案例的参考效果如图7-11所示。

图7-11

【效果位置】配套资源:\效果文件\第7章\草莓甜甜圈动画.mp4、草莓甜甜圈动画.c4d

7.4.2　搭建三维模型

根据甜甜圈的外观样式，在Cinema 4D中搭建三维模型，具体操作如下。

STEP 01 启动Cinema 4D，选择"圆环面"工具◎创建一个圆环。在属性管理器中设置圆环分段为"36"，导管分段为"20"。

STEP 02 复制并粘贴一个圆环，然后隐藏下方的圆环。选择复制的圆环，按【C】键将其转换为可编辑对象。切换到正视图，进入面模式，按【0】键使用"框选"工具▣框选圆环下方的面，如图7-12所示。

STEP 03 按【Delete】键删除所选的面。切换到透视图，按【E】键切换到"移动"工具✛，按住【Shift】键，再随机选择圆环上的一些面，如图7-13所示。

视频教学：
搭建甜品三维模型

图7-12

图7-13

STEP 04 按【Detele】键删除所选的面，然后全选剩下的所有面，单击鼠标右键，选择"挤压"选项，在属性管理器中设置偏移为"6"，挤压出一定厚度，如图7-14所示。

STEP 05 按住【Alt】键不放，选择"细分曲面"工具▣，效果如图7-15所示，显示出下方的圆环。

STEP 06 选择"胶囊"工具▣创建一个胶囊模型，在属性管理器中设置半径为"1.5"，高度为"10"。按住【Alt】键不放，选择"克隆"工具▣，在属性管理器中选择模式为"对象"，单击"对象"选项后的吸管工具▣，然后单击以吸取对象管理器中复制的圆环，如图7-16所示。

图7-14

图7-15

图7-16

STEP 07 在属性管理器中修改克隆对象的数值。选择"随机"工具▣，在属性管理器中选择"参数"选项卡，取消勾选"位置"复选框，分别单击选中"缩放""旋转"复选框，然后设置合适的参数。

STEP 08 在属性管理器中选择"效果器"选项卡，调整"种子"参数。然后复制3个克隆对象，分别在属性管理器中调整克隆对象的"种子""数量"参数。选择所有模型，按【Alt+G】组合键将其成组，并将组名称修改为"甜甜圈"。

7.4.3 添加材质、灯光和摄像机

接下来需要为搭建的甜品模型添加摄像机，并利用关键帧模拟摄像机运动拍摄的效果，同时添加材质和灯光，模拟自然光或室内灯光效果，使甜品看起来更真实，确保视觉效果自然且具有吸引力。具体操作如下。

视频教学：
添加材质、灯光
和摄像机

STEP 01 选择"平面"工具![]创建一个摄像机，并单击摄像机对象后的![]按钮，开启摄像机模式，然后为摄像机添加"保护"标签。

STEP 02 选择"摄像机"工具![]创建一个平面模型，将该模型移动到甜甜圈模型下方，调整平面模型的大小和位置，如图7-17所示。

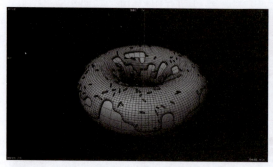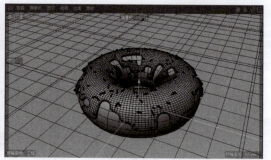

图7-17

STEP 03 选择【模拟】/【发射器】命令，新建一个粒子发射器。在属性管理器的"发射器"选项卡中，将发射器的水平和垂直尺寸均设置为"600"。在顶视图和正视图中调整平面模型的大小。

STEP 04 创建4个胶囊模型，在属性管理器中为每个模型设置不同的半径和高度。然后，将这4个胶囊模型作为发射器对象的子层级。

STEP 05 在属性管理器中调整发射器参数，如图7-18所示。

STEP 06 选择发射器对象，单击鼠标右键，选择【子弹标签】/【刚体】命令。然后，选择"甜甜圈"和平面模型对象，单击鼠标右键，选择【子弹标签】/【碰撞体】命令。

STEP 07 在材质管理器中新建一个材质球，将其名称修改为"地面"。然后，将材质球的颜色修改为蓝色，如图7-19所示，再将该材质球应用到平面模型中。

STEP 08 复制材质球，然后修改其颜色，并应用到其他模型上。添加一个天空对象，并为其添加HDRI材质，作为场景整体的环境光。

STEP 09 长按"灯光"工具![]，在弹出的面板中选择"区域光"工具![]，创建一个灯光模型。在正视图和顶视图中调整灯光的大小、位置和角度。

STEP 10 在属性管理器中选择"常规"选项卡，将投影调整为"阴影贴图（软阴影）"。然后复制两组灯光，并调整它们到不同位置。

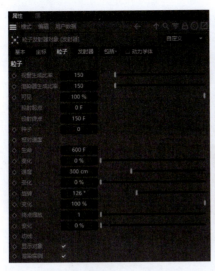

图7-18

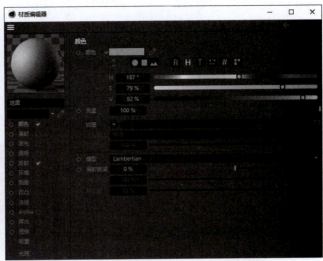

图7-19

STEP 11 选择摄像机对象，将时间指示器移动到视频开始处，开启自动关键帧，创建一个关键帧。在属性管理器中为"焦距"属性创建一个关键帧。

STEP 12 将时间指示器移动到第50帧，再次为"焦距"属性创建一个关键帧。按下【F9】键，返回到第0帧，调整焦距为"20"，然后将视图切换为俯视图。

STEP 13 选择【窗口】/【时间线窗口（函数曲线）】命令，打开"时间线窗口（函数曲线）"对话框，调整摄像机的运动曲线。

7.4.4 渲染、导出文件

最后，需要对完成后的作品进行渲染，并导出为MP4格式的文件，以便应用于其他作品中。具体操作如下。

视频教学：
渲染、导出文件

STEP 01 按【Ctrl+B】组合键打开"渲染设置"对话框，设置帧范围为"全部帧"，格式选择"MP4"，然后单击选中"全局光照"效果。

STEP 02 按【Shift+R】组合键打开"图像查看器"对话框，选择文件保存位置，等待视频渲染完成后，按【Ctrl+S】组合键保存源文件。

7.5

课后练习

练习 1 制作商场活动宣传海报

【制作要求】六一儿童节到来之际，乐其商场为了增加客流量，有针对性地开展了促销活动。需要制作一张具有创意的儿童节活动海报，营造出充满童趣和欢乐的促销氛围。要求将提供的文案信息全部体现在海报中，海报的视觉效果温馨美观，主题鲜明，信息传达明确。

【操作提示】首先在文心一格中利用"自定义"模式，在提供的参考图基础上生成一张效果更加美观的背景图（提示词可参考：星空背景，紫色，蓝色，光效，银河，梦幻）。然后在Illustrator中利用自定义笔刷手绘海报主题文字，使其更突出和更具吸引力。最后在Photoshop中调整色调来美化背景图像，并通过蒙版和图层混合模式功能合成背景和主体图像。参考效果如图7-20所示。

图7-20

【素材位置】配套资源:\素材文件\第7章\课后练习\"活动宣传素材"文件夹

【效果位置】配套资源:\效果文件\第7章\课后练习\海报背景.png、活动宣传海报.psd

练习 2　制作黄山宣传片旁白

【制作要求】使用Audition为提供的黄山宣传片制作旁白，用于介绍黄山景区。要求旁白的语音内容来源于提供的文字资料，旁白音色具有磁性和魅力，无错误和重复读音，能够吸引游客。

【操作提示】使用讯飞智作生成旁白语音；使用Audition的伸缩功能调整旁白语音时长，使其与宣传片时长相匹配；插入背景音乐，并为两个音频调整音量；最后输出音频文件并保存项目文件。

【素材位置】配套资源:\素材文件\第7章\课后练习\"黄山宣传片旁白素材"文件夹

【效果位置】配套资源:\效果文件\第7章\课后练习\"黄山宣传片旁白"文件夹

音频效果:　　　　音频效果:　　　　音频效果:
旁白语音　　　　背景音乐　　　黄山宣传片旁白

练习 3　制作"森林防火"公益短视频

【制作要求】使用After Effects为某公益组织制作一段关于"森林防火"的公益短视频，旨在向公众宣传森林防火的重要性。要求短视频时长在40秒以内，视频尺寸为1920像素×1080像素。根据画面内容为短视频添加文字特效和音频，以增强视频画面的感染力，呼吁更多人关注森林防火。

【操作提示】针对部分出现偏色以及曝光问题的视频素材进行调色处理，以增强视频的美观性。利用After Effects制作文字特效并导出，然后将其添加到最终短视频中。最后，将视频输出为MP4格式，并保存项目文件。参考效果如图7-21所示。

【素材位置】配套资源:\素材文件\第7章\课后练习\"森林防火素材"文件夹

【效果位置】配套资源:\效果文件\第7章\课后练习\"'森林防火'公益短视频"文件夹

图7-21

练习 4　制作"乡间生活"二维动画片头

【制作要求】使用Animate制作一个"乡间生活"二维动画片头。要求利用提供的动画静态图像进行制作，动画设计应美观、流畅，尺寸为1280像素×720像素，帧速率为24FPS，平台类型为ActionScript 3.0，时长约为8秒。

【操作提示】运用遮罩动画制作开场动画，综合运用引导层动画和补间动画制作拖拉机行驶和蝴蝶飞舞的动画。为标题文本制作渐显动画，并制作拖拉机行驶在路面上抖动的动画，以增强场景的生动感。参考效果如图7-22所示。

【素材位置】配套资源:\素材文件\第7章\课后练习\"'乡间生活'二维动画素材片头"文件夹

【效果位置】配套资源:\效果文件\第7章\课后练习\"'乡间生活'二维动画片头"文件夹

图7-22

附录A

多媒体技术与应用是一门综合性学科，多媒体制作人员需要掌握广泛且深厚的技术与知识，才能制作出具有吸引力的多媒体作品。这要求多媒体制作人员持续不断地学习和实践。以下是整理的多媒体技术与应用中的一些学习重点，读者可以扫码查看，进一步拓展知识面，提升制作能力。

知识拓展

随着多媒体技术的不断发展和创新，多媒体作品也需要与时俱进，不断融入新的元素和技术手段。这要求多媒体制作人员保持敏锐的洞察力，关注行业的新动态和新技术，不断学习并顺应新的技术和发展趋势，从而创作出符合时代需求的多媒体作品。

资源链接：
图形设计原理

资源链接：
色彩搭配

资源链接：
常见音频素材
网站

资源链接：
AI 动画生成

资源链接：
AI 视频生成

案例提升

多媒体技术广泛应用于各行各业，而在不同的应用领域中，多媒体作品的要求和效果也各不相同。多媒体制作人员应多听、多看、多研究一些优秀的多媒体作品，以提升自身的设计能力。

案例详情：
绘制 Logo

案例详情：
制作 Banner

案例详情：
制作详情页

案例详情：
设计 UI 界面

案例详情：
录制测评音频

案例详情：
制作宣传片解说
音频

案例详情：
制作影视片头

案例详情：
制作新闻栏目
包装

案例详情：
制作 MG 二维
动画

案例详情：
制作三维场景
动画